数学文化丛书

TANGJIHEDE
+
XIXIFUSI
TIANDAOCHOUQIN JI

唐吉诃德+西西弗斯

天道酬勤集

刘培杰数学工作室 ○ 编

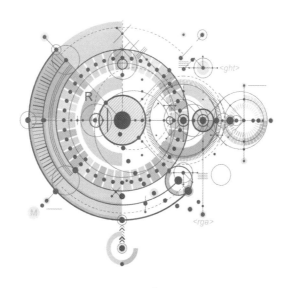

哈尔滨工业大学出版社
HARBIN INSTITUTE OF TECHNOLOGY PRESS

内容提要

本丛书为您介绍了数百种数学图书的内容简介,并奉上名家及编辑为每本图书所作的序跋等.本丛书旨在为读者开阔视野,在万千数学图书中精准找到所求著作,其中不乏精品书、畅销书.本书为其中的天道酬勤集.

本丛书适合数学爱好者参考阅读.

图书在版编目(CIP)数据

唐吉诃德+西西弗斯.天道酬勤集/刘培杰数学工作室编.—哈尔滨:哈尔滨工业大学出版社,2020.5
(百部数学著作序跋集)
ISBN 978-7-5603-8585-3

Ⅰ.①唐… Ⅱ.①刘… Ⅲ.①数学-著作-序跋-汇编-世界 Ⅳ.①O1

中国版本图书馆 CIP 数据核字(2019)第 256674 号

策划编辑　刘培杰　张永芹
责任编辑　王勇钢
封面设计　孙茵艾
出版发行　哈尔滨工业大学出版社
社　　址　哈尔滨市南岗区复华四道街 10 号　邮编 150006
传　　真　0451-86414749
网　　址　http://hitpress.hit.edu.cn
印　　刷　哈尔滨市石桥印务有限公司
开　　本　787mm×960mm　1/16　印张 20.5　字数 292 千字
版　　次　2020 年 5 月第 1 版　2020 年 5 月第 1 次印刷
书　　号　ISBN 978-7-5603-8585-3
定　　价　68.00 元

(如因印装质量问题影响阅读,我社负责调换)

目

录

1

Gauss 的遗产——
从等式到同余式

冯贝叶　著

内容简介

　　本书从数的起源谈起,逐步介绍数的发展和数的各种性质及其应用,其中包括了数学分析、实变函数论和高等代数的一些入门知识.

　　本书写法简明易懂,叙述尽量详细,适合高中及高中以上文化程度的学生、教师、数学爱好者参考使用.

前　言

　　作者从年轻时就对整数的奇妙性质和有关整数的各种有趣问题十分感兴趣,后来随着数学知识的增加,才知道整数又可发展成为有理数和无理数,而各种数之间既存在着相互的联系,又有很大的差别. 而有关整数的问题,有时其解法不由得令人拍案称奇. 如此积累一多,发现如果不加整理和保存,很多精彩的想法就会擦肩而过,遂决定遇到有关的问题和材料就随时做一点笔记,到退休之时,竟积累了不少. 这些笔记在多年的教学和辅导中,曾反复起了不少作用,因此觉得如果把它们整理出来,对那些像作者当年那样也对整数问题感兴趣的年轻人和初学者多少会有些帮助,于是就产生了这本书.

1

目前和本书内容及题材、体裁类似的书已有不少，其中也不乏广为人知的精彩作品．作者之所以还愿意写一本这样的书，是因为一方面，这些书有一些已难于买到和借到；另一方面是感到本书和已有的书相比，在以下几方面还是有一些新意和特色，所以才敢不揣冒昧，班门弄斧．

（1）一次不定方程是我国古代已研究的比较成熟和成就较多的一个课题，其中如孙子问题和孙子定理（又称中国剩余定理）已是世界数学界公认的成果．

以往介绍这方面内容的书不在少数，但是往往有的书把古代的算法讲得很清楚，其中的数学原理则让人不太明了；有的书把现代的理论讲得很清楚，如何解释古代的算法则一笔带过．当作者看到这些书时，对此总感到遗憾．本书将古代的算法和现代的理论一一加以对照，使读者可以很清楚地看出古代的算法其每一步的意义和依据是什么，尤其是秦九韶、黄宗宪等人创立的算法的最后一步，本书给予了严格的证明．

（2）在复数得到了广泛的应用后，古代的数学家如哈密尔顿以及现代的初学者都曾思考过是否可以把复数推广为三元数．关于创立三元数的问题，许多科普读物都明确地告诉读者，这是不可能的，但是为什么不可能就语焉不详了．本书以比较浅显的方法对此做了论证．

（3）费马大定理一直是几百年来数学家们和科普读物中的热门话题，虽然这一问题现在已经获得解决，但是人们对一些初等的证明还是十分感兴趣，其中比较难的一个是 $n = 3$ 时的费马大定理的证明．一般的数论书籍通常只介绍 $n = 4$ 时的费马大定理的证明，即使介绍 $n = 3$ 时费马大定理的证明，也大都把它放在 $n = 4$ 时的费马大定理的证明之后．这就足以说明 $n = 3$ 时费马大定理的初等证明是有一定难度的．对这一比较难的问题，为使读者看懂，本应证明得更加详细，然而一些书在谈到这一问题时往往一开始就让读者看不下去了，其中最明显的一个地方是一开始就设 z 是偶数，很多人问过作者这个问题，后来经过作者反复钻研才发现在通常的 $x > 0, y > 0, z > 0$ 的条件下是不能做这一假设的，只有在允许 x, y, z 可以是任意整数（即允许它们为负数）的条件下，才可以做这一假设．这一点在潘承洞、潘承彪先生的《初等数论》一书中交代得最清楚. 本书对这一问题的证明力求详尽易懂, 因此虽然篇幅长了一些, 但是相信读者看起来会感到思路顺畅.

（4）无理数小数部分的分布性质是无理数和有理数的一大本质差别, 本书对此介绍得比较详细, 并介绍了华东师范大学王金龙先生近年来获得的最新成果.

（5）混沌理论是近年来的热门话题, 本书用初等的方法证明了逻辑斯梯映射周期三窗口的出现参数和稳定的周期三轨道的消失参数.

（6）关于多项式理论的应用, 本书收集并重新证明了关于多项式系统的胡尔维茨判据和霍普夫分支的代数判据. 这些材料在一般的书中已不多见.

（7）作者在本书还给出了关于四次函数的根的完全判据和正定性条件, 这些结果是有一定实用意义的可操作的判据, 需要时应用这些结果还是比较方便的.

（8）在整数的函数这一部分共分 3 节, 即整数的函数（Ⅰ）, 整数的函数（Ⅱ）和整数的函数（Ⅲ）, 介绍了欧拉求和公式、伯努利和戴德金和等概念, 并证明了它们的相关性质, 在整数的函数（Ⅱ）中介绍了莫比乌斯变换和反变换, 狄利克雷卷积及其应用等内容, 这些材料一般都分散在各种文献中, 本书将它们收集在一起, 对读者阅读本书和今后查找都是比较方便的. 在这一部分, 还给出了一个数论中经常使用的不等式 $d_n < 3^n$ 的初等证明, 其中 d_n 表示前 n 个自然数的最小公倍数.

本书在写法上尽量追求易懂性, 为此, 甚至不惜多费篇幅. 这是因为当年作者在看某些书时, 曾经因为有些地方被"卡住"而深感苦恼, 所以作者特别能理解那种因各种原因而找不到人问以致心中的疑问长期不能获得解答的苦恼. 为了避免本书再给读者造成这种苦恼, 本书在讲解和证明时特别注意了这个问题, 宁可显得啰唆, 也不愿语焉不详. 本书部分章节后配有习题, 从这个意义上来说, 本书比较适合自学.

由于在讲解上不惜笔墨和追求材料的封闭性, 所以目前本书的篇幅已不少. 为了不再增加篇幅, 有些材料就坚决舍去. 例如, 本书完全不包含有关素数以及素数分布方面的结果. 关于特征和把一个整数表为平方和的方法的数目也都舍去了.在作者看来,这些材料太过专业,并不适合初学者阅读.当然有些作者认为从本书的体系看应该包含的材料也因为篇幅的原因不得不割爱了.例如,本书专有一章说明有理数性质和无理数性质之间的差别,而这种差别也可以从遍历论的观点得到反映,而不变测度等内容由于和连分数有关,因此适当介绍一些遍历论方面的基础知识似乎也是顺理成章的;然而,最终出于篇幅方面的考虑,作者还是不得不舍去了这方面的材料.这样一来,可以说,本书只包含了有关学科的最初等的材料,就数论方面来说,可以说是真正的初等数论了.

虽然本书舍去了不少材料,但是只要讲到的问题都争取讲透,因此,每一个问题几乎都会讲到最后完全解决,而不会使读者有虎头蛇尾的感觉.如果由于内容所限实在不能再讲下去,文中会特别声明.

本书包含了大量的习题,作者选取习题的用意是认为这些结果都是有一定趣味和值得注意的,因此即使不知道答案也至少应该知道这些结果.

本书没有给出习题解答.一方面是为了使读者永远有一种未知感以保持积极的思考;另一方面也在于本书的很多习题都取自书末的参考资料,特别是潘承洞、潘承彪先生的《初等数论》,杜德利的《基础数论》和北京大学数学力学系几何与代数教研室代数小组编写的《高等代数讲义》等书,而这些书中都有答案.当然有些习题是取自近期的《美国数学月刊》和作者的笔记,因而在其他参考文献中并没有现成的答案.

大部分习题的解答方法和所需的数学知识都与它所在的章节有关.然而,请读者不要受这一点说明的约束.这只是作者当初安排习题的动机之一,但是等全书写完之后,作者发现,有一些题目完全可以用另外的方法解出.所以,如果读者发现,有些解题的方法似乎与这一题目所在的章节无关,请不要奇怪.这反而说明这位读者的思维是很灵活的.

至于最终是否会出一本该书的习题解答,还要看读者的反映.

最后,作者特别借此机会对教导过我的已过世的颜同照先生、闵嗣鹤教授、方企勤教授表示怀念,对孙增彪先生、叶予同先生、周民强教授、钱敏教授和朱照宣教授表示感谢. 因为他们各位在做人、做事和做学问等方面给予我的教诲,都使我终身受益.

作者对同事朱尧辰教授和同学王国义先生在讨论各种数学问题时给予的帮助表示感谢.

最后作者对妻子张清真在生活方面的照顾,女儿冯南南在写作及计算机方面的帮助,弟弟冯方回在计算机方面的帮助以及他们对作者写作的理解和支持表示感谢. 没有这些帮助,作者的写作将增加许多额外的困难,也不会有愉快的写作心境.

作者不是数论方面的专家,只是一个感兴趣者,因此殷切期望读者将本书的缺陷和不足之处反映给作者. 有任何意见和建议请发电子邮件至 fby@ amss. ac. cn.

冯贝叶

600个世界著名数学
征解问题

冯贝叶　编译

内容简介

本书共分 5 章,涵盖了代数问题、几何问题、高等代数问题、初等数论问题、高等数学问题等内容,每章均包含了数例典型征解问题及解答.本书是在《500 个世界著名数学征解问题》这本书的基础上新增了 35 道优质并且具有代表性的数学题目.

本书适合数学奥林匹克选手、教练员使用,也适合于大中专院校师生及数学爱好者参考使用.

前言

这次修订(《600 个世界著名数学征解问题》在此简称为"B版",为《500 个世界著名数学征解问题》(简称"A 版")的修订版),是从《数学杂志》(*Mathematics Magazine*)、《美国数学会通讯》(*Notices of the American Mathematical Society*)和读者来信中选择了一些题目补充进来的.

在代数部分,增加了一些三角恒等式的题目,补充了"A版"中这方面题材的分量,这些题目反映了三角函数恒等式和高次方程之间的联系,其中有一些题目要用到三次方程的理

6

论.为了便于读者应用,现将有关的三次方程的理论和结果不加证明地附列于后,详细的细节和推导可参阅有关书籍(例如,冯贝叶,《多项式和无理数》,哈尔滨工业大学出版社,2008年).

在几何部分所增加的题目中,我想特别提到 B—2—3,B—2—4,B—2—5,B—2—6 和 B—2—14(文中 B—X—Y 代表"B 版"中 X 章 Y 题目.如:B—2—3,代表"B 版"第 2 章第 3 题)."B 版"中,在"A 版"的基础上新增的 35 个题目在题号前加有"＊"号,使读者能够和"A 版"加以区分.增加 B—2—3,B—2—6 是考虑它们和"A 版"的有关题目(B—2—2)在图形上有类似性,但解法上则完全不同,因此放在一起就有了某种思考和鉴赏的兴趣.B—2—3 题同时也是历史上的有名问题,称为汤普森问题.现在已有人收集了许多种解法(可参考沈文选,杨清桃,《几何瑰宝 —— 平面几何 500 名题暨 1000 条定理(上、下)》,哈尔滨工业大学出版社,2010 年),但大都需要作辅助线.这就需要一些特别的观察力和联想力.其实本题在现代看来已不能算太难,一个中学数学合格的学生用完全正规的方法按部就班地去做,也完全可以解决.本书就给出了这样一种解法,完全不需作辅助线,因此在图形上就非常简单,所用到的方法就是反复地使用正弦定理和余弦定理,思路则是进行直接的计算,而计算的方法就是解有关的三角形,任何一个有实际计算能力的人都可以想到.而解决这个问题(如果你把这个问题看成是一个实际工作中的工程问题而不单纯是一个几何上的理论问题)也反过来有助于训练在实际工作中运用所学知识的能力,因此特补充进来供读者参考.B—2—6 题是一位读者提供给编者的,在图形上与 B—2—2 题非常类似,但解决它需要知道某个特殊角所满足的代数方程,编者至今不知道.如果不知道这一结果,是否能用纯几何的方法解决此题,因此也特收集进来供读者思考.B—2—14 题在历史上是一个很有名的问题.而其来源则是平面几何中非常普通和简单的一条定理,即等腰三角形等角的角平分线相等.而此问题则是问这一定理的逆定理是否成立(这个问题又称为斯坦纳 - 雷米欧斯问题).与这一定理类似的还有等腰三角形的等边上的中线相等,等腰三

7

角形的等边上的高线相等,其逆定理都非常简单.唯独这个定理的逆定理很难,即使在今天,这个问题对一般的中学生也仍然是一道难题.现在已有人收集了许多种解法(可参考上文提到过的沈文选,杨清桃,《几何瑰宝 —— 平面几何 500 名题暨 1000 条定理(上、下)》),这些解法无非是反证法、同一法和直接证法三种.根据文献中的讨论,数学爱好者最感兴趣的是直接证法.在这次修订中编者收入了两种直接证法:一种是根据俄罗斯的文献,应用角平分线的长度公式的证法;另一种是首先由甘志国先生给出的,后经编者简化的三角证法(可参看甘志国,《初等数学研究(Ⅰ)》,哈尔滨工业大学出版社,2008 年.他原来的证明要使用 5 倍角的三角函数,现在编者简化为只使用普通的三角公式即可).反证法和同一法是最先发现的证法,在三角形内的中线、高线和角平分线用各边表示的公式都得出后,用代数方法去证明这一问题就是一个很容易想到的思路.最难的是纯几何的证明,而且是直接证明.

1840 年德国数学家雷米欧斯在给斯图姆的一封信中提到:几何题在没有证明之前,很难说它是难还是容易.等腰三角形两底角平分线相等,初中生都会证明;可是反过来,已知三角形两内角平分线相等,要证它是等腰三角形却不容易了,我至今还没有想出来.斯图姆向许多数学家提到了这件事,请求给出一个纯粹的几何学的证明,首先回答这个问题的是瑞士的几何学家斯坦纳,所以这个问题就命名为斯坦纳 - 雷米欧斯定理而闻名于世.

斯坦纳的证明发表后,引起了数学界的极大反响.论证这个定理的文章发表在 1842—1864 年的几乎每一年的各种杂志上.后来,一家数学刊物公开征解,竟然收集并整理了 60 多种证法,编成一本书.直到 1980 年,美国《数学老师》月刊还登载了这个定理的研究现状,随后又收到了 2 000 多封来信,增补了 20 多种证法并收入了一个最简单的直接证法.经过几代人的努力,100 多年的研究,"斯坦纳 - 雷米欧斯"定理已成为数学百花园中最惹人喜爱的瑰丽花朵!

在本书中,编者收集了 6 种证法,其原则如下:首先一定要收入一种容易想到的证法以表明其实这个问题在现在已不能算难,另外必须收入一种几何的直接证法,因为这正是这个问题的迷人之处.在各种几何的直接证法中,编者又特别偏爱图形是对称的证法.本题中给出的第 3 种证法正是这样一种证法.这种证法只用到初中程度的平面几何知识,如三角形的全等和圆周角定理,但是虽然很容易懂,自己想出来却并不容易.原因就在于采用这种证法需要看出三角形中的一些特殊的图形,而且这些图形还是原来所没有的,需要你自己想象并添加进来.有人曾用一些机器证明软件做实验企图证明这个问题,均未成功,这表明人类的思维特性有一些至今无法确切描述的和用机器替代的因素.

在本书所收集的证法中,有人认为代数法太过复杂而并不欣赏,但编者并不这样看,编者认为一个问题的解法是否复杂,不光在于其证明过程是否冗长和牵涉复杂的运算,更重要的在于思路是否简单,是否容易想到.从这个观点看,代数法的思路是极其简单的,也是非常容易想到的.它的基础在于利用像用三角形的三条边等基本元素表示出三角形的一些基本线段的公式.这种结果,无论是从当初研究的动机还是最后的应用上,都不是针对某一特殊问题的.但是一旦这种基本结果得出,往往一个特殊问题即可迎刃而解.这就显示出基本理论和基本结果的重要性.而一些专门针对某一特殊问题的特殊解法,虽然看起来可能显得很简洁和巧妙,但往往只具有解决这一特殊问题的效力,对其他问题则难以用上.当然,这类结果也是数学中的瑰宝,也有珍藏起来加以赏析的价值.有些解法,看起来好像很简单,但往往要依赖于一些预备结果,如果连这些预备结果都算上,整个的证明过程也就不像原来那样简短了.题目 B—2—9 中的最后一种解法和这次新增加的问题 B—2—4 中的第一种解法就是对上述观点的一个说明.在数学竞赛题中,难题往往出自几何题,而在有关三角形线段的几何题中,有关角平分线的题目往往又比关于高线和中线的题目难,因此在修订本中特别增加了两道有关三角形角平分线的题目(问题 B—2—4 和问题 B—2—5),让读者体会一下这种问题的难度.问题 B—2—4 的解答也有以上提到的两种思路,第一种思路是利用几何关系,发现并看出图形中的一些隐蔽的关系.例如在

9

问题 B—2—4 第二种解答中的充分性中,要求解答者发现 $CE +$ $BD = BC$ 这一关系,并看出 $\triangle PDE$ 是一个等边三角形. 在必要性的证明中,题目所给的条件是两条线段 PI 和 QI 之间的极其简单的二倍关系 $PI = 2QI$,但这一关系与 $\angle A$ 之间的关系却并不明显. 但是显然可以看出的是一旦 $\angle A$ 给定了,这两条线段之间的比例关系就完全确定了,因此一定可以把它们的比例关系用 $\angle A$ 等三角形的基本量表出. 而这道题的解答也就有以上提到的两种思路:一种是利用几何关系巧妙地表出 PI 和 QI 之间的关系;另一种就是上面提到的代数证法,即用三角形的基本量逐步地,按部就班地计算出 PI 和 QI 之间的关系,待到此计算完成,这个问题也就解决了. 这种证法虽然在中间过程中可能会涉及烦琐的计算,但是其思路却是极其清楚和简单的;而另一种证法一般都需要解答者有某种洞察力和巧妙的解法. 问题 B—2—4 的第二种解答中的充分性,问题 B—2—5 以及问题 B—1—50 中的方法 1 都是由我的研究生师兄周庆善提供的,他和我的另一个同学王国义都是极聪明的人,对数学问题的解答经常会发现我不易想到的奇思妙解,使我在看到他们的解答后感到叹服. 我自认为是缺乏他们的天分和洞察力,但是一旦看出问题的解决可以归结为单纯的计算,这点计算能力和吃苦能力还是有的. 我很欣赏杨振宁对学生"宁拙毋巧,宁朴勿华"的要求,正是由于这个原因,这两个问题的代数解法都是由本书编者给出的(我想任何一个认真点的数学爱好者也都可以用此方法做出),实践证明对某些问题来说,这也的确是一种有效的方法.

而这部分新增加的最后一个问题(B—2—52)的结果本身也具有数学和物理两方面的魅力.

在高等代数部分,增加了两个以高等代数中熟知的定理为题目的问题(B—3—14,B—3—52),其目的不在于介绍这两个定理本身,而在于分别对这两个定理各介绍一种新的证法.

在初等数论部分中,这次修订对"A 版"中的第 187 题(修订本 B—4—192,在两种版本中都是最后一道题)给出了一个新的证明. 中国科学院应用数学研究所朱尧辰研究员向编者指出原来的证明有缺陷以及不太严谨. 编者参考了单墫教授的论

10

文并对其中叙述的不够详细之处进行了补充,给出了一个新的证明,经朱尧辰研究员审核,认为没有问题.

在高等数学部分中,编者认为新增加的一些极限问题(B 5 82,B—5—83)有一定的趣味.

最后,编者想向读者指出,如果通过本书能增强自己以下三种能力,那将在解题能力方面得到实质性的收获:一是敏锐的观察力,表现在通过对图形或代数式的观察,发现某些具体的特点和特性(例如对称性,相等的线段或角度,代数式中可配成完全平方或可换元的成分,等等);二是有关结果的积累和整理;三是深入的思考和推理能力.这三种能力是互相促进,互相补充的.例如在斯坦纳 – 雷米欧斯问题中,如果你具有非常敏锐的观察力而发现某种辅助线的做法从而得出一种证明,那当然值得庆贺,但是即使你缺乏这方面的眼力,如果你知道三角形中角平分线的长度公式,你仍然可以想到一种很自然的证法,这就是用积累丰富的结果来补偿观察力不足的一个例子.而每个人都有自己的特长,所以对有些问题即使自己一时解决不了也不必妄自菲薄,只要做到不断钻研,以己之长,补己之短,就定会有所提高.

解题有时颇类似于破案,见到题目之后的最初感觉更是一种高级的潜能力,读者更应注意培养自己在这方面的能力.我们知道,在现代科技条件下,如果公安部门的怀疑对象和侦查方向是正确的,那么犯罪嫌疑人一般是很难逃脱法网的(当然也可能会有例外).以后的技术问题在侦查方向正确的前提下,一般早晚会得到解决.解题也是这样,如果解题方向正确,此后在数学方面所遇到的技术手法等问题,一般也早晚会得到解决.例如在斯坦纳 – 雷米欧司问题中的角平分线长度公式证法中,我们会有一步需要进行因式分解,有人担心如果分解不出来会卡住,其实这完全没有必要,只要这个问题的答案是肯定的,那么这种证法中的 b 和 c 就必然相等,因此把平方后的式子看成 b 的多项式,它就必然会含有 $b - c$ 的因子,即使你不能通过分组之类的方法将式子分解,在万不得已的最后情况下,你即使用做除法的方法也必定能将其分解.再比如在本书给出的对汤普森问题的证法中,会有一个对三角函数式子做恒等变形

11

的过程,有人担心这一步看不出来怎么办. 其实这也完全没有必要,只要答案确实是30°,肯定早晚能把这些恒等变形凑出来. 由此我想到两个问题:一是由于结果的正确与否和知道不知道经常会决定解题方向,所以我觉得应当鼓励读者对问题的答案进行积极的猜测,一旦形成了正确的猜想,对解题就会有极大的帮助. 为此,解题时养成一些良好的习惯是很有好处的. 比如,在几何和代数问题时,有时我们需要作一个草图来帮助思考,对有些问题,图画得草一些问题不大,对帮助思考已足矣. 但是对有的问题,认真仔细的作图本身就有助于形成正确的猜想,比如在汤普森问题中,如果你非常认真地作图,就很容易发现,所求的角度是30°(甚至可以用量角器验证). 另一个问题是一定要锻炼自己形成猜想和判断问题正误的能力,这对今后准备做科研工作的读者尤其重要. 因为科研问题与习题最重要的区别在于习题的答案往往是预先就知道的(如证明题)或预先就肯定知道必然存在的,而科研问题的特点是你不知道这个问题是否一定有答案,即使知道,也仍然不知道自己是否一定能得出答案. 因此做科研有如在黑夜的茫茫大海中航行,指引你前进的唯一线索是前人积累的资料和成果,其他一切都需要靠你自己去摸索、试验、判断和猜测. 因此从学校中的好学生到一个好的科研工作者是要有一个转变的(有时是痛苦的)过程,而及早锻炼自己在这方面的能力将有助于缩短这一过程.

拉拉杂杂说了这么多可能是废话的话,仅供读者参考.

附:关于三次方程的几个结果:首先可将一般的三次方程化成标准形.

一般的三次方程的形式为

$$a_0 x^3 + a_1 x^2 + a_2 x + a_3 = 0, a_0 > 0$$

先用 a_0 去除方程的两边,得出

$$x^3 + b_1 x^2 + b_2 x + b_3 = 0$$

其中 $\quad\quad b_1 = \dfrac{a_1}{a_0}, b_2 = \dfrac{a_2}{a_0}, b_3 = \dfrac{a_3}{a_0}$

12

再令
$$x = y - \frac{b_1}{3}$$

则方程化为
$$y^3 + py + q = 0$$

其中
$$p = b_2 - \frac{b_1^2}{3}, q = b_3 - \frac{1}{3}b_1 b_2 + \frac{2b_1^3}{27}$$

对标准方程
$$y^3 + py + q = 0$$

有以下判据：

定理 1 实系数三次方程 $y^3 + py + q = 0$.

当 $\dfrac{q^2}{4} + \dfrac{p^3}{27} > 0$ 时，有一个实数根和一对共轭复根；

当 $\dfrac{q^2}{4} + \dfrac{p^3}{27} = 0$ 时，有三个实根，并且其中有两个根或三个根相等；

当 $\dfrac{q^2}{4} + \dfrac{p^3}{27} < 0$ 时，有三个不相等的实根.

关于三次方程的求根公式有以下结果：

定理 2 三次方程 $y^3 + py + q = 0$ 的三个根可以分别表示为
$$y_1 = z_1 + z_2$$
$$y_2 = \omega z_1 + \omega^2 z_2$$
$$y_3 = \omega^2 z_1 + \omega z_2$$

其中
$$z_1 = \sqrt[3]{-\frac{q}{2} + \sqrt{\frac{q^2}{4} + \frac{p^3}{27}}}, z_2 = \sqrt[3]{-\frac{q}{2} - \sqrt{\frac{q^2}{4} + \frac{p^3}{27}}}$$

这一公式称为卡丹公式.

上面的公式只有当 $\dfrac{q^2}{4} + \dfrac{p^3}{27} \geqslant 0$ 时才可以用于实际计算，而当 $\dfrac{q^2}{4} + \dfrac{p^3}{27} < 0$ 时，三次方程的三个实根只能用复数来表出，而一般不可能用实的根式表出，这种情况称为不可约情况. 实际计算时，可用以下的带三角函数的公式.

定理 3 设 $\dfrac{q^2}{4} + \dfrac{p^3}{27} < 0, \theta_k = \dfrac{1}{3}\arccos\left(\dfrac{3\sqrt{3}q}{2p\sqrt{-p}}\right) + \dfrac{2k\pi}{3}$,

$k = 0,1,2$. 那么实系数三次方程 $y^3 + py + q = 0$ 的三个不同的实数解为

$$y_k = 2\sqrt{-\dfrac{p}{3}}\cos\theta_k, k = 1,2,3$$

以上就是有关三次方程的主要结果.

冯贝叶

编辑手记

中国是目前世界上变化最快的国家,3 年前的文字今天看可能就不对了. 好在数学是永恒的,可以炒炒冷饭. 这是写于 7 年之前的文字,今天读起来似还可以接受,当然会做一点小的修改.

一、一个老想法

有人说策划就是无中生有. 图书策划首先要有一个创意、构想,然后会生成一个选题,最后才是去实施. 中国哲学讲:一生二,二生三,三生万物,那么最初的一从何而来呢? 它的产生有没有一定规律与路径,是不是像浮萍那样居无定所呢? 现代科学认为它随机游荡于大脑深处,一遇到机缘便会跑出来.

30 多年前,笔者在哈尔滨的一家科技书店买到了一本《国际最佳数学征解问题分析》,这本书是 24 位美国数学名家从《美国数学月刊》33 年间(Vol. 27—Vol. 59)的几千个耐人寻味的征解问题中仔细遴选,投票评定出的,问题新颖,解法巧妙,堪称"广征博采,荟萃精华". 买到后爱不释手,当时虽然不能全部读懂,但曾经认真努力过,记得当时和同学通信时还恶作剧地附上一两个让其解答,后果当然可想而知了.

27 年前,受笔者的高中班主任哈尔滨师范大学附属中学沙洪泽校长委托代为培训几位数学竞赛选手(记得有罗炜、乔立安、张天培、李德宇等,其中罗炜较有名气,他曾获两届 IMO 金牌,后成为丘成桐先生的弟子,他在中学时代有与陶哲轩和

佩雷尔曼相同的骄人成绩,遗憾的是没能成为他们那样的大家),选择培训试题时也曾参考此书.

10 年前,笔者赴莫斯科参加国际书展,在距圣彼得堡开往莫斯科的火车开车还有 1 小时的短暂空隙,笔者快速奔到路边的一家书店找到数学书柜台,来不及细翻,在书架上抄起两本就走,冥冥中如有神助,其中一本竟然是俄文版的《国际最佳数学征解问题分析》,原来并不知道还有俄译本,而且中译本早已在中国书店中绝迹了.

这三次经历像蒙太奇镜头般掠过,使笔者感觉到该做一本此类图书了.

更巧的是《国际最佳数学征解问题分析》是译自美国的《四百个最佳问题》(*The Four Hundred "Best" Problems*),原文载于《美国数学月刊》第六十四卷第八 - 九月号增刊,而主编为 Howurd Eves 与 E. P. Starke,其中的 Eves,我们数学工作室组织翻译了他的巨著《数学史概论》.

诸多巧合,预示这本书的产生仿佛是早已注定的.

二、两本老杂志

《美国数学月刊》(*The American Mathematical Monthly*)(华盛顿),1894 年创刊,是美国数学协会的机关刊物,每年出版 10 期,该刊旨在促进高校数学的发展,它的长篇文章涉及理论、应用、新老数学的各个分支,是阐述性的,但不排斥偶尔含有新成果,除长篇文章之外,还辟有笔记、进展报告、未解决问题、数学教学、问题和解答、书评等栏目,《美国数学月刊》最大的特点是"通俗",能将数学中最主流、最前沿、最艰深的东西深入浅出地讲出来,以此获得全球声誉,不像我们有些专业期刊中的论文,内容粗浅却写得高深莫测,正像古人所说,是"以艰深之辞,文浅易之说".在数学这行"玩深沉易,玩浅显难".

在这里我们所关注的是其问题专栏.

《美国数学月刊》创始人芬克尔(Benjamin Franklin Finkel)是一个狂热的问题爱好者,他还写过一本流行一时的《芬克尔解数学题》.在《美国数学月刊》第一期的导言里,芬克

尔写道:

> "解数学题是数学研究的最低形式 …… 但其教育价值不可估量,它是步入更高的创造性和探索领域的阶梯,许多休眠的头脑就是通过把握某个问题而活跃起来."

国内的许多数学刊物也有问题征解,早年间的问题多为原创(我们数学工作室也出了一本集子收集那些早期的征解问题),但近年的问题大多东抄西抄,出题者不认真,解题者也没兴趣,所以最后沦为自拉自唱,由盛而衰.缺少原创性体现出缺少创造性,其根源在于对原创的轻视.

最近看了一个关于油画的评论与此类似.中央美术学院前院长靳尚谊擅长古典主义油画,他将浓郁、浑厚、饱满、单纯合在一起,有一位靳尚谊作品的忠实收藏者对当今社会的审美趣味感到遗憾.他说:"什么都是快、利、世俗,高雅的东西一点没有,就是看不到好东西了,真要命."

印度科学家、浦拿大学教授纳拉利卡曾讲过一个关于原创的轶事.

声望卓著的开尔文(L. Kelvin)勋爵原名为汤姆逊,当年在英国剑桥大学数学荣誉学位考试中名列第二,一名叫帕金森(Parkinson)的同学名列第一,而后面考生的成绩则远远落后于难分伯仲的前两名.

考试中有一道特别难的题目,只有他们两人做对了.最令考官生疑的是,他们的解答几乎一模一样,其中会不会有抄袭作弊之嫌?

考官先叫来帕金森问个究竟,他问帕金森:"告诉我,你是如何解出这道题的?"

帕金森回答道:"先生,我偶然读到过一篇研究论文,里面正好有这道题的解答过程,因此我当时便学会了."他说出了发表该论文的杂志.

考官本人也是受这篇文章启发而设计考题的,对此印象很深,于是,他轻拍着帕金森,表扬他能够在课外广泛阅读,追踪科学的最新发展,接着又叫来汤姆逊,以颇为挑剔的口气说:"我想知道,你是如何解决这道题的.帕金森做对了,是因为他看过一篇论文中的解答,可别告诉我,你也是从那里看到的!"

"当然不是,先生."未来的开尔文勋爵回答道,"那篇文章是我写的."

科学研究之根本在于原创,今天,几乎无人记得考过第一名的帕金森,汤姆逊的工作却成了我们教科书中的经典内容.

《美国数学月刊》问题征解栏中的问题往往是数学工作者或爱好者在教学科研等工作中妙手偶得,因此不落一般陈题的窠臼.例如自《美国数学月刊》1894 年创刊时,杂志的问题专栏立刻吸引了泽尔(G. M. B. Zerr)教授,一个化学工程专家,教育管理者,也是多才多艺的数学家.1960 年去世前,泽尔在杂志创建的前 17 年为它所做的贡献在质量和数量上都远远超越了所有其他解题专家.他在那 17 年里收集了令人难以置信的 1 697 个问题,在同一个时期,他还以同样的热情为当时的许多其他杂志的问题专栏奉献自己的作品.

同时该栏目的提出者及解答者遍布世界各地,仅据1954 年统计就达到98 个国家和地区,我国也有供题者,如重庆23 中的高灵先生,华南师范大学的吴伟朝教授(笔者曾多次问过吴教授问题从何而来,但他一直笑而不答,秘而不宣),而且不少解答也出自名家手笔,如著名数学家和数学教育家 G. Pólya,P. Erdös 等都是积极的供稿者.

当然早期由于美国整体数学水平不高,也会有一些错误.如在该刊第一卷的第 7 期"问题与信息"专栏发表了印第安纳州的一位叫古德温(E. J. Goodwin)的乡村医生的论文,其论文的主要结果是:圆的面积等于边长为四分之一圆周的正方形的面积,正方形的面积等于该正方形的等周圆的面积,也就是说:如果圆和正方形的周长相等,那么它们的面积相等,由此易得 $\pi = 4$. 奇怪的是笔者的一个"民科"朋友也得出了此结论,且坚信不疑.

更为荒唐的题目发生在中国作家王跃文曾写过的一篇名为《丰产堆》的小短文中.

县上有令,凡空坪闲地,一律挖地三尺,聚土以垒丰产堆.

17

丰产堆者,梯形之土堆也.自古耕地仅有水平一面,丰产堆则有五面,耕地面积为之大增.此为亘古未有之创举,学校亦将此纳为课堂内容.数学题曰:一亩耕地分成 6 个体积相等的丰产堆,设每个丰产堆四个侧面同水平面夹角为 45°,请问耕地面积比原来扩大多少? 一中学生答曰:作物只会垂直生长,作物间距离为恒数,所以平地改丰产堆没有扩大耕地面积;又因丰产堆间留有垄沟,实际耕地面积反而减少.此 20 世纪 70 年代实事,代为史家记之.

当有人想给普渡大学数学家瓦尔多(C. A. Waldo)引见其人时,瓦尔多婉拒了,并说:"我已经认识够多的疯子了."

水至清则无鱼,一本完美无瑕的刊物是不会引起多数人关注的,瑕瑜共存的现象是普遍的.

本书的第 2 个问题的来源也是一本美国的数学期刊,名为《数学杂志》(*Mathematics Magazine*,华盛顿),1926 年创刊,由美国数学协会编辑、出版、发行,每年出版 5 期,主要刊载有关大中学数学教学方面的文章,另设有问题、书评、新闻、通讯等专栏.

美国好的数学期刊的产生是有其历史和社会根源的,美国人从骨子里是不喜欢数学的,在美国著名的反对新数学运动中出版了大量诸如《为什么约翰尼不会做加法》或《害怕数学的人》之类的书,这是美国传统观念"我一点也不善于搞数学"的现代隐语.大多数人目睹严如酷吏的数学教师勒令学生拼命死记那些毫无意义、莫名其妙的东西,就会产生不正常的心理,坐失现代数学所提供的良机,矫枉需过正,这两本期刊的成功便是此理.

三、一位老译者

本书的作者是冯贝叶先生,一位老者,虽然就数学家而言还可称中青年数学家,但毕竟年近七旬.

在一本书写什么的问题解决之后,由谁来写便是一个大问题,这里面的原因并不都是水平高的不愿译(稿酬低),水平低的译不了的问题,而是有些人名气大,科研水平高但译书、写书(特别是普及的书)不行,就像有些教授有水平但不会讲课一

18

样.据中国著名文史学家朱东润(1896—1988,曾写过《历代文学作品选》和《中国文学批评史大纲》)在《自传》中讲:"沈从文第一天上课,紧张得话都说不出来,只在黑板上写上'请等我十分钟'.学生知道他的名气,就耐心等他了.十分钟过去了,沈从文还没有定神,又写'请再等五分钟',五分钟过去了,沈大作家开讲了,但始终对着黑板." 朱东润感叹道:"看来,大学教授不是每一个人都当得了的,肚子里有货也要会倒呀."

按理说新锐们的英语水平更高些,为什么选择老者?中国近代新闻史与文学史的知名人物,清末民初报业和文坛激进派代表人物之一的陈冷(陈景韩)在 1904 年的侠客小说《刀余生传》中曾以极端决绝的姿态撰写了令人毛骨悚然的"杀人谱",列出 28 类可杀的人,"年过五十者杀"赫然名列第三,更绝的是国学大师钱玄同年轻时曾语出惊人 ——"四十岁以上的人都该杀",其后果是当他过四十岁生日时,许多文人都给他送来了挽联,以示调侃.

中国由于长期处于农业社会,靠天吃饭,所以经验丰富很重要,老人以其高寿而见多识广受到社会普遍尊重,及至近代进入信息化时代快速掌握花样繁多、日新月异的知识与技能变得重要起来,于是社会又成为老年人的坟墓,青年人的战场,儿童的天堂,老年人被边缘化已是不争的事实.然而我们说即使在今天,老人也有老人的优势,我们可称之为软优势.曾荣获1994 年中美文学交流奖的中国当代著名文学翻译家胡允桓先生说:"现在的时代,是信仰浮躁,治学肤浅,生活浮华." 但这些多指中青年,老年人特别是老年知识分子身上没有这些毛病,他们信仰坚定,治学严谨,生活俭朴.笔者曾到过科学史界泰斗钱临照院士和前北京师范大学校长王梓坤院士的寓所,其简陋与朴素令人吃惊,但其学术令人仰视.本书作者冯贝叶老先生也是这样一位令人尊敬的长者,以其严谨与认真赢得了读者的尊敬,冯老的《多项式与无理数》在我们工作室出版后,读者反映其内容翔实,决非应景之作,许多读者表示愿意与冯老就书中问题进行探讨,甚至有读者提出欲将其书中全部习题解答出来出版.

数学需要老年人,老年人也需要数学,有人说:素数定理逐渐成了"最希望证明的定理",因为证明这个定理的人被认为是不朽的,它被两个杰出的分析学家在同一年(1896)各自独立证明了.他们并没有像古希腊传说那样变成不朽的,但也差不多如此! 哈达玛(Hadamard)活了 98 岁,而普桑(de la Vallée Poussin)只差一点,活了 96 岁(世界上最长寿的数学家可能是奥地利数学家维托里斯(Leopold Vietoris,1891—2002),活了 111 岁,他是一位代数拓扑学家,103 岁时还写过一篇"三角级数"的文章).

人生本来苦恼已多,能找到一种既可供消磨,又具有无限探索空间同时还具有正当性,不致被人们指责为玩物丧志的事实在不多,数学便是其中一个,所以说数学之于老年人不亚于化妆品之于女性,既悦己又有益于社会.

译书不易,清华大学教授也会闹"常凯申"的笑话;译数学书更难,尤其是高等数学,时不时会冒出一些新词,很难译准.例如:设实数集合 S 中的每个元素 x 满足不等式 $m \leqslant x \leqslant M$,其中 m,M 是固定实数,德文把 m,M 依次叫作 S 的 untere Schranke 和 Obere Schranke,吴大任和陈己同在翻译格申小丛书 (Sammlung Göschen)中 K. 克诺普(Knopp)著的《函数论》时曾将 Schranke 译成"栏",于是 m 叫"下栏",M 叫"上栏",但后来没能推广开来.连吴大任这等高手都有难译之处,所以可想而知冯老先生在完成此书过程中要克服的困难之多,虽然冯先生老当益壮,乐此不疲,正像钱钟书先生在《围城》中所云:"老年人恋爱就像老房子失火一样难救." 但译完后和笔者表示暂时不接任何工作了,要好好休息一下.本书是上次休息好之后的接力赛.

四、一点老品味

一本好的题解应该是什么样? 它应该能像一本小说一样的读.早在1970 年就任美国匹兹堡大学史学系及社会系合聘教授的著名学者许倬云在接受李怀宇访谈时,当李怀宇问他:"后来你考台湾大学时数学考了满分?"许倬云回答说:"一百分.我拿了一本蓝皮的数学题解,躺在草地上像看小说一样看."(李怀宇.访问历史.桂林:广西师范大学出版社,2007 年)

现在图书市场被各种习题集充斥,多为升学之用,所选题目皆来路不明,平庸乏味且解法机械,虽可应一时之需,但用后即弃之如敝屦,既无欣赏玩味之内涵也无收藏传后之价值.有人说现在是一个不问对错只讲品味的时代,数学颇也该如此,不求有用,但求"味".少数人把玩的东西多半定义为构成品味的要素,比如现今时髦的高尔夫运动最开始并不是贵族运动,一些苏格兰的牧羊人实在耐不住与羊为伍的寂寞,就用驱羊棍将石子打进远方的兔子洞,后来这种游戏才变成西方贵族的官方运动,苏格兰议会还一度为了这项运动立法.

单墫教授在形容数学奥林匹克运动普及时爱引用刘禹锡的一句诗:"旧时王谢堂前燕,飞入寻常百姓家."

早期,少数与现代风格迥异是笔者为冯先生定的几条选题规则,首先要选早期期刊,甚至早过《国际最佳征解问题分析》中的那些题,题目要古典(少些花哨),解法要朴素(少些新词、新定理,前东南亚数学学会会长、新加坡国立教育学院数学与数学教育系教授李秉彝曾对他那些攻读纯数学专业的学生说:"你不要用新名词,否则你的读者就少了一半,你应该考虑使用旧名词,也就是说,要用大家都听得懂的名词与对方交流."),搞得有些怀旧意味,这样可以吸引中年读者回忆起他们当年的读书时光,当然是人生中最美好的时光,中年读者最有购买力,为回忆好时光付费值得.笔者去年到长兴岛度假带的唯一一本书就是这本书的未修订版,在海边算一算几十年前的老题是件挺享受的事.

以前在国外看到一本海外华人写的叫作《书法误国》的书,由于价钱太高又非本行,只是简单翻看了一下没有购买,但这一结论却使人感到震惊.最近再看曾任《中国青年报》记者麦天枢(大型纪录片《大国崛起》的总策划)的一篇访谈才明白其中逻辑.麦天枢说:

> "为什么一个文化将社会精英一生中三分之一以上的时间和精力耗在这个(书法)上面?而且几千年下来竟觉得非常合理,诞生了一种独特的文明,可见中国文化追求的不是进步,而是稳定.汉朝后,只有像

先人一样生活，才被认为是最高境界，过去的一切都
是金科玉律. 那些读书人，如果不是因为书写的囚禁，
而解放出有生之年三分之一以上的精力的话，会产生
什么？难以想象."

老的东西能传下来自有其道理，数学问题也是如此，英国
数学史家，前 HPM（History and Pedagogy of Mathematics）主席
John Fauvel 在 *History in the Mathematics Education* 一书中把数
学名题分为以下几类：不能解决的名题；仍未解决或克服了重
重困难才得以解决的名题；"一题多解"的名题；推动了整个数
学领域向前发展的名题；趣味性名题. 布尔巴基学派的狄奥多
涅在其名著《数学的建筑》一书中把数学名题分为：没有希望
解决的问题；没有后代的问题；产生方法的问题；产生一般理论
的问题；日渐衰落的理论问题；平淡无聊的问题.

照此种分类，本书所编译的问题可算作产生方法且有可能
"一题多解"的趣味问题，所以有许多可称为名题，这与我们数
学工作室的风格是相符的，除了少量严肃学术著作外，我们一
直坚持此方向. 据说，被引用次数最高的三部（类）英语作品
是：《圣经》《莎士比亚戏剧》和刘易斯·卡洛尔的《爱丽斯漫游
奇境》（可参见 2008 年 7 月，诺顿出版社出版的由英国开放大学
数学系教授 Robin Wilson 撰写的《刘易斯·卡洛尔漫游数境：他
的奇妙的、数学的、逻辑的一生》（*Lewis Carroll in Numberland*：
His Fantastical Mathematical Logical Life）），其实他的真名叫查
尔斯·路德维希·道奇逊，刘易斯·卡洛尔只是他发表小说时
所用的笔名. 他是牛津大学的教师，一位才华横溢的数学家. 他
的小说出名后，维多利亚女王下令说："此人的下一本书一定给
我送过来. "结果，下一本书不是小说，而是论述行列式的专著，
但再下一本就是《供不眠之夜里思考的枕边益智题》.

我们心目中的理想读者应该是爱数学之人，有人说：对于
低级趣味，人们有着惊人的一致，而对于高雅的爱好却各有不
同，很难统一，所以你要想脱离迎合大众口味的低俗，就必然是
曲高和寡，必然是小众图书. 打个比方说，以时装模特做比喻，
畅销书如同女模而数学书如同男模. 在模特界，男模中几乎没

有过 Kate Moss 这样的超模,究其原因就是因为男人不能是"纯美"一族,一个纯美的女性会成为时代偶像,并产生价值;但男人总是因为价值才产生魅力,回顾一下男装史中的 Fashion Icon 莫不如此.

还有一个顾虑是有读者反映本书所选题目大多较难且看不懂.怎么回答这个问题呢?北京大学教授戴锦华在谈到有些观众说俄罗斯导演塔可夫斯基的片子看不懂时说:"看不懂就回去惭愧,回去学习,有什么脸在这儿喊'看不懂'?你在告诉全世界你的低能,弱智和愚蠢吗?"

一位中年策划的一个老想法在一位老先生的努力下,从两种老杂志中捞出的 600 余道老题,像老古董一样散发着一种老的气息,其价值一定不菲.相信我!

刘培杰

2016.10.1

于哈工大

天道维艰，我心毅然：
记数学家、教育家、
科普作家王梓坤

张英伯　著

内容简介

本书用平实、真挚的语言，讲述了我国著名的数学家、教育家、科普作家王梓坤院士艰难曲折，而又充满机遇的一生：童年丧父后家庭的极度贫困；少年和青年时代的寒窗苦读；学成归国后全身心投入科研的倾情专注；"文化大革命"时期致力于科普创作的顽强坚守以及在北京师范大学校长任上的非凡努力.

这本书适合于大中学生、中小学教师和各行各业的科学爱好者阅读.

前言

2014 年夏天，《数学文化》一年一度的编委会在香港浸会大学召开. 当讨论到人物栏目的选题时，汤涛主编提出写一下概率论专家王梓坤的建议，并补充道："就请同在北京师范大学的张老师执笔吧."

当时我有点诚惶诚恐，说实在的，我与王梓坤先生并不熟识. 王先生 1984 年从南开大学来到北京师范大学担任校长时，我还是一名助教. 第一次见到王先生是在 1985 年春数学系的春节茶话会上,系里的老师都没有想到校长会来跟我们一起联欢.我的第一印象是这位瘦高清癯的校长太有书卷气了,笑眯眯的那么谦和.他走过来与相识的教授们一一握手,然后静静地坐下,并没有发表什么讲话,以后每年系里的春节茶话会他都必定参加.

五年后他卸任校长回归学术研究.因为专业不同,我与王先生仍然没有太多的接触,但在系办公室碰面的机会多了.2008 年他写好《南华文化大革命散记》,还送了一本给我.记得有一次系里聚会,我刚好坐在王先生旁边.他看了看我说:"张英伯,你长得很像启功啊,都是团团脸,你认他当伯伯好了."我赶紧说:"我认识启先生,启先生不认识我呀."王先生一本正经地回答:"我给你们介绍啊."他和周围的几位老师交换了一下眼神,大家都看着我,会心地笑了,我也不好意思地笑了.原来儒雅的学者还可以相当幽默.

接到为王先生写传的任务,我到南开大学、武汉大学、江西吉安以及在北京本地走访王先生的学生、同事、同学、朋友、乡亲、家人.越是深入地了解他的经历、贡献、为人处世,越是钦佩这位可敬的长者.他的独立思想和独立人格,他宽厚、容忍、谦让的品德,深深地感动了我.

《数学文化》期刊在 2015 年第 6 卷第 2 期刊登了《记数学家王梓坤》,引起了比较强烈的反响.随后,哈尔滨工业大学出版社邀请我将原文扩充成一本小册子.我再次采访了北京师范大学、南开大学、清华大学、中国科学院的多位教授,增添了王先生作为一位教育家,在五年校长任上非凡的事迹,订正了原文的个别事实,于是有了这本《天道维艰,我心毅然:记数学家、教育家、科普作家王梓坤》.

在本书出版之际,我依然诚惶诚恐,不知道是不是能够将一个真实的学者王梓坤呈献在读者面前,只能静心等待了.

张英伯

2016 年 6 月

于北京师范大学

编辑手记

写编辑手记是一种老派的做法. 一本书出来了,作为编辑总要出来介绍一下策划过程,与传者及作者的交往,成书过程中的轶事. 总之,这种文体没有一定之规,却有东拉西扯之嫌. 但积习难改还是要扯上几句,至于爱不爱读,悉听尊便.

出版同婚姻相似,都是要讲缘分的,《王梓坤传》从策划到目前的成书出版经过了近二十年. 20 世纪 90 年代末笔者刚从学校到哈尔滨出版社当编辑,出于对数学家的崇敬,便想策划一套中外数学家传奇丛书. 当时请了辽宁师范学院的数学史教授杜瑞芝女士担任主编,历经一年,稿子便组来了,一共是十本书. 第一本就是写王先生的,当时的版本定名为《困苦玉成 —— 王梓坤》. 在丛书第一分册完稿后,笔者还专程去北京师范大学拜访了王先生. 直到今天笔者还记得当年的情景,首先感到惊讶的是王先生寓所之朴素,小小的四室,笔者所能见到的两室四壁书柜,书香满屋,只是地面仍是最初的水泥地面,没加任何装修,按当时的标准也可算上"陋室"了. 20 年后的今年笔者再访王先生,发现其寓所依然如故,只是今天的社会环境以及社会对数学家的尊敬程度都不如当年了. 还有就是我们都老了,当然王先生更老了.

在 20 世纪五六十年代完成学业的数学家中,王梓坤无疑是佼佼者,并且在中国名声很大. 除了其专业成就外,更多的是因为那本曾经洛阳纸贵的《科学发现纵横谈》,以其文风之清新,典故之准确,文笔之流畅一时成为现象级畅销书. 当时笔者的一位非数学专业的领导,听说笔者要去拜访《科学发现纵横谈》的作者,嘱咐一定要请王先生给他题个字,影响之大由此可见一斑. 王先生的文章和著作都有力求通俗易懂的特点. 有人曾评价说:"真正的大师是可以把高深的东西写浅显了,而伪大师则是要把浅显的东西包装成高深的东西." 当然这种现象在人文科学中常见,数学因为其固有的难度很难做到这一点.

笔者手边恰有一本《数学物理学报》30 卷第 5 辑,是为纪念李国平院士、吴新谋教授 100 周年诞辰出的特辑. 其中发表了王

先生的一篇文章,题为《布朗运动数学研究中的若干进展》,文章的开头是这样的:

> "1828 年前后,植物学家 R. Brown(1773—1858)观察到介质(气体或液体……)中悬浮的微粒(如花粉)在做永无休止而且极不规则的运动,但不了解运动的原因. 后来人们知道这是由于微粒受到介质的大量分子冲击而形成的. 1905 年 A. Einstein 首次提出了布朗运动的数学模型. 以 x_t 表示 t 时粒子位置的一个坐标,以 $p_t(x)$ 表示位于 x 的分布密度,$p_t(x)$ 应满足的偏微分方程为
> $$\frac{\partial p_t(x)}{\partial t} = D \frac{\partial^2 p_t(x)}{\partial x^2}$$
> 其中 D 为某常数,称为扩散系数,依赖于温度及介质与微粒的性质.
>
> "1923 年,N. Wiener 给出了布朗运动的严格数学定义,本文所研究的就是这种数学定义下的布朗运动(简记为 Br. M.)."

其实这篇文章是挺高深的. 它综述了布朗运动数学研究中的若干新进展,主要讨论高维布朗运动首中与末离的分布,趋于无穷远的行为,以及多参数无穷维布朗运动的一些性质.

要是一般人写一定会一开始就充满各种高大上的术语. 作为数学专业研究论文这种写法无可厚非,甚至是一种行规,但王先生却从最简单的布朗运动的背景谈起,大大增加了文章的可读性. 古人说"文如其人". 王先生的文风朴实与其为人亲切,平易近人十分相称.

今年夏天笔者与两位年轻编辑去拜访王先生夫妇,道别时王先生坚持送我们到小区门口. 一位年愈八旬的老院士冒着酷暑站在骄阳下,一直等到车子开过来,我们上车、开动,挥手道别,情景确实令人感动. 笔者以为,所谓人格魅力就是在这点点滴滴的小事上表现出来的吧.

传记难写,数学家传记尤难. 我国传记学历史悠久,据《史

通·列传第六》记载:"夫纪传之兴,肇于《史》《汉》.盖记者,编年也;传者,列事也.编年者,历帝王之岁月,犹《春秋》之经;列事者,录人臣之行状,犹《春秋》之传,《春秋》则传于解经,《史》《汉》则传以释纪."足见此学在中国历史上的影响和地位.所以在中国做传是有很多讲究的,不像其他文学体裁可随意发挥.数学家的传记更难写,是因为这种传记要求作者文理兼备,否则要么因缺少理科背景而失于准确,要么因写作经验欠缺而略输文采.一个典型的例子是《华罗庚传》,我国虽出版过多种,但唯有王元先生写的受到一致好评.搞文学的人往往受教育背景的限制,文采飞扬,可细节漏洞百出,令人不信服,所以作传者最好是职业数学家.

作为一位数学工作者,张教授以从事科学研究的严谨作风,仔细核实了每一处资料的来源;亲自走访了绝大多数当事人及传主生活和工作过的地方;并对本书涉及的大量国外数学家及数学名词都做了非常认真的核对.这种慢工出细活的工作态度使得本书趋于完美.当然有一点美中不足的是张教授专长于代数而王先生的工作几乎都在概率论方向,所以对王先生在专业方面更深入的介绍与评价做的略显不足.加之张教授与王先生虽然长期在一个大学工作,但在作传之前互相并不熟悉,所以无法写出一些个人的交往.但这已是苛求了,像王元先生写《华罗庚传》那样,既是同一方向,又共事多年,亦师亦友的绝佳搭配是可遇不可求的.值得敬佩的是张教授写作本书的动机非常单纯,不为名不为利(因为现在中国出版业几乎提供不了大名和大利),只为数学文化和数学传播.张教授的学术造诣笔者无资格评介,但她在退休之前在数学界是位名人,因为她长期担任《数学通报》的主编.退休之后又在《数学文化》杂志担任编委,这是一本非常专业,质量颇高的杂志.两位主编都是既有学术地位又热心数学文化的牛人,但是令人匪夷所思的是这样一本不可多得的刊物居然在中国办不来刊号,要用一个所谓香港刊号发行.本书的初版发表在该刊的2015年第2期上,反响甚好.接受了我们的约稿后,张教授又扩充了许多内容才写成本书.

笔者与本书作者仅见过两次面,一次是在北京召开的全国初等数学研究会常务理事会上,另一次是在山东大学威海分校召开的《数学文化》编委会上. 张教授夫妇均为数学中人,其夫王昆扬教授是函数论专家,退休后致力于中学英才教育和大学先修课程的开发,也算紧跟时代潮流之上. 虽与张教授接触不多,但笔者读完本书初稿感到张教授敢说真话.

1995 年,《哲学研究》为纪念该刊创刊四十周年,发表编辑部文章《没有争鸣就没有学术繁荣》. 文章指出:"学术刊物应以追求真理为己任,然任何刊物都不能承担篇篇无瑕疵、句句皆真理的许诺."

作为本书的策划编辑通读全书后觉得王先生的一生用诗人 T. S. 艾略特(T. S. Eliot) 的话恰可概括:"做有用的事,说勇敢的话,沉思美好的东西,人生有此三者足矣." 这样的人生值得羡慕和效仿.

刘培杰

2016 年 9 月 20 日

于哈工大

数学欣赏拾趣

沈文选　杨清桃　著

内容简介

本书共分七章,包括:数学欣赏的含义,欣赏数学的"真",欣赏数学的"善",欣赏数学的"美",欣赏数学文化,从数学欣赏走向数学鉴赏,从数学文化欣赏走向文化数学研究.

本书可作为高等师范院校、教育学院、教师进修学院数学专业及国家级、省级中学数学骨干教师培训班的教材或教学参考书,是广大中学数学教师及数学爱好者的数学视野拓展读物.

序

我和沈文选教授有过合作,彼此相熟. 不久前,他发来一套数学普及读物的丛书目录,包括《数学眼光透视》《数学思想领悟》《数学应用展观》《数学模型导引》《数学方法溯源》《数学史话览胜》等,洋洋大观. 从论述的数学课题来看,该丛书的视角新颖,内容充实,思想深刻,在数学科普出版物中当属上乘之作.

阅读之余,忽然觉得公众对数学的认识很不相同,有些甚至是彼此矛盾的. 例如:

一方面,数学是学校的主要基础课,从小学到高中,12 年都有数学;另一方面,许多名人在说"自己数学很差"的时候,似乎理直气壮,连脸也不红,好像在宣示:数学不好,照样出名.

一方面,说数学是科学的女土,"大战数学之为用",数学无处不在,数学是人类文明的火车头;另一方面,许多学生说数学没用,一辈子也碰不到一个函数,解不了一个方程,连相声也在讽刺"一边向水池注水,一边放水"的算术题是瞎折腾.

一方面,说"数学好玩",数学具有和谐美、对称美、奇异美,歌颂数学家的"美丽的心灵";另一方面,许多人又说,数学枯燥、抽象、难学,看见数学就头疼.

数学,我怎样才能走进你,欣赏你,拥抱你? 说起来也很简单,就是不要仅仅埋头做题,要多多品味数学的奥秘,理解数学的智慧,抛却过分的功利,当你把数学当作一种文化来看待的时候,数学就在你心中了.

我把学习数学比作登山,一步步地爬,很累、很苦. 但是如果你能欣赏山林的风景,那么登山就是一种乐趣了.

登山有三种意境.

首先是初始阶段. 走入山林,爬得微微出汗,坐拥山色风光.体会"明月松间照,清泉石上流"的意境. 当你会做算术,会记账,能够应付日常生活中的数学的时候,你会享受数学给你带来的便捷,感受到好似饮用清泉那样的愉悦.

其次是理解阶段,爬到山腰,大汗淋漓,歇足小坐,环顾四周,云雾环绕,满目苍翠,心旷神怡. 正如苏轼的名句:"横看成岭侧成峰,远近高低各不同. 不识庐山真面目,只缘身在此山中." 数学理解到一定程度,你会感觉到数学的博大精深,数学思维的缜密周全,数学的简洁,你会对符号运算有爱不释手的感受. 不过,理解了,还不能创造."采药山中去,云深不知处." 对于数学的伟大,还莫测高深.

最后是登顶阶段,攀岩涉水,越过艰难险阻,到达顶峰的时候,终于出现了"会当凌绝顶,一览众山小"的局面. 这时,一切疲乏劳顿、危难困苦,全部抛到九霄云外."雄关漫道真如铁",欣赏数学之美是需要代价的. 当你破解了一道数学难题,"蓦然回首,那人却在灯火阑珊处"的意境,是语言无法形容的快乐.

好了,说了这些,还是回到沈文选先生的丛书.如果你能静心阅读,它会帮助你一步步攀登数学的高山,领略数学的美景,最终登上数学的顶峰.于是劳顿着,但快乐着,信手写来,权作为序.

张奠宙

2016 年 11 月 13 日

于沪上苏州河边

附　文

(文选先生编著的丛书,是一种对数学的欣赏.因此,再次想起数学思想往往和文学意境相通,年初曾在《文汇报》发表一短文,附录于此,算是一种呼应)

数学和诗词的意境

张奠宙

数学和诗词,历来有许多可供谈助的材料.例如:

一去二三里,烟村四五家.

亭台六七座,八九十枝花.

把十个数字嵌进诗里,读来琅琅上口.郑板桥也有咏雪诗:

一片二片三四片,五片六片七八片.

千片万片无数片,飞入梅花总不见.

诗句抒发了诗人对漫天雪舞的感受.不过,以上两诗中尽管嵌入了数字,却实在和数学没有什么关系.

数学和诗词的内在联系,在于意境.李白《送孟浩然之广陵》诗云:

故人西辞黄鹤楼,烟花三月下扬州.

孤帆远影碧空尽,唯见长江天际流.

数学名家徐利治先生在讲极限的时候,总要引用"孤帆远影碧空尽"这一句,让大家体会一个变量趋向于 0 的动态意境,煞是传神.

近日与友人谈几何,不禁联想到初唐诗人陈子昂《登幽州台歌》中的名句:

前不见古人,后不见来者.
念天地之悠悠,独怆然而涕下.

一般的语文解释说:上两句俯仰古今,写出时间绵长,第三句登楼眺望,写出空间辽阔,在广阔无垠的背景中,第四句描绘了诗人孤单、寂寞、悲哀、苦闷的情绪,两相映照,分外动人.然而,从数学上来看,这是一首阐发时间和空间感知的佳句.前两句表示时间可以看成是一条直线(一维空间).陈老先生以自己为原点,前不见古人指时间可以延伸到负无穷大,后不见来者则意味着未来的时间是正无穷大.后两句则描写三维的现实空间:天是平面,地是平面,悠悠地张成三维的立体几何环境.全诗将时间和空间放在一起思考,感到自然之伟大,产生了敬畏之心,以至怆然涕下.这样的意境,数学家和文学家是可以彼此相通的.进一步说,爱因斯坦的思维时空学说,也能和此诗的意境相衔接.

贵州六盘水师专的杨老师告诉我他的一则经验.他在微积分教学中讲到无界变量时,用了宋朝叶绍翁《游园不值》中的诗句:

春色满园关不住,一枝红杏出墙来.

学生每每会意而笑.实际上,无界变量是说,无论你设置怎样大的正数 M,变量总要超出你的范围,即有一个变量的绝对值会超过 M.于是,M 可以比喻成无论怎样大的园子,变量相当于红杏,结果是总有一枝红杏越出园子的范围.诗的比喻如此贴切,其意境把枯燥的数学语言形象化了.

数学研究和学习需要解题,而解题过程需要反复思索,终于在某一时刻出现领悟. 例如,做一道几何题,百思不得其解,突然添了一条辅助线,问题豁然开朗,欣喜万分. 这样的意境,想起了王国维用辛弃疾的词来描述的意境:"众里寻他千百度,蓦然回首,那人却在灯火阑珊处." 一个学生,如果没有经历过这样的意境,数学大概是学不好的了.

前 言

音乐能激发或抚慰情怀,绘画使人赏心悦目,诗歌能动人心弦,哲学使人获得智慧,科技可以改善物质生活,但数学却能提供以上的一切.

——Klein

数学就是对于模式的研究.

——A. N. 怀特海

甚至一个粗糙的数学模型也能帮助我们更好地理解一个实际的情况,因为我们在试图建立数学模型时被迫考虑了各种逻辑可能性,不含混地定义了所有的概念,并且区分了重要的和次要的因素. 一个数学模型即使导出了与事实不符合的结果,它也还可能是有价值的,因为一个模型的失败可以帮助我们去寻找更好的模型. 应用数学和战争是相似的,有时一次失败比一次胜利更有价值,因为它帮助我们认识到我们的武器或战略的不适当之处.

——A. Renyi

人们喜爱音乐,因为它不仅有神奇的乐谱,而且有悦耳的优美旋律!

人们喜爱画卷,因为它不仅描绘出自然界的壮丽,而且可以描绘人间美景!

人们喜爱诗歌,因为它不仅是字词的巧妙组合,而且有抒发情怀的韵律!

人们喜爱哲学,因为它不仅是自然科学与社会科学的浓缩,而且使人更加聪明!

人们喜爱科技,因为它不仅是一个伟大的使者或桥梁,而且是现代物质文明的标志!

而数学之为德,数学之为用,难以用旋律、美景、韵律、聪明、标志等词语来表达! 你看,不是吗?

数学精神,科学与人文融合的精神,它是一种理性精神! 一种求简、求统、求实、求美的精神! 数学精神似一座光辉的灯塔,指引数学发展的航向! 数学精神似雨露阳光滋润人们的心田!

数学眼光,使我们看到世间万物充满着带有数学印记的奇妙的科学规律,看到各类书籍和文章的字里行间有着数学的踪迹,使我们看到满眼绚丽多彩的数学洞天!

数学思想,使我们领悟到数学是用字母和符号谱写的美妙乐曲,充满着和谐的旋律,让人难以忘怀,难以割舍! 让我们在思疑中启悟,在思辨中省悟,在体验中领悟!

数学方法,它是人类智慧的结晶,也是人类的思想武器! 它像画卷一样描绘着各学科的异草奇葩般的景象,令人目不暇接! 它的源头又是那样的寻常!

数学解题,它是人类学习与掌握数学的主要活动,它是数学活动的一个兴奋中心! 数学解题理论博大精深,提高其理论水平是永远的话题!

数学技能,它是人类在数学知识的学习过程中逐步形成并发展的一种大脑操作方式,它是一种智慧! 它是数学能力的一种标志! 操握数学技能是追求的一种基础性目标!

数学应用,给我们展示出了数学的神通广大,它在各个领域与角落闪烁着人类智慧的火花!

数学建模,呈现出了人类文明亮丽的风景! 特别是那呈现出的抽象彩虹 —— 一个个精巧的数学模型,璀璨夺目,流光溢彩!

数学竞赛,许多青少年喜爱的一种活动,这种数学活动有着深远的教育价值! 它是选拔和培养数学英才的重要方式之一. 这种活动可以激励青少年对数学学习的兴趣,可以扩大他们的数学视野,促进创新意识的发展! 数学竞赛中的专题培训内容展示了竞赛数学亮丽的风景！

数学测评，检验并促进数学学习效果的重要手段. 测评数学的研究是教育数学研究中的一朵奇葩！测评数学的深入研究正期待着我们！

数学史话，充满了前辈们创造与再创造的诱人的心血机智. 让我们可以从中汲取丰富的营养！

数学欣赏，对数学喜爱的情感的流淌. 这是一种数学思维活动的崇高表情！数学欣赏，引起心灵震撼！真、善、美在欣赏中得到认同与升华！从数学欣赏中领略数学智慧的美妙！从数学欣赏走向数学鉴赏！从数学文化欣赏走向文化数学研究！

因此，我们可以说，你可以不信仰上帝，但不能不信仰数学.

从而，提高我国每一个人的数学文化水平及数学素养，是提高我国各个民族整体素质的重要组成部分，这也是数学基础教育中的重要目标. 为此，笔者构思了《中学数学拓展丛书》.

这套丛书是笔者学习张景中院士的教育教学思想，对一些数学素材和数学研究成果进行再创造并以此为指导思想来撰写的；是献给中学师生，试图为他们扩展数学视野、提高数学素养以响应张奠宙教授的倡议：建构符合时代需求的数学常识，享受充满数学智慧的精彩人生的书籍.

不积小流，无以成江河；不积跬步，无以至千里. 没有积累便没有丰富的素材，没有整合创新便没有鲜明的特色，这套丛书的写作，是笔者在多年资料的收集、学习笔记的整理及笔者已发表的文章的修改并整合的基础上完成的. 因此，每册书末都列出了尽可能多的参考文献，在此，衷心地感谢这些文献的作者.

这套丛书，作者试图以专题的形式，对中小学中典型的数学问题进行广搜深掘来串联，并以此为线索来写作的.

这一本是《数学欣赏拾趣》.

欣赏，就是怀着愉悦的心态对待面临的美满对象，就是用观赏的目光看待眼前事物的美好形态，就是用赞赏的情怀透视事物外表的喜悦，就是用领略的眼光发现事物内部深处的美妙.

数学欣赏是一种佩服数学理性的心理倾向,是数学素养中某种意识的流淌,数学欣赏是学习数学的一种情趣表露.

数学欣赏,就要欣赏数学的"真";欣赏数学的"真",就是震撼于数学之理性精神,震撼于数学的两重性,震撼于数学的特殊属性.

数学欣赏,就要欣赏数学的"善";欣赏数学的"善",就是震撼于数学认知之深刻,震撼于数学育人价值之独特,震撼于数学应用之广泛.

数学欣赏,就要欣赏数学的"美";欣赏数学的"美",就是震撼于简捷之特征,震撼于和谐之特征,震撼于奇异之特征.

数学欣赏,就要欣赏数学文化;欣赏数学文化,就是震撼于数学学科的融合性,震撼于数学人文的意境性,震撼于数学历史的生成性,震撼于数学文化的价值性.

从数学欣赏走向数学鉴赏是更高级的数学欣赏.

从数学文化欣赏走向文化数学研究是为了更好地进行数学文化欣赏.

文化数学研究也是教育数学研究的重要组成部分,这也是作者在多年的教育数学研究中才逐步认识到的. 20 世纪 90 年代初,作者开始接触到张景中院士的教育数学思想,深为这种理念所吸引,就开始了从事教育数学研究,分析了教育数学思想的根由及组成的主要内容,得到了"从数学基础的研究发展而形成基础数学,数学计算的大量需要而发展形成计算数学,数学应用的广泛深入而发展形成应用数学",数学教育发展的必然结果而需研究教育数学,这均是水到渠成的事. 为了数学教育的需要而研究教育数学,显然教材数学、竞赛数学、测评数学应是教育数学研究的重要组成部分. 这是经过几年研究后逐步认识到的. 随着教育数学研究的不断深入,认识到这三个方面涉及的主要是学校数学教育. 现代的教育观应该是终身教育,因而社会的数学教育也应提到议事日程,特别是当今的数字化时代,高新技术其实就是数学技术的时代,文化数学的研究也就成为必然. 如何进行文化数学研究是我们应当努力探讨的工作. 在该书中,介绍了作者的一些浅见,也望得到读者的斧正.

最后,衷心感谢张奠宙教授在百忙中为本套丛书作序!

衷心感谢刘培杰数学工作室,感谢刘培杰老师、张永芹老师、李欣老师等诸位老师,是他们的大力支持,精心编辑,使得本书以这样的面目展现在读者面前!

衷心感谢我的同事邓汉文教授,我的朋友赵雄辉、欧阳新龙、黄仁寿,我的研究生们:羊明亮、吴仁芳、谢圣英、彭熹、谢立红、陈丽芳、谢美丽、陈淼君、孔璐璐、邹宇、谢罗庚、彭云飞等对我写作工作的大力协助,还要感谢我的家人对我们写作的大力支持!

沈文选　　杨清桃

2017 年 3 月

于岳麓山下

数学技能操握

沈文选　　杨清桃　著

内容简介

本册书共分八章:第一章数学技能的含义、特征及训练;第二章数学注意和数学观察;第三章数学理解和数学记忆;第四章数学计算和数学推理;第五章数学阅读和数学概括;第六章数学论证和数学实验;第七章数学作图和数学建模;第八章数学审美和数学写作.

本书可作为高等师范院校、教育学院、教师进修学院数学专业及国家级、省级中学数学骨干教师培训班的教材或数学参考书,也是广大中学数学教师及数学爱好者的数学视野拓展读物.

前　言

音乐能激发或抚慰情怀,绘画使人赏心悦目,诗歌能动人心弦,哲学使人获得智慧,科技可以改善物质生活,但数学却能提供以上的一切.

——Klein

数学就是对于模式的研究.

——A. N. 怀特海

　　甚至一个粗糙的数学模型也能帮助我们更好地理解一个实际情况,因为我们在试图建立数学模型时被迫考虑了各种逻辑可能性,不含混地定义了所有的概念,并且区分了重要的和次要的因素.一个数学模型即使导出了与事实不符的结果,它也可能是有价值的,因为一个模型的失败可以帮助我们去寻找更好的模型.应用数学和战争是相似的,有时一次失败比一次胜利更有价值,因为它帮助我们认识到我们的武器或战略的不适当之处.

——A. Renyi

　　人们喜爱音乐,因为它不仅有神奇的乐谱,而且有悦耳的优美旋律!

　　人们喜爱画卷,因为它不仅能描绘出自然界的壮丽,而且可以描绘人间美景!

　　人们喜爱诗歌,因为它不仅是字词的巧妙组合,而且有抒发情怀的韵律!

　　人们喜爱哲学,因为它不仅是自然科学与社会科学的浓缩,而且增加人的智慧!

　　人们喜爱科技,因为它不仅是一个伟大的使者或桥梁,而且是现代物质文明的标志!

　　而数学之为德,数学之为用,难以用旋律、美景、韵律、聪明、标志等词语来表达!

　　你看,不是吗?

　　数学精神,科学与人文融合的精神,它是一种理性精神,一种求简、求统、求实、求美的精神! 数学精神似一座光辉的灯塔,指引数学发展的航向! 数学精神似雨露阳光滋润人们的心田!

　　数学眼光,使我们看到世间万物充满着带有数学印记的奇妙的科学规律,看到各类书籍和文章的字里行间有着数学的踪迹,使我们看到满眼绚丽多彩的数学洞天!

　　数学思想,使我们领悟到数学是用字母和符号谱写的美妙乐曲,充满着和谐的旋律,让人难以忘怀,难以割舍! 让我们在思疑中启悟,在思辨中省悟,在体验中领悟!

　　数学方法,人类智慧的结晶,它是人类的思想武器! 它像

40

画卷一样描绘着各学科的异草奇葩般的景象,令人目不暇接!它的源头又是那样的寻常!

数学解题,人类学习与掌握数学的主要活动,它是数学活动的一个兴奋中心!数学解题理论博大精深,提高其理论水平是永远的话题!

数学技能,在数学知识的学习过程中逐步形成并发展的一种大脑操作方式.它是一种智慧!它是数学能力的一种标志!操握数学技能是应达到的一种基础性目标!

数学应用,给我们展示出了数学的神通广大,在各个领域与角落闪烁着人类智慧的火花!

数学建模,呈现出了人类文明亮丽的风景,特别是那呈现出的抽象彩虹 —— 一个个精巧的数学模型,璀璨夺目,流光溢彩!

数学竞赛,许多青少年喜爱的一种活动,这种数学活动有着深远的教育价值!它是选拔和培养数学英才的重要方式之一.这种活动可以激励青少年对数学学习的兴趣,可以扩大他们的数学视野,促进创新意识的发展.数学竞赛中的专题培训内容展示了竞赛数学亮丽的风采!

数学测评,检验并促进数学学习效果的重要手段.测评数学的研究是教育数学研究中的一朵奇葩.测评数学的深入研究正期待着我们!

数学史话,充满了诱人的前辈们的创造与再创造的心血机智,让我们可以从中汲取丰富的营养!

数学欣赏,对数学喜爱的情感的流淌.这是一种数学思维活动的崇高情感表达.数学欣赏,引起心灵震撼!真、善、美在欣赏中得到认同与升华.从数学欣赏中领略数学智慧的美妙,从数学欣赏走向数学鉴赏,从数学文化欣赏走向数学文化研究!

因此,我们可以说,你可以不信仰上帝,但不能不信仰数学.

从而,提高我们每一个人的数学文化水平及数学素养,是提高中华民族的整体素质的重要组成部分,这也是数学基础教育中的重要目标.为此,笔者构思了这套丛书.

这套丛书是笔者学习张景中院士的教育教学思想,对一些数学素材和数学研究成果进行再创造并以此为指导思想来撰写的;是献给中学师生,企图为他们扩展数学视野、提高数学素养以响应张奠宙教授的倡议:构建符合时代需求的数学常识,享受充满数学智慧的精彩人生的书籍.

不积小流,无以成江河;不积跬步,无以至千里.没有积累便没有丰富的素材,没有整合创新便没有鲜明的特色,这套丛书的写作,是笔者在多年资料的收集、学习笔记的整理及笔者已发表的文章的修改并整合的基础上完成的.因此,每册书末都列出了尽可能多的参考文献,在此,衷心地感谢这些文献的作者.

这套丛书,作者试图以专题的形式,对中小学中典型的数学问题进行广搜深掘来串联,并以此为线索来写作的.

本册书是《数学技能操握》.

熟练掌握一些基本技能,对学好数学是非常重要的.例如,在学习概念中有要求学习者能举出正、反面例子的训练;在学习公式、法则中有对公式、法则掌握的训练,也有注重对运算算理认识和理解的训练;在学习推理证明时,不仅仅有在推理证明形式上的训练,更有对落笔有据、言之有理的理性思维的训练;在立体几何学习中不仅有对基本作图、识图的训练,而且有对认识事物的方法的训练;在学习统计时,有在实际问题中处理数据,从数据中提取信息的训练,等等.

数学技能的操握,不单纯是为了熟练技能,更重要的是使学习者通过训练更好地理解数学知识的实质,体会数学的价值,因此技能训练必须有利于学习者认识数学的本质,提高数学能力.

随着科技和数学的发展,数学技能的内涵也在发生变化.除了传统的运算等技能外,还应包括更广泛、更有力的技能.例如,我们要在操练中重视对学习者进行以下的技能训练:能熟练地完成心算与估计;能决定什么情况下需寻求精确的答案,什么情况下只须估计就够了;能正确地、自信地、适当地使用计算器或计算机;能估计数量级的大小,判断心算或计算机结果的合理性,判断别人提供的数量结果的正确性;能用各种各样的表、图、统计方法来组织、解释,并提供数据信息;能把模糊不清的问题用明晰的语言表达出来(包括口头和书面的表达能力);能从具体的前后联系中,确定该问题采用什么数学方法最合适,会选择有效的解题策略等.

也就是说,随着时代的前进和数学的发展,中学数学的基本技能也在发生变化.学习中也要用发展的眼光与时俱进地认识基本技能,如上面我们提出的需要训练的那些技能.而一部分原有的技能训练的内容,随着时代的发展可能被淘汰,如:会熟练地查表,像查对数表、三角函数表等,这在过去是作为中学生的一个基本技能来要求的.现在,我们有了计算器和计算机,那么,能正确地、自信地、适当地使用计算器或计算机这样的技能就替代了原来的查表技能.

本书对数学技能的探讨是在学习了曹才翰、章建跃、田万海、何小亚等先生的论著的基础上,做了一些探讨工作,在这其中,融合作者 40 余年教学体验.当然,深入地探讨也有待于与同行们继续努力.在此,望得到专家、同行们的指教.

衷心感谢张奠宙教授在百忙中为本套丛书作序!

衷心感谢刘培杰数学工作室,感谢刘培杰老师、张永芹老师、李宏艳老师等诸位老师,是他们的大力支持,精心编辑,使得本书以这样的面目展现在读者面前!

衷心感谢我的同事邓汉元教授,我的朋友赵雄辉、欧阳新龙、黄仁寿,我的研究生羊明亮、吴仁芳、谢圣英、彭熹、谢立红、陈丽芳、谢美丽、陈淼君、孔璐璐、邹宇、谢罗庚、彭云飞等对我写作工作的大力协助,还要感谢我的家人对我们写作的大力支持!

沈文选　　杨清桃

2017 年 3 月

于岳麓山下

数学解题引论

沈文选　　杨清桃　　编著

内容简介

　　本册书共分八章:数学解题意义,数学解题研究观点,数学解题过程,数学解题策略,数学解题方法,数学解题思路,几类特殊题型及求解,数学错题校正及数学题错解辨析.

　　本书可作为高等师范院校、教育学院、教师进修学院数学专业及国家级、省级中学数学骨干教师培训班的教材或数学参考书,也是广大中学数学教师及数学爱好者的数学视野拓展读物.

前　言

　　音乐能激发或抚慰情怀,绘画使人赏心悦目,诗歌能动人心弦,哲学使人获得智慧,科技可以改善物质生活,但数学却能提供以上的一切.

——Klein

　　数学就是对于模式的研究.

——A. N. 怀特海

甚至一个粗糙的数学模型也能帮助我们更好地理解一种实际情况,因为我们在试图建立数学模型时被迫考虑了各种逻辑可能性,不含混地定义了所有的概念,并且区分了重要的和次要的因素.一个数学模型即使导出了与事实不符的结果,它也可能是有价值的,因为一个模型的失败可以帮助我们去寻找更好的模型.应用数学和战争是相似的,有时一次失败比一次胜利更有价值,因为它帮助我们认识到我们的武器或战略的不适当之处.

——A. Renyi

人们喜爱音乐,因为它不仅有神奇的乐谱,而且有悦耳的优美旋律!

人们喜爱画卷,因为它不仅能描绘出自然界的壮丽,而且可以描绘人间美景!

人们喜爱诗歌,因为它不仅能是字词的巧妙组合,而且有抒发情怀的韵律!

人们喜爱哲学,因为它不仅是自然科学与社会科学的 浓缩,而且增加人的智慧!

人们喜爱科技,因为它不仅是一个伟大的使者或桥梁,而且是现代物质文明的标志!

而数学之为德,数学之为用,难以用旋律、美景、韵律、智慧、标志等词语来表达!

你看,不是吗?

数学精神,科学与人文融合的精神,它是一种理性精神,一种求简、求统、求实、求美的精神! 数学精神似一座光辉的灯塔,指引数学发展的航向! 数学精神似雨露阳光滋润人们的心田!

数学眼光,使我们看到世间万物充满着带着数字印记的奇妙的科学规律,看到各类书籍和文章的字里行间的数学踪迹,使我们看到满眼绚丽多彩的数学洞天!

数学思想,使我们领悟到数学是用字母和符号谱写的美妙乐曲,充满着和谐的旋律,让人难以忘怀,难以割舍;让我们在思疑中启悟,在思辨中省悟,在体验中领悟!

数学方法,人类智慧的结晶,它是人类的思想武器;它像画卷一样描绘着各学科的异草奇葩般的景象,令人目不暇接;它的源头又是那样的寻常!

数学解题,人类学习与掌握数学的主要活动,它是数学活动的一个兴奋中心;数学解题理论博大精深,提高其理论水平是永远的话题!

数学技能,在数学知识的学习过程中逐步形成并发展的一种大脑操作方式.它是一种智慧,是数学能力的一种标志,操握数学技能是应达到的一种基础性目标!

数学应用,给我们展示出了数学的神通广大,在各个领域与角落闪烁着人类智慧的火花!

数学建模,呈现出了人类文明亮丽的风景,特别是那呈现出的抽象彩虹 —— 一个个精巧的数学模型,璀璨夺目,流光溢彩!

数学竞赛,许多青少年喜爱的一种活动,这种数学活动有着深远的教育价值,它是选拔和培养数学英才的重要方式之一.这种活动可以激励青少年对数学学习的兴趣,可以扩大他们的数学视野,促进创新意识的发展.数学竞赛中的主题培训内容展示了竞赛数学亮丽的风采!

数学测评,检验并促进数学学习效果的重要手段.测评数学的研究是教育数学研究中的一朵奇葩.测评数学的深入研究正期待着我们!

数学史证,充满了诱人的前辈们的创造与再创造的心血机智,让我们可以从中汲取丰富的营养!

数学欣赏,对数学喜爱的情感的流淌.这是一种数学思维活动的崇高情感表达.数学欣赏,引起心灵震撼,真、善、美在欣赏中得到认同与升华.从数学欣赏中领略数学智慧的美妙,从数学欣赏走向数学鉴赏,从数学文化欣赏走向数学文化研究!

因此,我们可以说,你可以不信仰上帝,但不能不信仰数学.

从而,提高我国每一个人的数学文化水平及数学素养,是提高中华民族的整体素质的重要组成部分,这也是数学基础教育中的重要目标.为此,笔者构思了这套书.

这套书是笔者学习张景中院士的教育教学思想,对一些数学素材和数学研究成果进行再创造并以此为指导思想来撰写的；是献给中学师生，企图为他们扩展数学视野、提高数学素养以响应张奠宙教授的倡议：构建符合时代需求的充满数学常识、数学智慧的书籍.

不积小流，无以成江河；不积跬步，无以至千里. 没有积累便没有丰富的素材，没有整合创新便没有鲜明的特色. 这套书的写作，是笔者在多年资料的收集、学习笔记的整理及笔者已发表的文章的修改并整合的基础上完成的. 因此，每册书末都列出了尽可能多的参考文献，在此，衷心地感谢这些文献的作者.

这套书，作者试图以专题的形式，对中小学中典型的数学问题进行广搜深掘来串联，并以此为线索来写作.

本册书是《数学解题引论》.

学数学离不开解题. 数学解题对建立和发展数学知识结构，形成和增进数学思维能力，培养和造就创造精神等方面起着不可取代的重要作用. 解数学题是学习数学的主要形式，是学习数学课程的一个"实践性"环节. 通过解题可以使学习者独立地、积极地进行认知活动，深入地理解数学概念，全面系统地掌握数学基础知识，实际地学习数学的本质、精神、思想，切实地掌握解数学题的基本技能和技巧，从而有效地培养运算求解能力、推理论证能力、空间想象能力、抽象概括能力和数据处理能力等.

如何解答无穷无尽的数学问题，如何从新的理论高度来进行数学解题研究，逐步建立并完善数学解题理论体系，…… 这一系列问题一直是作者近几十年思考的问题. 为此，作者于1996 年主编了高等师范院校试用教材《初等数学解题研究》，以及撰写了《中学数学解题典型方法例说》等著作. 又经过这20 多年的实践检验，在这些年间，作者又学习了各位同仁新的解题研究成果，并进行了一些新的探索，清点梳理，便形成这本《数学解题引论》的主体内容.

本书是作者进行初等数学解题理论建设的一些尝试，在数学解题意义的探讨，解题观点、解题过程的阐述，解题策略、解题方法的系统建构，解题思想的探寻，一些特殊题型的研究等中,既介绍了各位同仁的成果,也融进了作者的一些见解. 在这其中,对于某些问题的理解目前尚未取得国内外专家的共识,作者深知,书中所建立的理论框架只是初步的、不完善的. 但是形势的需要迫使我们不得不先做抛砖之举,也发挥作者的一点余热."初生之物,其外必丑",作者热忱地期待同行、专家的斧正.

衷心感谢张奠宙教授在百忙中为本套书作序!

衷心感谢刘培杰数学工作室,感谢刘培杰老师、张永芹老师、责任编辑老师等诸位老师,是他们的大力支持,精心编辑,使得本书以这样的面貌展现在读者面前!

衷心感谢我的同事邓汉元教授,我的朋友赵雄辉、欧阳新龙、黄仁寿,我的研究生们:羊明亮、吴仁芳、谢圣莫、彭喜、谢立红、陈丽芳、谢美丽、陈淼君、孔璐璐、邹宇、谢罗庚、彭云飞等对我写作工作的大力协助,还要感谢我的家人对我们写作的大力支持!

沈文选

2017 年 3 月

于岳麓山下

数学竞赛采风

沈文选　　杨清桃　　著

　　本书共分9章：数学竞赛活动的教育价值，从数学竞赛到竞赛数学，竞赛数学研究采风，专题培训1：三角形的垂心图，专题培训2：角的内切圆图，专题培训3：完全四边形，专题培训4：卡尔松不等式，专题培训5：一类三元不等式，专题培训6：利用函数特性证明不等式．

　　本书可作为高等师范院校、教育学院、教师进修学院数学专业及国家级、省级中学数学骨干教师培训班的教材或教学参考书，也可作为高中数学竞赛培训班的教材或教学参考书，还可作为广大中学数学教师及数学爱好者的数学视野拓展读物．

前言

　　音乐能激发或抚慰情怀，绘画使人赏心悦目，诗歌能动人心弦，哲学使人获得智慧，科技可以改善物质生活，但数学却能提供以上的一切．

——Klein

　　数学就是对于模式的研究．

——A. N. 怀特海

　　甚至一个粗糙的数学模型也能帮助我们更好地理解一个实际情况,因为我们在试图建立数学模型时被迫考虑了各种逻辑可能性,不含混地定义了所有的概念,并且区分了重要的和次要的因素.一个数学模型即使导出了与事实不符合的结果,它也可能是有价值的,因为一个模型的失败可以帮助我们去寻找更好的模型.应用数学和战争是相似的,有时一次失败比一个胜利更有价值,因为它帮助我们认识到我们的武器或战略的不适当之处.

——A. Renyi

　　人们喜爱音乐,因为它不仅有神奇的乐谱,而且有悦耳的优美韵律!

　　人们喜爱画卷,因为它不仅描绘出自然界的壮丽,而且可以描绘人间美景!

　　人们喜爱诗歌,因为它不仅是字词的巧妙组合,而且有抒发情怀的韵律!

　　人们喜爱哲学,因为它不仅是自然科学与社会科学的浓缩,而且使人更加聪明!

　　人们喜爱科技,因为它不仅是一个伟大的使者或者桥梁,而且是现代物质文明的标志!

　　而数学之为德,数学之为用,难以用旋律、美景、韵律、聪明、标志等词语来表达!

　　你看,不是吗?

　　数学精神,科学与人文融合的精神,它是一种理性精神,一种求简、求统、求实、求美的精神! 数学精神似一座光辉的灯塔,指引数学发展的航向! 数学精神似雨露阳光滋润人们的心田!

　　数学眼光,使我们看到世间万物充满着带有数学印记的奇妙的科学规律,看到各类书籍和文章的字里行间有着数学的踪迹,使我们看到满眼绚丽多彩的数学洞天!

　　数学思想,使我们领悟到数学是用字母和符号谱写的美妙乐曲,充满着和谐的旋律,让人难以忘怀,难以割舍;让我们在思疑中启悟,在思辨中省悟,在体验中领悟!

　　数学方法,人类智慧的结晶,它是人类的思想武器;它像画卷一样描绘着各学科的异草奇葩般的景象,令人目不暇接;它的源头又是那样的寻常!

数学解题,人类学习与掌握数学的主要活动,它是数学活动的一个兴奋中心;数学解题理论博大精深,提高其理论水平是永远的话题!

数学技能,在数学知识的学习过程中逐步形成并发展的一种大脑操作方式.它是一种智慧,是数学能力的一种标志!操握数学技能是我们追求的一种基础性目标!

数学应用,给我们展示出了数学的神通广大,在各个领域与角落闪烁着人类智慧的火花!

数学建模,呈现出了人类文明亮丽的风景,特别是那呈现出的抽象彩虹 —— 一个个精巧的数学模型,璀璨夺目,流光溢彩!

数学竞赛,是许多青少年喜爱的一种活动,这种数学活动有着深远的教育价值,它是选拔和培养数学英才的重要方式之一.这种活动可以激励青少年对数学学习的兴趣,可以扩大他们的数学视野,促进创新意识的发展.数学竞赛培训中的专题培训内容展示了数学竞赛亮丽的风采!

数学测评,检验并促进数学学习效果的重要手段.测评数学的研究是教育数学研究中的一朵奇葩.测评数学的深入研究正期待着我们!

数学史话,充满了前辈们创造与再创造的诱人的心血机智,让我们可以从中汲取丰富的营养!

数学欣赏,是对数学喜爱情感的流淌.这是一种数学思维活动的崇高情感表达.数学欣赏,引起心灵震撼!真、善、美在欣赏中得到认同与升华!从数学欣赏中领略数学智慧的美妙!从数学欣赏走向数学鉴赏!从数学文化欣赏走向文化数学研究!

因此,我们可以说,你可以不信仰上帝,但不能不信仰数学.

从而,提高我国每一个人的数学文化水平及数学素养,是提高我国各个民族整体素质的重要组成部分,这也是数学基础教育中的重要目标.为此,笔者构思了这套《中学数学拓展丛书》.

这套书是笔者学习张景中院士的教育教学思想,对一些数学素材和数学研究成果进行再创造并以此为指导思想来撰写的;是献给中学师生,试图为他们扩展数学视野、提高数学素养以响应张奠宙教授的倡议:建构符合时代需求的数学常识、数学智慧的书籍.

不积跬步,无以至千里;不积小流,无以成江河. 没有积累便没有丰富的素材,没有整合创新便没有鲜明的特色. 这套书的写作,是笔者在多年资料的收集、学习笔记的整理及笔者已发表的文章的修改并整合的基础上完成的. 因此,每册书末都列出了尽可能多的参考文献,在此,衷心地感谢这些文献的作者.

这套书,作者试图以专题的形式,对中小学中典型的数学问题进行广搜深掘来串联,并以此为线索来写作.

本册是《数学竞赛采风》.

数学竞赛活动是起步最早,规模最大,种类、层次较多的学科竞赛活动. 在我国有各省市的初、高中竞赛,有全国的初、高中联赛,还有西部竞赛、女子竞赛、"希望杯"邀请赛等各种各样的邀请赛、通讯赛.

世界上一些文化比较发达的国家和地区,除了举办本国或本地区的各类各级的数学奥林匹克外,越来越多地积极参加国际数学奥林匹克.这是一种有着深刻内涵的全球文化现象,这是一种深厚文化品质的反映.

数学竞赛活动的教育价值是十分深远的,该书在这方面做了较深入的探讨.

在解决数学竞赛问题中所体现出来的能力,其实质是能根据问题情景重组已有的数学知识,能正确、迅速地检索、选择和提取相关数学内容知识并及时转化为适当的操作程序,从而使问题从初始状态转变为目的状态. 显然,如果一个常识记忆中缺乏相关的数学内容知识,那么,相应的知识检索、选择、提取、重组等活动就失去了基础. 丰富、系统的数学知识不仅是解题创新所不可或缺的材料,而且还能直接激发解题创新的直觉或灵感.

抓好数学竞赛培训是开展数学竞赛活动的关键环节. 培训有各种方式方法,但专题培训在关键时刻能发挥重要作用. 为此,该书在这方面进行了一些尝试,介绍了几个典型的专题培训内容. 这是《数学竞赛采风》的重点内容. 由于数学竞赛涉及的数学内容比较广,我们只是进行了某些侧面介绍,更多的方面可参见作者的其他著作(如由湖南师范大学出版社出版的《分级精讲与测试系列》《初级教程系列》《专题研究系列》《解题金钥匙系列》《解题思路方法系列》《专家讲坛系列》以及浙江大学出版社出版的《解题策略系列》等).

开展好数学竞赛活动的另一重要方面,就是进行竞赛数学研究. 竞赛数学是基础性的综合数学,是发展性的教育数学,是创造性的问题数学,是富于挑战的活数学. 本书在这方面也做了一些探讨. 当然,深入地探讨也有待于与同行的继续努力.

衷心感谢张奠宙教授在百忙中为本书作序!

衷心感谢刘培杰数学工作室,感谢刘培杰老师、张永芹老师、责任编辑老师等诸位老师,是他们的大力支持,精心编辑,使得本书以这样的面目展现在读者面前!

衷心感谢我的同事邓汉元教授,我的朋友赵雄辉、欧阳新龙、黄仁寿,我的研究生们:羊明亮、吴仁芳、谢圣英、彭熹、谢立红、陈丽芳、谢美丽、陈淼君、孔璐璐、邹宇、谢罗庚、彭云飞等对本书编写工作的大力协助,还要感谢我的家人对我们写作的大力支持!

从事竞赛数学研究也是进行数学教育研究中的一个方面. 在这套书中,作者撰写此书也想表明这个观点,本书对竞赛数学的研究只展现了小小的层面,以望读者谅解.

沈文选　杨清桃

2017 年 11 月

于岳麓山下

编后语

沈文选先生是我多年的挚友,我又是这套书的策划编辑,所以有必要在这套书即将出版之际,说上两句.

有人说:"现在,书籍越来越多,过于垃圾,过于商业,过于功利,过于弱智,无书可读."

还有人说:"从前,出书难,总量少,好书就像沙滩上的鹅卵石一样显而易见,而现在书籍的总量在无限扩张,而佳作却无法迅速膨化,好书便如埋在沙砾里的金粉一样细屑不可寻,一读便上当,看书的机会成本越来越大."(无书可读——中国图书业的另类观察,侯虹斌《新周刊》,2003,总 166 期)

但凡事总有例外,摆在我面前的沈文选先生的大作便是一个小概率事件的结果.文如其人,作品即是人品,现在认认真真做学问,老老实实写著作的学者已不多见.沈先生算是其中一位,用书法大师教育家启功给北京师范大学所题的校训"学为人师,行为世范"来写照,恰如其分.沈先生"从一而终",从教近四十年,除偶有涉及 n 维空间上的单形研究外将全部精力都投入到初等数学的研究中.不可不谓执着,成果也是显著的,称其著作等身并不为过.

目前,国内高校也开始流传美国学界历来的说法"不发表则自毙(Publish or Perish)".于是大量应景之作选出,但沈先生已近退休,并无此压力,只是想将多年研究做个总结,可算封山之作.所以说这套丛书是无书可读时代的可读之书,选读此书可将读书的机会成本降至无穷小.

这套书非考试之用,所以切不可抱功利之心去读.中国最可怕的事不是大众不读书,而是教师不读书,沈先生的书既是给学生读的,也是给教师读的.2001 年陈丹青在上海《艺术世界》杂志开办专栏时,他采取读者提问他回答的互动方式.有一位读者直截了当地问:"你认为在艺术中能够得到什么?"陈丹青答道:"得到所谓'艺术':有时自以为得到了,有时发现并没得到."(陈丹青.与陈丹青交谈.上海文艺出版社,2007,第12 页).读艺术如此,读数学也如此,如果非要给自己一个读的理由,可以用一首诗来说服自己,曾有人将古代五言《神童诗》扩展成七言:

古今天子重英豪,学内文章教尔曹.
世上万般皆下品,人间唯有读书高.

沈先生的书涉猎极广,可以说只要对数学感兴趣的人都会开卷有益,可自学,可竞赛,可教学,可欣赏,可把玩,只是不宜远离.米兰·昆德拉在《小说的艺术》中说:"缺乏艺术细胞并不可怕,一个人完全可以不读普鲁斯特,不听舒伯特,而生活得很平和.但一个蔑视艺术的人不可能平和地生活."(米兰·昆德拉.小说的艺术.董强,译.上海译文出版社,2004,第169页)将艺术换以数学结论也成立.

本套书是旨在提高公众数学素养的书,打个比方说它不是药,但是营养素与维生素.缺少它短期似无大碍,长期缺乏必有大害.2007年9月初,法国中小学开学之际,法国总统尼古拉·萨科奇发表了长达32页的《致教育者的一封信》,其中他严肃指出:当前法国教育中的普通文化日渐衰退,而专业化学习经常过细、过早.他认为:"学者、工程师、技术员不能没有文学、艺术、哲学素养;作家、艺术家、哲学家不能没有科学、技术、数学素养."

最后我们祝沈老师退休生活愉快,为数学工作了一辈子,教了那么多学生,写了那么多论文和书,您太累了,也该歇歇了.

刘培杰
2017年5月1日

他们学什么:
法国中学数学课本(Ⅲ)

刘培杰数学工作室　　编译

内容简介

本书编译自法国 R. 梅雅尔主编的中学数学课本第三册(上册). 全书共 6 章,包括:几个数的积,质数,有理数(第一部分),有理数(第二部分),代数的计算,一次方程. 本书结构严谨,语言简练,内容浅显易懂,叙述详细,注重基础也重视应用性,是一本很有特色的中学数学课本.

本书可供中小学师生及数学爱好者参阅使用.

编辑手记

这是一本早期的法国中学数学课本. 提到法国,人们自然会想到埃菲尔铁塔、凯旋门、香榭丽舍大街和拿破仑. 其实喜欢人文的我国读者对法兰西文化也是不陌生的,在文学领域中巴尔扎克、司汤达、大仲马、雨果、乔治·桑的小说都曾使我们手不释卷,艺术领域中德拉克洛瓦、科罗、库尔贝、莫奈和米勒的绘画也曾令我们如痴如醉.

如果说到哲学,法国那些灿若繁星的哲学大师则更为我国读者所熟悉,正如黑格尔所断言:涉及文化有两种最重要的形态,那就是法国哲学和启蒙思想,这里既有深邃理论的探索,也有诚挚感情的抒发,既有《百科全书》主编狄德罗,也有一代宗师、启蒙运动的先驱伏尔泰,以及让·梅利叶、孟德斯鸠、卢梭、孔狄亚克、霍尔马赫、马布利,等等.

然而就在我们津津乐道于科罗作品的梦幻境界为绘画增添了诗意,拿破仑三世曾一度撰写《恺撒传》,福楼拜因创作小说《包法利夫人》而遭控告,波德莱尔的诗集《恶之花》被删砍等文坛掌故时;在人们为拉美特利的"人是机器",爱尔维修"自爱是人的本性",摩莱里"私有制是万恶之源"的宏论拍案称奇时,人们可曾想到对法兰西的科学,我们又了解多少呢?作为科学的皇后——数学,法国有什么贡献?法国有哪些数学大师?为什么我们对法国数学情有独钟呢?

华为是目前中国最成功的企业,它的成功离不开数学的引领.2016年6月14日,华为数学研究所在法国正式揭幕.法国高等教育和研发部长特里·蒙东,华为常务董事,战略 Marketing 部长徐文伟出席了揭幕仪式并致辞.

据了解,华为法国数学研究所共拥有研究人员80多名,全部拥有博士及以上学历!

正如研究中心主任 Dr. Merouane Debbahh 说的那样:

> "除了技术研究,法国数学研究中心另一大目标是为全球 ICT 产业培养更多法国年轻人才.毋庸置疑,研究中心将为数学研究员带来巨大机遇.通过与华为全球研发团队合作,相信很多年轻专家将能在国际研究氛围中开始并扩展他们的职业生涯."

华为的创始人任正非对数学也有非常深刻的认识,他曾经说过:

> "数学是开启一切的工具,大数据流量疏导的基础是数理逻辑算法.人类社会发展是前进在基础科学进步的大道上的."

正是出于对数学的重视,早在2013年,任正非在出差法国的期间,就提到要在法国建立数学研究所.他当时说:

> "我们打算在数学领域加大投资,用数学的办法

来解决这样一个大流量下的管理办法. 我们十几年前在莫斯科投资了一个数学所, 数十名数学家帮助华为的无线发展成为全球一流, 也使华为从一个落后公司变成世界先进公司. 我们觉得面对未来的大数据业务, 数学能力支持不够, 因此想在法国成立一个大的数学所, 希望能解决大数据的问题."

法国是一个科学大国, 法国的世界大国地位与其说是由其经济实力所决定, 倒不如是说由其科技实力所奠定. 蔡元培先生早在1928年2月6日欢迎法国大使马德尔演说词中就指出：

"不久以前, 我国某处有一个小学教员, 命学生把他们最看得起的一个外国举出来. 结果, 列强及瑞士、比利时等, 都得到一部分学生的崇拜. 有的国家, 因为它的殖民地是世界上最多; 有的国家, 因为它的财富是世界上第一; 有的国家, 因为它的维新modernis—atio是世界上最快. 法国也得到许多小学生的崇拜, 不过小学生崇拜它, 不是因为它的殖民地多, 不是因为它富庶, 也不是因为它能学人家, 能维新, 却是因为它的文化发达的成就最高. 法兰西的文化, 在中国小学生的眼光中, 已经有这么正确的判断, 那在成人的眼光中, 更不必说了.

"所以我们今天欢迎马德尔公使, 不是因为他是强大盛富的国家的代表, 法国尽管是强大盛富, 却是因为他是文化极高的国家的代表."

法国是世界上最盛产数学思想的国度, 曾经是世界数学的中心. 法兰西民族是世界上数学家辈出的民族之一, 翻开任何一本数学著作映入眼帘的总少不了法国数学家的名字, 从近代的韦达、笛沙格、笛卡儿、费马、达朗贝尔、拉格朗日、蒙日、傅里叶、柯西、伽罗瓦到现代的庞加莱、勒贝格、托姆及布尔巴基学派.

对于一个国家或民族来说, 评价其数学成就的大小, 两个比较重要的参考指标是菲尔兹奖与沃尔夫奖的获奖人数. 菲尔兹奖素有数学界的诺贝尔奖之誉, 它是奖给 40 岁以下的杰出数学家的. 李克强总理就曾在复旦大学与数学学院师生座谈时提到过中国至今还没有一位本土成长出的菲尔兹奖得主. 而沃尔夫奖则是一种终身成就奖, 华人在这两种大奖中各有一人获奖. 1982 年, 由于在微分几何、偏微分方程中的出色工作, 丘成桐获得了菲尔兹奖, 陈省身则由于其在整体微分几何方面的出色工作, 于 1983 年获沃尔夫奖. 而法国人则在这两个大奖中占有非常多的位置. 仅菲尔兹奖获得者就达十二位之多.[①] 关于数学的发展, 人们一般乐于引用汉克尔 (H. Hankel) 的那句著名的话: "在大多数学科里, 一代人要推倒另一代人所修筑的东西, 一个人所建立的另一个人要加以摧毁. 只有数学, 每一代人都能在旧的大厦上添建一层新楼." 这是数学发展渐进观的宣言, 它明确地指出了数学与其他科学的发展模式之不同. 借此介绍几位法国数学大师.

1. 最年轻的菲尔兹奖得主 —— 让·皮埃尔·塞尔 (Jean Pierre Serre)

塞尔在 1954 年获菲尔兹奖时, 还不满 28 岁, 他是迄今为止的获奖者中年纪最小的. 外尔在介绍塞尔和小平邦彦的工作时说: "数学界为你们二位所做的工作感到骄傲. 它表明数学这棵长满节瘤的老树仍然充满着汁液与生机." 他还用一句语重心长的话勉励他们: "愿你们像过去一样继续努力!" 第二年外尔去世了, 可是他的希望并没有落空, 塞尔等人所做的研究大大推动了数学的发展, 改变了数学的面貌, 塞尔本人也成为当代数学界的领袖人物之一.

1926 年 9 月 15 日, 塞尔生于法国南部的巴热斯. 他的父母都是药剂师, 他在尼姆斯上中学, 从小就显露出非凡的数学才能. 1944 年 8 月, 德军占领巴黎时, 他还不满 18 岁, 就考进高等师范学校读书. 老一辈的布尔巴基成员都是该校的毕业生. 由

① 注: 本手记许多材料是取自于胡作玄的《菲尔兹获奖者传》, 及李心灿的《数学大师》.

于第二次世界大战的影响,布尔巴基成员很久没有集体活动了,这时又重新聚首,筹划新的活动.1948 年底,布尔巴基讨论班恢复正常活动,主要是介绍国际上最重要的数学成就,其中有不少就是布尔巴基学派成员自己的工作.与此同时,小卡当主持的卡当讨论班也正式开办,他从代数拓扑学入手,整理近年来拓扑学及有关领域的成就,来培养一代新人.塞尔正是从这时开始走上他的科学道路.

塞尔之前,菲尔兹奖主要授予在分析方面做出重大成就的数学家,在塞尔之后,主要授予在拓扑学及代数几何学中有杰出贡献的数学家.塞尔正是由于代数拓扑学的工作而获奖的.

19 世纪末,庞加莱开创了代数拓扑学的新方向.其后荷兰、苏联、波兰、瑞士、德国、英国、美国、捷克等国都有许多人从事该项研究,唯独法国似乎无人问津.早在 20 世纪 20 年代中期,布尔巴基学派的创始人就意识到这门学科的重要性,20 世纪30年代中期,开始积极探索这方面的路子,并取得了一些成就.像埃雷斯曼引进纤维丛的概念以及他对格拉斯曼流形上同调环的工作都对后来数学的发展有很重要的影响.

塞尔开始进行拓扑学研究时,同调论已经有了相当的发展,而与此相关的同伦论则裹足不前.头一个拦路虎是同伦群的计算,连最简单的球面的同伦群至今还没有完整的结果.在塞尔工作之前,像邦德里雅金这样的数学家对同伦群的计算都出了大错,这时才 20 岁出头的塞尔开始向这一门极为困难的年轻学科进攻,他的工作完全改变了这门学科的面貌.

从 1949 年到1954 年五年间,塞尔在卡当的指导下,发展了纤维丛的概念,得出一般纤维空间概念.对于一般纤维空间,他利用勒雷等数学家研究的谱序列等一系列工具解决了纤维、底空间、全空间的同调关系问题,并由这个结果证明同伦群的头一个重要的一般结论:除了以前知道的两种情形之外,球面的同伦群都是有限群.可以毫不夸张地说,塞尔 1950 年的这篇博士论文使这个问题发生了巨大的变化.

不仅如此,塞尔引进局部化方法把求同伦群的问题加以分解,得出一系列重大结果,他的方法到20 世纪 70 年代又有了更新的发展.另外他证明了上同调运算与某一空间的上同调之间的对应关系，从而把上同调运算系统化.

塞尔在20世纪50年代初还在同调代数方面做了许多重要工作，促使同调代数这门学科的诞生. 同调代数实际上是把代数拓扑学的方法应用于代数学研究. 这个重要工具形成之后，立即对抽象代数以及其他许多分支产生了重要影响. 塞尔本人在1955年就得出了正则局部环的同调刻画.

1954年之后，塞尔的工作转向代数几何学及复解析几何学领域. 他在普林斯顿的时候，帮助德国数学家希策布鲁赫把代数几何学的中心定理——黎赫-洛赫定理推广到高维代数簇. 原来这个定理只对代数曲线做出过证明，后来小平邦彦将其推广到代数曲面，而对于三维以上的代数簇，甚至连黎曼-洛赫定理的形式也还不清楚. 塞尔以其出色的洞察力得出了这个表示，从这个表示出发，后来又有许多推广.

1955年，塞尔写了《凝聚代数层》及《代数几何学与解析几何学》两篇文章，这两篇文章经常以FAC及GAGA的缩写被多次引用，成为现代数学的新经典文献. 在第一篇文章中，他运用勒瑞在1945年发表的"层"的理论研究多复变函数论，后来又将其应用于代数几何学的研究中. 在后一篇文章里，他发现代数几何学与解析几何学之间的平行性. 这里解析几何学并不是我们平时讲的笛卡儿用坐标方法研究几何学的学科. 正如代数几何学研究由多项式的零点定义的代数簇，解析簇则是由解析函数的零点定义的. 它们都可以用更本质的方式来定义，这样所得的结果有某种平行关系. 塞尔第一次发现这种关系，从而在多复变函数论及代数几何学这两个看起来无关的学科之间建立起密切的关系.

从20世纪60年代中期起，塞尔的工作转向数论方面，他在证明"韦伊猜想"方面起了很大的作用，当时比利时的年轻学生德林就是跟随他学习的. 后来德林很快地成长起来，而塞尔又非常谦虚，有时向德林请教，还说"我是来向老师学习的". 他同欧美许多第一流学者保持着经常的交流与来往. 他们常常合作共同写文章. 在他50岁生日的时候，世界大多数著名数学家都写文章来庆贺，30多篇庆贺的文章占用了《数学发明》杂志35,36两卷. 对于其他学者，哪怕是非常出名的，也很少有这样的表示. 这不仅表明大家公认塞尔是当代数学界的一位领袖人物,而且也说明他的人缘非常之好.

塞尔在 20 世纪 70 年代被选为巴黎科学院院士,1982 年被选为国际数学联盟执委会副主席.

塞尔不仅在科学研究上硕果累累,表现出极强的独创性,而且擅长写作,精于表述. 有人说他写的文章都值得借鉴,这话的确不假. 很复杂的东西经他一写,简单、明确、清楚、透彻,无论初学者或专家读后均大有收获. 他写了十几本各种程度的书,大都被译成世界各国的文字,其中《数论教程》已正式出版(冯克勤译),这对于中国学生掌握现代数学主流肯定会有所裨益.

2. 热衷于政治运动的菲尔兹奖得主 —— 亚历山大·格罗滕迪克(Alexandre Grothendieck)

亚历山大·格罗滕迪克是一位富有传奇色彩的人物. 他留一个和尚头,衣着随便,完全是一个平民的样子. 的确,他和一般的教授、学者、科学家很不一样,既不是出身名门,也没有受过系统的正规教育. 他热衷于政治运动,主要是无政府主义运动和平运动. 许多人慕名前来他求教代数几何学,他却认为那是一般人所不易理解的,于是进行一套无政府主义宣传,动员求学的人参加他的政治活动. 20 世纪 60 年代他被聘为巴黎的高等科学研究院的终身教授,当他获悉这个国际学术机构受到北京大学西洋公约组织资助时,他就辞去了职务回乡务农,过自食其力的生活. 他对苏联的侵略扩张行径极为反感. 1968 年他参加抗议苏联入侵捷克斯洛伐克的活动. 1970 年,一贯支持苏联官方政策的苏联科学院院士邦德里雅金做关于"微分对策"的报告,其中谈到导弹追踪飞机之类的问题. 他不顾大会的秩序,上台抢话筒,打断了邦德里雅金的演说,抗议在数学家大会上演讲与军事有关的题目. 当他认识到数学研究都直接或间接受到军方的资助时,终于毅然决然在 20 世纪 70 年代初脱离数学研究工作. 但是在他短短 20 年的数学研究生涯中,却给数学带来了极为丰硕的成果,对于后来数学的发展有着巨大的影响.

格罗滕迪克,于 1928 年 3 月 24 日生于柏林,在第二次世界大战期间受过一些教育,战后才去高等师范学校和法兰西学院听课.这期间正是布尔巴基学派的影响日益扩大的时候,格罗滕迪克由于没有经过正规的训练,只是独立地自己去思考,当他把自己得到的一些结果请迪厄多内等人看时,他们发现他独立地发现和证明了许多已知的定理.无疑,这也显示了他的天才.于是他们就指导他去搞一些新题目,不久他就得到一大批新结果,并建立了一套新理论,这就是他短暂的第一个时期 —— 泛函分析时期.

第二次世界大战之前,泛函分析集中研究希尔伯特空间、巴拿赫空间以及它们的算子.但是这两类空间对于数学的发展是不够的,在许瓦兹研究广义函数时,迪厄多内和许瓦兹在这些方面进行了重要的推广.格罗滕迪克在他们工作的基础上,开始了系统的拓扑向量空间理论的工作.他的工作是如此卓越,以致一直到 20 世纪 70 年代中期,他提出的理论还没有很大的改进.特别是他引进的核空间,是最接近有限维空间的抽象空间,利用核空间理论,可以解释广义函数论中许多现象.他还引进了张量积,这对以后的研究是很重要的工具.这些工作均因其独创性、深刻性及系统性使数学界震惊.1996 年迪厄多内介绍他的工作时提到,格罗滕迪克在这个时期的工作和巴拿赫的工作给数学的这个分支(即泛函分析)留下最强的标记.要知道,巴拿赫是泛函分析的创始人之一,而且是集其大成的伟大数学家.

20 世纪 50 年代中期,格罗滕迪克由泛函分析转向代数几何学的研究.他的工作标志着现代抽象代数几何学的扩张及更新.他不仅建立起一套抽象的庞大体系,而且运用这些概念及工具解决了许多著名猜想及难题.1973 年,德利涅完成韦伊猜想的证明,主要就是靠格罗滕迪克这一套了不起的理论.

这个时候,代数几何学已经经历了漫长的发展.长期以来,人们靠图形,靠直观,得出一系列的结果.但是,在考虑"两个代数簇相交截,交口的样子如何"这个问题时,却拿不出可靠的结论.看来直观是不太靠得住的,要靠严密的理论.抽象代数学发展之后,范·德·瓦尔登在 20 世纪 30 年代初步给代数几何学打下一个基础.但是,问题并没有彻底解决,真正为代数几何学奠定基础的是韦伊和查瑞斯基. 韦伊的名著《代数几何学基础》是抽象代数几何学的一个里程碑. 不过,它太抽象了,抽象得连一个图形都没有. 虽说是这样,在人们头脑里,"抽象代数簇"还是使人想到代数曲线、代数曲面的形象. 到了格罗滕迪克,几何的形象最后一点痕迹也没有了,代数几何学成为交换代数的一个分支.

1956 年,卡蒂埃建议把代数簇再进一步推广,成为一点几何味道都没有的"概型". 现在,概型已经是代数几何学的基本概念了,其余的就是环、层、拓扑、范畴……. 看到这些,外行人会吓得退避三舍. 从这时起,格罗滕迪克制订了一项规模宏大的写作计划,然后带领他的学生一步一步加以实现. 到 1970 年他脱离数学工作的时候,他的巨著已经完成了十几卷,后来德林以及布尔巴基一些成员陆续加以整理出版,基本构成一个完整的体系,并将其命名为"概型论".

在他 20 多年的科研工作中,给数学界留下的一时还难以消化的财富实在太多了. 他热衷于社会活动,忠实于自己的政治信念. 他离开了数学,但是他给我们留下的却是难以忘怀的印象.

3. 尚不知名但很有前途的人 —— 皮埃尔·德利涅(Pierre Deligne)

几个世纪以来,法国的数学一直在世界上居于领先地位. 法国数学界的伟人,往往也就是国际数学界的杰出人物. 比如说,现在法国老一辈数学家、布尔巴基学派的创始人迪厄多内和韦伊,以及菲尔兹奖获得者格罗滕迪克和塞尔都是当今国际数坛上举足轻重的数学家. 那么,谁会是明天法国数学界的伟人呢?

1979 年,法国《新观察家》周刊第 777 期与第 778 期发表了一篇调查报告,报道了 50 名法国各行各业"尚不知名但很有前途的人". 这家周刊上对上述问题的回答是:"这个伟人将是(法国)高等科学研究所的一个比利时人,他叫皮埃尔·德利涅." 这家周刊认为"正是由于像他那样的人才,法国才得以在数学等领域一直占据着一定的地位."

新闻界对于数学家圈子里的事常常报道失实,可是这几句评语却并不过分. 唯一可以补充的是德利涅在数学界的名声, 即使在今天说来也不算小.

一个比利时人, 怎么会跑到法国来面南称王? 原来, 在德利涅的成长过程中, 有过 3 次并非偶然的机会. 这 3 次机会不仅使他和数学结下了不解之缘, 而且一步步地把他促成为法国数学界新一代的精英.

德利涅是 1944 年 10 月 3 日在比利时首都布鲁塞尔出生的. 他的第一次机会相当富有戏剧性. 在他还是一个 14 岁的中学生的时候, 一位热心的中学数学教师尼茨居然借了几本布尔巴基的《数学原本》给他看. 人们知道, 布尔巴基并非真有其人, 这只不过是 20 世纪 30 年代一批杰出的法国青年数学家的集体笔名. 他们为了以 "结构" 来整理数学知识, 陆续写出了几十卷《数学原本》, 迄今尚未写完. 这套书的特点是严密、浩繁而又高度抽象. 什么东西都被放到了应有的逻辑位置上, 可就是没有什么背景性、启发性的叙述. 因此, 就是大学的数学系, 也很少有人把这套书作为教本, 人们只是把这套书作为百科全书来查阅, 或是作为专著研读, 以便对于数学的全盘获得清晰的概念. 可是德利涅却读下去了, 他不仅经受了这个沉重的考验, 而且还真有所得. 这件事, 既说明了教师尼茨本人的学识修养和慧眼识人, 也显示了德利涅把握抽象内容的出色禀赋. 当德利涅后来进入布鲁塞尔大学学习时, 他对于大部分的近代数学分支已经有了相当的认识.

德利涅的第二次机会, 是有幸在布鲁塞尔自由大学做了群论学家蒂茨的学生. 蒂茨是一位有世界声誉的数学家, 在有限单群方面有出色的成就, 对于现代数学的各个方面也有比较深刻的认识. 他不仅使德利涅的基础知识臻于完美, 难能可贵的是, 他无意于把这个有才能的学生圈在自己的身边. 根据德利涅的兴趣和特长, 他极力劝说德利涅到巴黎去深造, 这样可以在代数几何、代数数论等方面向前沿迈进, 德利涅听从了老师的这一劝告. 以后的事实说明, 这是非常重要的一步. 顺便一提, 蒂茨本人也长期在法国任教, 并于 1979 年当选为法国科学院的院士.

20 世纪 60 年代的巴黎, 在代数几何、代数数论方面是世界上屈指可数的中心之一. 格罗滕迪克、塞尔这两位昔日的菲尔兹奖获得者,各自主持着一个讨论班. 从 1965 年到 1966 年,德利涅在法国最著名的大学 —— 法国高等师范学校学习. 他怀着强烈的求知欲参加了这两个讨论班. 这是使他取得今天这样巨大成就的最重要的一次机会. 这一次终于把他造就成了一位现代数学家. 德利涅1967 年到 1968 年回到布鲁塞尔,受比利时国家科学基金的资助做研究. 1968 年得到布鲁塞尔大学的博士学位并任该校教授. 从 1967 年起,他也常去巴黎. 1970 年,他成为巴黎南郊的高等科学研究所终身教授,年仅 26 岁.

法国对于高级科研人才的培养和使用,一直奉行着一种"少数精英主义",强调"人不在多,但一定要出类拔萃". 拿高等科学研究所来说,一共只有 7 位终身教授(其中 4 位是数学教授,3 位是物理教授),30 名访问教授. 但就是这 4 位数学终身教授中,就有 2 位菲尔兹奖获得者 —— 托姆和德利涅.

德利涅本人的研究,受格罗滕迪克和塞尔的影响是很深刻的,虽然从表面上看,他没有费什么力气就掌握了这两位大数学家的思想和技巧,但德利涅在以后几年里的研究方向,基本上是格罗滕迪克研究方向的延长与扩展. 对于德利涅的优秀才能和出色表现,格罗滕迪克评价说:"德利涅在 1966 年就与我旗鼓相当了." 事实上,从 1966 年起到 1978 年获得菲尔兹奖为止,德利涅一共完成了近 50 篇重要的论文,其中包括使他获得菲尔兹奖的主要工作 —— 证明了韦伊猜想. 韦伊猜想的获证,可以说是代数几何学近 40 年来最重大的成就.

4. 获沃尔夫奖的布尔巴基的犹太人数学家 —— 安德烈·韦伊(Ardré Weil)

安德烈·韦伊是一位最杰出的法国数学家,1906 年 5 月 6 日生于法国巴黎. 由于他在数论中的代数方法上所取得的光辉成就,1979 年荣获沃尔夫数学奖,时年 73 岁.

韦伊是犹太人的后裔,自幼勤奋好学,16 岁就考入了巴黎高等师范学校. 在学习期间,他一方面精读了许多经典名著,一方面关心着最新的课题. 1925 年他毕业时才 19 岁,毕业后曾先后到罗马、哥廷根、柏林等地游历,深受当时正在兴起的抽象代数及拓扑学的影响,1928 年回国后,便写出了论文《代数曲线上的算术》,并获得博士学位,时年仅 22 岁. 1929 年,他又去罗马,研习泛函分析及代数几何,这对他后来的工作产生了深刻的影响. 1930—1932 年去印度阿里格尔的穆斯林大学任教授,其后在马塞当了一年讲师. 1933—1939 年回到法国斯特拉斯堡大学任教. 第二次世界大战临近,法国开始扩军备战,韦伊不愿当兵,1939 年夏天因逃避兵役,于 1940 年初被关进监狱. 不久法国就沦陷,他便于 1941 年去了美国,先在美国教了几年书,然后于 1945 年去巴西圣保罗大学任教. 1947—1958 年任美国芝加哥大学教授,1958 年任普林斯顿高等研究所教授. 韦伊是美国国家科学院的外籍院士.

韦伊是法国布尔巴基学派的创始成员和杰出代表之一. 他思维敏捷,才华横溢,在 20 岁时,他就写出了第一篇论文《论负曲率曲面》,把卡勒曼不等式由极小曲面推广到一般的单连通曲面,并指出它对于多连通曲面不成立. 1922 年起开始研究当时刚刚兴起的泛函分析,接着就进入了他的主攻领域 —— 数论. 韦伊是一位博学多才的数学家. 在将近半个世纪的岁月里,他相继在数论、拓扑学、调和分析、群论、代数、代数几何等重要分支取得了丰硕的成果. 20 世纪 20 年代,他推广了莫德尔(L. J. Mordell)的工作,从而得到了莫德尔 - 韦伊定理,即设 A 为在有限次代数数域 k 上定义的 n 维阿贝尔簇,则 A 上的 k 有理点全体构成的群 A_k 是有限生成的. $n = 1$ 的情形是莫德尔 1922 年证明的,一般情形是韦伊于 1928 年证明的. 另外,设 m 为有理整数,则商群 A_k/mA_k 为有限群,称为弱莫德尔 - 韦伊定理,它是莫德尔 - 韦伊定理证明的基础之一,并亦被用于西格尔定理的证明中. 韦伊的这项成就即使莫德尔的定理得到了推广,又开辟了不定方程的新方向. 20 世纪 30 年代末,他研究了拓扑群上的积分问题,证明了一致局部紧空间具有星形有限性. 1938 年他引入了一致空间的概念,用对角线的邻域定义了一致结构,从而奠定了一致拓扑结构的基础. 1936 年他写完了专著《拓扑群的积分及其应用》(但 1940 年才出版),此书反映出的数学结构主义体现了布尔巴基学派的观点,它开辟了群上调和分析的新领域. 20 世纪 40 年代,他潜心于把代数几何学建立在抽象代数和拓扑学的基础上. 1946 年,他在把相交理论奠基于抽象域上的同时,把几何思想引进抽象代数理论之中. 由此,他把哈塞等人开创的单变量代数函数理论的算术化推广到多变量的情形,从而开辟了一个新方向. 韦伊根据他的交变理论,在抽象域的情形下重新建立塞韦里(Severi)的代数对应理论,并成功地证明了关于同余 ζ 函数的相应黎曼猜想. 他把古典的阿贝尔簇的理论纯代数地建立起来,包括特征 p 的情形. 他的这些工作建立了完整的代数几何学体系,使得他在 1946 年出版的《代数几何学基础》成为一本经典著作,它为代数几何学的发展奠定了严密的抽象代数基础,大大推动了代数几何理论及其应用的发展. 他所确立的数域上或有限域上的代数几何被称为数论代数几何,形成独立的领域. 1948 年,韦伊抛开了分析学而用纯代数方法成功地建立了阿贝尔簇的理论,这不仅从代数几何学的角度看是重要的,而且对于代数几何在数论方面的应用,也具有极其重要的意义. 韦伊的阿贝尔簇的代数几何理论,推动了希尔伯特第 12 个问题研究的发展. 1949 年,他引入了代数簇同余 ζ 函数的定义,并提出代数方程在有限域中解的个数的"韦伊猜想":对每个素数 p,应该有一组复数 a_{ij} 使得

$$N_{pr} = \sum_{j=1}^{n} (-1)^i \sum_{i=1}^{B_i} a_{ij}^r$$

且 $|a_{ij}| = p^{\frac{1}{2}}$. 这里,$B_i$ 是二维曲面的贝蒂数. N_p 为整素数代数方程 $f_i(x,y,\cdots,w) = 0$ 的有限组解数目,$i = 1,\cdots,n$,而且要求未知数 $x,y,\cdots,w$,使得 f_i 都能被一个固定素数 p 整除. 他的这个猜想揭示了特征 p 的域上流形理论与古典代数几何之间的深刻联系,因而在国际数学界引起了轰动. 他自己证明了这个猜想的若干特殊情形. 数学界为了证明这个猜想所做的研究,使代数几何获得了长足的发展. 1952 年,韦伊证明了黎曼猜想成立的充分必要条件是在伊代尔群 J_k 上定义的某个广义函数是正定的. 1951 年,他引进了所谓韦伊群,用它定义了最一般的 L 函数为其特例. 1962 年,他把有限域 k 上的不可约仿射簇简单地叫作簇,而把有限个簇(或簇的开集)利用双正则映射拼在一起来定义跟塞尔意义下的不可约代数簇等价的概念称为抽象代数簇. 对自守函数,1967 年,他得出了比一般满足某种函数

方程狄利克雷级数与某种自守函数形式也一一对应的更一般的结果. 韦伊和其他数学家将实数上的调和分析理论,包括维纳的广义陶伯型定理在内的一般理论,应用赋范环的理论推广到局部紧阿贝尔群的情形,这一理论称为"阿贝尔群上的调和分析". 他还证明了微分几何中高维高斯－博内公式. 另外,他对微分方程动力系统也颇有建树.

韦伊的主要专著有:《数论基础》(1967)、《拓扑群的积分及其应用》(1940)、《代数几何学基础》(1946)等.

世界著名的斯普林格(Springer)出版社于1980年出版了韦伊的三卷文集.这三卷文集收集了除韦伊专著外的全部数学论著,包括已发表过的文章,和过去未发表的不易得到的原始资料.最具特色的新内容是韦伊本人对他的数学工作及数学发展的广泛的评论,从而使人读起来很受启发.韦伊的文集反映了他广泛的兴趣和渊博的学识,并可以看出他对当代数学的许多领域所产生的重要影响.

1980年,美国数学会向韦伊颁发了斯蒂尔奖,表彰他的工作对20世纪数学特别是他做出过奠基性工作的许多领域的影响.韦伊在1980年还荣获了经国家科学院推荐由哥伦比亚大学颁发的巴纳德奖章.

韦伊是布尔巴基学派的精神领袖.数学结构的观念是布尔巴基学派的主要观点,他们把数学看成关于结构的科学,认为整个数学学科的宏伟大厦,可以不借助直观而建立在抽象的公理化的基础上.他们从集合论出发,对全部数学分给以完备的公理化.在他们的工作中,结构的观点处于数学的中心地位.他们认为最普遍、最基本的数学结构有三类,即代数结构、序结构、拓扑结构,他们把这三种结构称为母结构.另外,母结构之间还可以经过混合和杂交,有机地组成一些新的结构,衍生出一些多重结构,比如拓扑代数,李群等就是代数、拓扑几种母结构结合的产物,实数是这三种结构有机结合在一起的结果.因此,在布尔巴基学派看来,三个基本结构就像神经网络那样渗透到数学的各个领域,乃至贯穿全部数学.整个数学就是由各类数学结构所构成,把门类万千的数学分支统一于结构之中,这就是他们的基本观点.

韦伊对数学史也很有见地. 他的《数论：从汉谟拉比到勒让德的历史研究》（有中译本）对数论史作了详尽而深刻的描述与分析. 他和他的学派认为：数学历史的进程，就像一部交响乐的乐理分析那样，一共有好几个主旋律，你多少可以听出来某一特定的主旋律是什么时候首次出现的，然后，这个主旋律又怎么逐渐与别的主旋律融合在一起，而作曲家的艺术就在于把这些主旋律进行同时编排，有时小提琴奏一个主旋律，长笛奏另一个，然后彼此交换就这样继续下去，数学的历史正是如此……，韦伊还说："当一个数学分支不再引起除了少数专家以外的任何人的兴趣时，这个分支就快要僵死了，只有把它重新栽入生机勃勃的科学土壤之中才能挽救它."1978 年，他应邀在国际数学家大会上作了关于"数学的历史、思想与方法"的报告，受到了极热烈的欢迎，当时不仅大会会场座无虚席，而且连转播教室也被挤得满满的，听众达 2 500 多人，况且此次活动的通知还印错了报告时间，可见盛况之空前. 这也是韦伊第三次被邀请在国际数学家大会上作全会报告（第一次是 1950 年，第二次是 1954 年）.

韦伊于 1976 年秋曾应邀到我国访问. 他说："这是一次给我极深印象的访问." 日本著名数学家小平邦彦说："韦伊很热情，对青年人很亲切."

韦伊治学严谨，忌浮如仇. 他有一句名言："严格性对于数学家，就如道德之于人."

韦伊对数学做出了多种多样的贡献，但是他的影响绝不仅仅在于他的一些定理的结果. 他的法语和英语表述采用博大精深（尽管偶尔有点牵强）的散文风格，赢得了大批的读者，他们接受他的关于数学本性与数学教学的鲜明观点.

韦伊于 1998 年 8 月 6 日在美国新泽西州普林斯顿自己的寓所辞世. 直到去世前的几年，他作为一位数学家，后来还作为数学史专家，一直都非常活跃. 在他挚爱的妻子逝世之后，韦伊写了自己的回忆录，读者可以从中充分地了解他的性格.

法国有着深厚的科学传统，日本科学史家汤浅光朝曾以《法国科学 300 年》详论了这种值得称道的传统. 法国人的理性主义，始于笛卡儿的理性主义（rationalistic，亦称唯理论），已有

300 年历史,法国就是产生这一思想的祖国. 理性主义 —— 特别是以数学为工具 —— 是近代科学形成的重要因素. 近代哲学两大潮流之一的欧洲大陆唯理论,即起源于法国的笛卡儿. 后来,"大多数法国人都是笛卡儿唯理论的崇拜者……. 笛卡儿对于近代思想 —— 特别是对法国清晰的判断性观念的流行,起了决定性作用."

传统的力量是惊人的,直至今天法国人仍然保留着喜爱哲学的习性.

《光明日报》曾专门刊登了一篇法国人喜爱哲学的小报道,每逢星期日,巴黎巴士底广场附近的"灯塔"咖啡馆便高朋满座,人声鼎沸. 这个咖啡馆赖以吸引顾客的不是美味佳肴,而是一个开放性的哲学论坛. 走进咖啡馆,人们相互友好地传递着话筒和咖啡. 这种情景在人情淡漠的巴黎平时是相当罕见的.

这个哲学论坛的主持人是曾经当过哲学教师的马赫·索特,他已发表过两部关于德国哲学家尼采的专著. 1992 年,索特开办了一个"哲学诊所",专门供那些酷爱哲学的人前来与他探讨哲学问题,尽管索特每小时收费350法郎,但仍有不少人前来"就诊". 于是,他产生了到咖啡馆等公共场所开办"哲学论坛"的想法,结果反应十分强烈. 目前,索特已在巴黎和外地的 30 家咖啡馆开办了哲学论坛,迄今讨论的题目几乎涉及了哲学的各个领域.

哲学论坛能在各个咖啡馆持久不衰,表明了法国人对哲学的热衷和迷恋,另一个表明法国人对哲学情有独钟的迹象是: 哲学著作经常出现在畅销书排行榜上. 挪威哲学家乔斯坦·贾德以小说形式写的哲学史名著《苏菲的世界》,10 个月时间在法国售出了 70 万本. 巴黎索邦大学哲学教授安德烈·孔特—斯邦维尔的一部哲学专著在出版的第一年也售出了 10 万本.

孔特—斯邦维尔教授在解释法国出现"哲学热"的原因时说,除了传统的因素之外,"还因为宗教和其他意识形态理论提供的现成答案愈来愈不能令人满意". 索特也认为,"哲学热"的出现是西方国家出现危机的先兆. 他说:"如果当年的希腊没有出现民族危机和内战,哲学就不会在那里诞生."

71

与边走路边思考的讲求实际的英国人不同,"法国人是想好了再去行动". 法国人是在行动中彻底实现笛卡儿明确的理性思想的. 但是,这种理性主义并不像德国人那样在普遍的逻辑制约下追求系统性,而是依靠各自独立的才智和感性,具有一种天启的色彩. 只要回忆一下笛卡儿、帕斯卡、拉瓦锡、卡诺、安培、贝尔纳、贝特洛、巴士德、庞加莱、贝克勒耳、居里等科学家的生平就可以看出,反映在法国文学、绘画、音乐中的那种独创性以及轻快的天才灵感,在科学家的业绩中也存在着. 很明显,法国科学家与英国、德国、美国等国的科学家不同,具有法国的特色.

贝尔纳在《科学的社会功能》一书中,对"法国的科学"作了如下描述:

"法国的科学具有一部辉煌而起伏多变的历史. 它同英国和荷兰的科学一起诞生于 17 世纪,但却始终具有官办和中央集权的性质. 在初期,这并不妨碍它的发展. 它在 18 世纪末仍然是生机勃勃的,它不仅渡过了大革命,而且还借着大革命的东风进入了它最兴盛的时期. 在 1794 年创立的工艺学校就是教授应用科学的第一所教育机关. 由于它对军事及民用事业都有好处,因此受到拿破仑的赞助. 它培养出大量的有能力的科学家,使法国科学于 19 世纪初期居于世界前列. 不过这种发展并未能维持下去,和其他国家相比,虽然也出过一些重要人才,然而其重要性逐渐在减退. 原因似乎主要在于资产阶级政府官僚习气严重,目光短浅,并且吝啬,不论是王国政府、帝国政府还是共和国政府都是如此 …… 不过在这整个期间,法国科学从未失去其出众的特点 —— 非常清晰而优美的阐述. 它所缺乏的并不是思想,而是那个思想产生成果的物质手段. 在 20 世纪前 25 年中,法国科学跌到第 3 或第 4 位,它有一种内在的沮丧情绪."

要了解法国的科学传统就必须了解法国的大学.

法国是西方世界最早创立大学的国家,正如贝尔纳所指出的那样,法国的教育行政是典型的中央集权制. 现在,全国划分为 19 个学区,各区中都设有大学. 但是其中只有巴黎大学是特别出色的一所历史悠久的大学(创立于 1109 年),了解了巴黎大学,可以对法国大学有个总体了解. 这是因为法国文化也是中央集权的,主要集中在巴黎的缘故.

巴黎大学的创办可以追溯到 12 世纪. 英国的剑桥和牛津就是以巴黎大学为模式建立的. 德国以及美国的大学,也都源于巴黎大学. 巴黎大学可以算是欧美大学的共同源泉. 香浦的吉洛姆(Guillaume de Champeaux, 即法国经院哲学家)于 1109 年取得教会许可,在位于锡特岛巴黎总寺院的圣母院内,以总寺院学校的形式,创立了巴黎大学(称作圣母学校). 这所大学成为中世纪经院哲学的重要据点. 同时对数学教育也给予了足够的重视.

巴黎大学讲授欧氏几何学. 从记有 1536 年标记的欧几里得《几何原本》前六卷的注解书,可以推定取得数学学位的志愿者必须宣誓听讲这卷书. 实际考试时只限于《几何原本》的第一卷. 因此,他们给第一卷最后出现的毕达哥拉斯起了"数学先生"的绰号.

16 世纪法国出版了许多实用的几何学,但这些书没有进入大学校门. 同样,商业的、应用的算术书大学也不能采用. 当时,巴黎大学有些教授写的算术书,都是希腊算术的撮要,是以比的理论等为主要内容的旧式的理论算术. 实际上,商业算术只能在工商业城市里印刷出版而不能在巴黎出版. 在这方面,大学数学教育只作为教养科目而非实际应用学科的倾向性,仍有柏拉图学派的遗风.

在法国推行人文主义的学校,也设有数学课. 但是,这种数学课程接近古希腊的"七艺"中的几何、算术科目,古典的理论算术和欧氏几何脱离实际应用. 如 1534 年鲍尔德市的人文主义学校,除学些算术、三数法、开平方、开立方外,还在使用 11 世纪有名的希腊学者佩斯卢斯(Pesllus)的书 *Mathematicorum Breviarium*(该书包括算术、音乐、几何、天文学的内容)和 5 世纪哲学家普罗克鲁斯(Proclus)的书 *de Sphaera* 等古典著作.

当然,法国和德国一样,16 世纪以来,许多城市都有本国语的初等学校.这些下层市民的学校,都要学习简单应用的算术和计算法.

继巴黎大学之后,历史上最悠久的大学是位于法国南部地中海沿岸的蒙彼利埃大学,该大学创立于 12 世纪,在医学方面有着优秀的传统.它与意大利的萨勒诺大学都是欧洲先进医学研究的根据地.其全盛时期是 13 到 14 世纪.

到中世纪末为止,法国设立的大学除蒙彼利埃外,还有奥尔良(1231)、昂热(1232)、图卢兹(1230,1233)、阿韦龙(1303)、卡奥尔(1332)、格勒诺布尔(1339)、奥兰日(1365)、埃克斯(1409)、多尔(1422)、普切(1431)、卡昂(1437)、波尔多(1441)、瓦兰斯(1459)、南特(1460)、布鲁日(1464).

18 世纪末的法国大革命,同社会制度一样清算了教育制度中的一切旧体制.中世纪的大学由于大革命而被消灭.这场大革命的教育精神,由拿破仑一世使之成为一种制度,并由 1806 年 3 月 10 日"关于设置帝国大学(Université impériale)的法律"及其附属敕令——1808 年的"关于大学组织的敕令"而具体化.这个帝国大学并不是一个具体学校,而是一个承担全法国公共教育的教师组织机构.将全国划分为 27 个大学区,各大学区井然有序地配置高等、中等、初等学校,形成有组织的统一的学校制度.日本在 1872 年(明治五年)首次制定了教育组织,把全国分为 8 个大学区,就是模仿法国教育制度.法国的大学组织与法国的教育行政密切结合在一起,1808 年确立的组织机构至今还在起作用.

法国大学的近代化是在 1885 年以后的 10 年内完成的,1870 年普法战争中败北的法国,开始认真地考虑近代科学研究与国家繁荣的关系问题.法国大学真正重建为综合性的大学则是 1891 年以后的事.

从数学发展的角度来看,这一时期正是法国数学大发展的时期.

18、19 世纪之交,世界数学的中心是在法国,而此时正值法国大革命时期,这之间可能存在着某种关联.

18、19 世纪之交的法国资产阶级大革命是一场广泛深入的政治与社会变革,它极大地促进了资本主义的发展.在法国革命期间,由于数学科学自身那种对自由知识的追求,以及这种追求所取得的巨大成功,使法国新兴资产阶级政权将数学科学视为自己的天然支柱.当第三等级夺取了政权,开始改革教育使之适应了自己的需要时,他们看到正好可以利用这些数学科学进行自由教育,这种教育是面向中产阶级的.加上旧制度对于这些科学的鼓励,这时法国出现了许多第一流的数学科学家,如拉普拉斯、蒙日、勒让德、卡诺等,他们乐于从事教育,并指出了通向科学前沿的道路.这里我们要特别介绍对数论有较大贡献的勒让德.

勒让德(Adrien Manie. Legendre,1752—1833),生于巴黎(另一说生于图卢兹,与费马同乡),卒于巴黎.早年毕业于马扎兰(Mazarin)学校,1775 年任巴黎军事学院数学教授.1780 年转教于高等师范学校.1782 年以《关于阻尼介质中的弹道研究》(*Recherches sur la Trajectoire des Projectiles dans les Milieux Résistants*,1782)赢得柏林科学院奖金.第二年当选为巴黎科学院院士.1787 年成为伦敦皇家学会会员.勒让德常与拉格朗日、拉普拉斯并列为法国数学界的"三 L".他的研究涉及数学分析、几何、数论等学科.1784 年他在科学院宣读的论文《行星外形的研究》(*Recherches sur la Figure des Planètes*,1784)中给出了特殊函数理论中著名的"勒让德多项式",并阐明了该式的性质.1786 年又在《科学院文集》(*Mémoires del' Académie*)上发表变分法的论文,确定极值函数存在的"勒让德条件",给出椭圆积分的一些基本理论,引用了若干新符号.此类专著还有《超越椭圆》(*Mémoire sur les Transcendantes Elliptiques*,1794)、《椭圆函数论》(*Traité des Fonctions Elliptiques*,1827—1832)等.他的另一著作《几何原理》(*Elements de Géomértie*,1794)是一部初等几何教科书.书中详细讨论了平行公设问题,还证明了圆周率 π 的无理性.该书独到之处是将几何理论算术化、代数化,说明透彻,简明易懂,深受读者欢迎,在欧洲用做教科书达一个世纪之久.《数论》(*Essai sur la Théorie des Nombres*)是勒让德的另一力作,该书出版于 1798 年,中间经过 1808 年、1816 年和 1825 年多次修订补充,最后完善于 1830 年.书中给出连分数理论、二次互反律的证明以及素数个数的经验公式等,对数论进行了较全面的论述.勒让德的其他贡献有:创立并发展了大地测量理论(1787 年)、提出球面三角形的有关定理.

另一所对法国科学有较大影响的学校是巴黎理工学校,由于当时军事、工程等的需要,资产阶级需要大量的科学家、工程技术人员,这是极为迫切的问题.当时朝着这方面努力的一个成功的例子就是 1795 年法国政府创办了巴黎理工学校(Ecole Polytechnique),它的示范作用对法国高等教育甚至初等教育都产生了深远的影响.它的成功使得欧洲大陆国家纷纷仿效,如 1809 年柏林大学改革,其影响甚至远播美国 —— 著名的西点军校就是仿效巴黎理工学校建立的.

值得注意的是,1808 年法国政府又建立了高等师范学校(Ecole Normale).这所学校是专门用来培养教师的,但也提供高深的课程,它有良好的学习与研究条件,学习好的学生被推荐去搞研究.它招进的都是优秀的学生,也培养了一批批一流的数学家,至今仍然如此.20 世纪 30 年代产生的布尔巴基学派的成员大部分毕业于这所学校.从 19 世纪 30 年代开始,高等师范学校显示出了极为重要的地位.天才的伽罗瓦就是该校的学生.新学校的发展使法国教育大为改观.

从教育的角度讲,巴黎大学在 16、17 世纪中,作为经院哲学的顽固堡垒,统治着整个法国的教育.但是巴黎大学已经丧失了指导正在来临的新时代的力量,新兴势力的新据点在与巴黎大学的对抗中产生.

1530 年,法兰西学院(College de France)成立.该学院在法国文化史上占有特殊地位,一直存续至今,是在人本主义者毕德(Bude Guillaume,1468—1540)建议下于弗郎西斯一世时创建.相当于伦敦的格雷沙姆学院(Gresham College),设有希腊语、希伯来语、数学等学科.

1640 年,法兰西学会(Academie Francaise),是由路易十三的宰相里切留(Richelieu,1585—1642)设立的新文学家团体,有会员 40 名.

1666 年,科学学会(Academie des Sciences)是由路易十四的宰相柯尔伯特(J.B.Colbert,1619—1683)设立.

英国与法国在科学会的成立与发展中有许多差异,英国皇家学会创立于 1662 年,而法国的巴黎皇家科学学会是于 1666 年在巴黎创立的. 这正是太阳王路易十四(1643—1715) 时期. 与英国皇家学会的主体是贵族、商人和科学家不同,法国的科学学会是官办的. 1666 年设立时有会员约 20 人,会员都是由国王支付薪水的. 而且,它与伦敦的皇家学会的会员们那种自选研究题目的平民科学家的自主型集会不同,它是由一些政府确定研究题目的职业科学家组成的,是一个皇室经办的官方机构. 伦敦的皇家学会经常面临经费困难,而法国皇家科学学会不仅提供会员们的年薪,而且实验和研究经费也由国库支付. 路易十四从欧洲各地招募学者,使法国的这个学会一时呈现出全欧洲大陆最高学会的景观. 学会附属机构 —— 新设的天文台,台长是从意大利聘请来的天文学家卡西尼,荷兰的惠更斯更是学会的核心人物.

它的创立经过,与英国的皇家学会一样,有一个创立的基础. 这个学会最初是以笛卡儿的学生,将伽利略的《天文学对话》(1632)译成法文(1634) 的弗郎区斜科教派的祭司梅森(M. Mersenne,1588—1648)为中心的一个学术团体. 笛卡儿曾通过梅森在较长的时期内(1629—1649)与伽利略、伽桑狄、罗伯沃尔(Roberval,法国数学家)、霍布斯、卡尔卡维、卡瓦列利、惠更斯、哈特里布(S. Hartlib,英国和平主义者) 等人通信. 对科学数学化或对实验科学感兴趣的科学家们,常在梅森的地下室集会. 费马、德沙格、洛伯沃尔、帕斯卡、伽桑狄均是其常客. 后来每周四在各家集会,最后在顾问官蒙特莫尔(Montmort,1600—1679)家定期集会活动. 这个集会也与英国皇家学会发生联系. 当时的宰相,重商主义政策实行者柯尔伯得知这一情况后,经过一番努力,正式创办了皇家科学学会. 最早成为科学学会会员的有:

奥祖(Auzout),著名天文学家,望远镜用测微器发明者;

布尔德林(Bourdelin),化学家;

布特(Buot),技术专家;

卡尔卡维(Carcavi),几何学家,皇家图书馆管理员;

库普莱特(Couplet),法兰西学院数学教授;

库莱奥·德·拉·尚布尔(Cureau de la Chambre),路易十四侍医,法兰西学会会员;

德拉沃耶·米尼奥(Delavoye Mignot),几何学家;

多来尼克·迪克洛(Dominigue Duclos),化学家,柯尔伯侍医,最活跃的会员之一;

杜阿梅尔(Duhamel),解剖学家;

弗雷尼克莱·德·贝锡(Frenicle de Bessy),几何学家.

贝锡与费马有较密切的接触,他同时也是物理学家、天文学家,生于巴黎,卒于同地.他曾任政府官员,业余钻研数学,与笛卡儿、费马、惠更斯、梅森等当时著名的数学家保持长期的通信联系.他主要讨论有关数论的问题,推进了费马小定理的研究.另外对抛射体轨迹作过阐述.还第一个应用了正割变换法.曾指出幻方的个数随阶数的增长而迅速增加,并给出 880 个 4 阶幻方.其主要著作有《解题法》(1657)、《直角三角形数(或称勾股数)》(*Traité des Triangles Rectangles en Nombres*,1676)等.另外还有:

加扬特(Gayant),解剖学家;

阿贝·加卢瓦(Abbe Gallois),后来任法兰西学院希腊语和数学教授,柯尔伯的亲友;

惠更斯(Huyens),最早的也是唯一的外国会员,荷兰数学家、物理学家、天文学家,最活跃的会员之一;

马尚特(Marchand),植物学家,皇家植物园园长;

马略特(Mariotte),物理学家,著名会员之一;

尼盖(Niguet),几何学家;

佩克盖(Pecguet),解剖学家;

佩罗(Perrault),建筑家,最活跃的会员之一,使柯尔伯对科学发生兴趣的就是他;

皮卡尔(Picard),天文学家,法兰西学院天文学教授,最活跃的会员之一;

皮韦(Pivert),天文学家;

里歇(Richer),天文学家;

罗伯瓦尔(Roberval),数学家.

柯尔伯特 1683 年去世后,学会活动曾一度衰落,1699 年重新组织后又恢复了活力,当时选举丰特奈尔(Fontennelle,1657—1757)为干事,任职达40年之久.他著有《关于宇宙多样性的对话》(1686),普及了哥白尼学说.

在法国历史上对科学影响最大的是在伏尔泰、卢梭、狄德罗等人的启蒙思想影响下爆发的法国大革命,是18世纪世界历史上的重要事件.这一启蒙思想以17世纪系统化的机械唯物论的自然观,特别是以牛顿的物理学为基础,从科学和技术中去寻求人性形成的动力.启蒙思想对于17世纪确立的波旁王朝(1689—1792)的极权主义,以及支持极权主义的一切思想、宗教、精神权威而言,是批判性和破坏性的.18世纪是一个"理性的世纪"(达朗贝尔),同时也是一个"光明的世纪".启蒙思想家们强烈要求的是自由、平等、博爱,他们将"理性"与"光明"投向极权主义国家体制下不合理社会生活的各个角落,确立近代人道主义的启蒙运动.作为新兴的自然科学思想的支柱而得到发展,其主要舞台是法国.

法国启蒙运动始于丰特奈尔和伏尔泰.丰特奈尔是科学学会的终身干事.他的著作《关于宇宙多样性的对话》对普及新宇宙观和科学的世界观做出了贡献.伏尔泰将牛顿物理学体系引入到法国,完成了法国18世纪科学振兴的基础工作.1738年伏尔泰出版了《牛顿哲学纲要》.

集法国启蒙思想大成的巨型金字塔,能很好地反映18世纪法国科学实际情况,这就是著名的《法国百科全书》(1751—1772).这部百科全书是一项巨大的研究成果,其包括正卷17卷(收录条目达60 600条),增补5卷,其字数相当于400字稿纸14万页之多,此外还有图版11卷,索引2卷.从狄德罗开始编辑起,经历了26年于1772年完成.执笔者职业涉及各方面:实行派(98人)——官吏(26人)、医生(23人)、军人(8人)、技师(5人)、工场主(4人)、工匠(14人)、辩护士(3人)、印刷师(3人)、钟表匠(2人)、地图师(2人)、税务包办人(2人)、博物馆馆长(2人),学校经营者、建筑家、兽医、探险家各1人.

桌上派(67人)——学会会员(24人)、著作家(17人)、教授(13人)、僧侣(8人)、编辑(2人),皇室史料编辑官、剧作家、诗人各 1 人.

这里的实行派,指除了读书写作外还从事其他职业,通过其职业而掌握经验知识者,而桌上派也是指采取实行派立场的桌上派.《百科全书》是从中世纪经院哲学立场向实验性、技术性立场转变期中的巨型金字塔.

18 世纪法国的科学成果十分丰富. 17 世纪产生于英国的牛顿力学,18 世纪初传入法国,经达朗贝尔、克雷洛、拉格朗日、拉普拉斯等人进一步发展,到 18 世纪末即迎来了天体力学的黄金时代. 与 18 世纪英国的注重观测的天文学家布拉德雷(J. Bradley,1692—1762)及马斯凯林(N. Maskelyne,1732—1811)不同,法国出现了拉格朗日、拉普拉斯等优秀的理论家. 这一倾向并不只限于力学. 英国实验化学家普利斯特里,站在传统的燃素说立场上发现了氧,而法国的拉瓦锡则利用氧创立了新的燃烧理论,并由此而成为化学革命主要人物. 生物学家布丰并没有满足于林奈在《自然体系》(1735)中提出的分类学说,进而完成了 44 卷的巨著《博物志》(1748—1788). 牛顿阐明了支配天体等物体运动的规律,而布丰则力图阐明支配自然物(动物、植物、矿物)的统一规律.

与立足于实际的英国人开拓产业革命(1760—1830)道路的同一时期,侧重理论的法国人则完成了政治革命(1789—1794)的准备. 可以说,18 世纪末世界历史上的两大事件既发端于科学革命,又是受科学促进的.

始于 1789 年的法国大革命,虽然出现了将化学家拉瓦锡(税务包办人)及天文学家拜伊(J. S. Bailly,巴黎市长)送上断头台的暴行,然而革命政府的科学政策却将法国科学在 18 世纪末到 19 世纪前半叶之间推上了世界前列. 革命政府为了创造美好的未来,制定了如下政策:

(1)改组科学学会;

(2)制定新度量衡制 —— 米制;

(3)制定法兰西共和国历法(1792—1806);

(4)创立工艺学校(Ecole Polytechnique);

(5)创立师范学校(Ecole Normale);

(6)设立自然史博物馆(改组皇家植物园);

（7）刷新军事技术.

其中,制定米制及创立工艺学校(理工科大学,1794 年) 是法国科学发展中最优秀的成果. 拉普拉斯、拉格朗日、蒙日、傅里叶等均是工艺学校的教官,该校培养了许多活跃于 19 世纪初的科学家. 在自然史博物馆中则集聚了拉马克、圣提雷尔、居修、居维叶等大生物学家,不久后这里就成为进化论研究与争论的场所.

从法国大革命到拿破仑时代达到顶峰的法国科学活动,从 19 世纪中叶以后转而衰落下去. 在 19 世纪以后,虽然也出现过世界首屈一指的优秀科学成果,除巴士德及居里外,安培的电磁学、卡诺的热力学、伽罗瓦的群论、勒维烈的海王星的发现、贝尔纳的实验医学、法布尔的《昆虫记》、贝克勒尔的放射性的发现等,均是极为出色的成果. 但是从整体上看,法国的科学活动能力落后了,其原因是复杂的,不过法国工业的薄弱基础及其官僚性的大学制度,都是促成其落后的重要原因. 而且法国人性格本身的原因也很重要,虽然法国人构思很好,然而对工业化兴趣不大. 从 19 世纪后半叶社会文化史栏目中可以看到,在象征派诗人、自然主义文学家、印象派画家开拓新的艺术世界的同时,法国科学不但没能恢复反而衰落下去.

法国诺贝尔奖获得者在人数上比英国、德国、美国都少. 在 20 世纪上半叶,获得物理学、化学、医学奖的共 16 人,其中 1901—1910 年 (6 人)、1911—1922 年 (5 人)、1921—1930 年 (3 人)、1933—1940 年 (2 人)、1941—1950 年 (0 人). 可见 20 世纪初较多,以后逐渐少起来.

法国科学的衰落有着复杂的原因,但有一条可以肯定,那就是法国人对科学依旧依赖,对科学家依旧尊重. 这就是法国科学得以重居世界中心地位的基础与保障.

1954 年 5 月 15 日,在法国索邦(Sorbonne) 举行的纪念庞加莱诞生 100 周年纪念大会上,法国老数学家阿达玛(Hadamard) 在演讲中说:

"今天,法兰西在纪念她的民族骄子之一亨利·庞加莱. 他的名字应该是人所共知的,应当像他生前

81

在人类精神活动的另一个领域那样,使每一个法国人感到骄傲.数学家的业绩不是一眼就能看见的,它是大厦的基础、看不见的基础,而大厦是人人都可以欣赏的,然而它只有在坚实的基础上才能建立起来."

一个国家科学技术的水平很大程度上取决于这个国家数学的发展水平,而数学的发展水平又受制于数学教育的水平.数学教育的基础在中学阶段,而能够反映其水平的那就是教材,这就是我们今天要出版这本老教材的意义所在.为什么不出最新的现在法国正在流行的中学数学教材,我们主要考虑两点:一是正在使用的教科书它的效果及功能还不能马上有评价,尚需时间的检验.二是法国乃世界数学强国.我们距其至少有几十年的差距.所以出他们几十年前的教材对我们是正好有借鉴作用的.

对于读者来讲,读后可能会有两种感觉:一种是慨叹人家早在几十年前就用上这样的课本了,其抽象程度深受布尔巴基学派风格的影响.二是其书后的练习题与我们现行考试制度下的试题风格好像不太一样.所以会产生"如果用这样的题目训练学生会对升学有帮助吗"的疑问.

一个精研业务的刽子手,见到生人就打量他的脖子,琢磨从何处下刀为宜.听来可怖,受制于业务属性,他的鉴赏力只能龟缩一隅,将脖子利于斧钺者列为优等.

对数学习题的鉴赏亦有类似之处,一个沉浸在应试教育环境不能自拔的数学教师,对题目的鉴赏维度只会有一个,那就是会不会考.凡是不可能出现在试卷上的题目统统都是无用的,狭隘的可笑.

读一读法国的中学数学老课本,一定会开卷有益的.

刘培杰

2016.6.16

于哈工大

20 世纪 50 年代全国部分城市数学竞赛试题汇编

刘培杰数学工作室　编

内容简介

本书共分 11 章,汇集了 20 世纪 50 年代全国部分城市数学竞赛的试题,注重引导学生迅速发现解题入口,使读者"知其然,又知其所以然".

本书适合于初高中学生、教师以及广大数学爱好者阅读参考.

编辑手记

出版这样一本《20 世纪 50 年代全国部分城市数学竞赛试题汇编》的着眼点已经不是数学竞赛,而是数学文化了.

几个月前,皮村育儿嫂范雨素写的文章发表在非虚构写作平台上,短时间内,阅读量突破 10 万.三天内,达到 400 万.

媒体和出版人蜂拥而至.皮村工会"工友之家"甚至为此召开了一场见面会.在"工友之家"的墙上写的标语为:"没有我们的文化,就没有我们的历史.没有我们的历史,就没有我们的将来."

数学竞赛活动既有功利性也有文化属性,既可说有用也可称之无用.数学竞赛试题从年份看越是近年的越有用(像绿茶新的好),从文化的角度看越是陈年的越有味道(像红酒年份久远为佳).

数学竞赛有些像围棋比赛.有人说:

"围棋的享受和快乐只有在更高的胜负境界上才能感受到.跟水准相当甚至稍高于你的对手切磋,你能在公平的对抗中战而胜之,这样的享受质量超过草草了事的对局一千倍.感觉到自己状态和构思的力量,感受到完美的发挥和进步才是围棋真正的快乐.

"围棋肯定是给了我们些什么的,与完全不知围棋为何物时相比,肯定是让我们的意识和观念有些不同的.从擂台赛时代走到今天的棋迷们的一个共同点是对围棋从未放弃的、真正的热爱,它源于20世纪80年代全民共有的单纯、向上、进取、学习、开放的心态.那是一个无法复制的契机,是能孕育奇迹的土壤.中国的几代棋手,要么成长于那持续的、热烈的氛围中,要么是那样一代人的孩子.

"然而那种对围棋持有热爱的一代民众没有再出现了.生活变得越来越紧张、压力越来越大.人们每做一件事的目的性和功利感越来越强,而围棋是需要某种单纯和超功利的气质的,遗憾的是,它成了这个时代的奢侈品.

"真正的大棋士,或许是100年才能出一位的,非我等凡人可比.但鲁迅先生有一句话说得好:我们做不了天才,但我们可以做天才的土壤.天才需要父母、老师、前辈、兄长、朋友帮助他们成长,需要有那样一些人存在着,告诉他们,生活中有些东西比庸俗的算计和功利争夺更重要、更享受.即使平凡的我们,也希望能生活在认可这种价值观的社会、人群和家庭中."

如果与围棋相对比,数学竞赛的黄金时代其实是在20世纪50年代.那时的人们单纯、质朴,较少功利性,所以参加者的目的都很纯粹,即热爱或喜欢数学.

奥数在当今用个时髦的词来形容,它是一个超级大 IP.
派格传媒董事长孙健君说:

> "什么是 IP? 我有一个自己的理解 —— IP 必须
> 是两次以上被市场检验成功,后面还有三次以上的再
> 创作价值才是 IP. 买一部小说不是 IP,他只是一个题
> 材.《007》是 IP,因为只要拍,就可以成功. 从时间节
> 点来讲,IP 有生命周期,比如《哈利波特》就不是 IP,
> 他结束了,不拍了,等于被挖空了. IP 距离一个成功的
> 电影和多个都可以成功的电影有很大的距离,一部小
> 说是否可以改编成好剧本是一个巨大的问号,一部好
> 剧本能不能拍成好电影也是一个巨大的问号,第一个
> 不成功了,接下来还能不能成功又是一个巨大的问
> 号,在这些问号之后再看看 IP 到底应该值多少钱. 所
> 以很多人购买很多题材,这些有一定的价值,有总比
> 没有强,但是有了就能成吗? 真不是. 一个金矿交给
> 一个不会开采的人,可能就糟蹋了,所以 IP 是指被一
> 个系统运营体系成功地运营两次以上,还可以继续运
> 营,我才认定为 IP,否则只是一个想法,是一个好主
> 意、好题材、好可能性,他有可能拍好,也有可能拍不
> 好,有可能名利全失,不能依赖 IP,你没有运营能力,
> 两次就毁了,就可惜了. IP 的核心是有没有一个成功
> 的运营体系支撑它,让 IP 的价值被孵化,但这个孵化
> 的过程很长."

奥数这个超级大 IP 其价值链长着呢! 绝不像现在出版市
场这样只挖掘点试题集,预测卷这么简单,从纵向和横向都有
许多挖掘空间.

至于怎么读本书,中国古人早有方法.

北宋大儒张载(世称"横渠先生")在《经学理窟·义理》中
有"观书者,释己之疑,明己之未达,每见每知所益,则学进矣,
于不疑处有疑,方是进矣".

这句"于不疑处有疑,方是进矣",国人知者不多,倒是张载

另外被冯友兰概括为"横渠四句"的,而被胡适以其空洞而反感的 4 句话广为人知,即"为天地立心,为生民立命,为往圣继绝学,为万世开太平". 这句假、大、空的口号前些年被流行引用,这些年人们已警惕了. 因为它的特点是大而无当,不具可操作性.

还是回到本书上来,与今日之赛题相比较,从形式上看它们略显古朴、守拙,但从数学内涵上看它们又是那样清新、自然. 不像现在的试题,全是套路,乍一看,耳目一新,仔细一做全是老路子,而且人工痕迹过重. 许多对数学理解不深的"小人物"都可随意拼凑出一道试题. 结果是毫无美感,考完即告终结. 生命力很短,不像有些老题历久弥新,而且以其不变的内核穿上时代的外衣还可以借尸还魂.

有首歌的歌词为:情人还是老的好! 开放社会,见仁见智. 但笔者仿此说:试题还是老的好,你同意吗?

刘培杰

2017.7.1

于哈工大

超越普里瓦洛夫
微分、解析函数、导数卷

刘培杰数学工作室　编

内容简介

本书对于积分给予了更深层次的介绍,总结了一些计算积分的常用方法和惯用技巧,叙述严谨、清晰、易懂.

本书适合高等院校数学与应用数学专业学生学习,也可供数学爱好者及教练员作为参考.

编辑手记

大学生除了课本后的习题和考研辅导班留的习题,还要再做什么题吗? 我们先看看"邻居"印度的情况.

当代一流的四位印度数学家:S. R. S. Varadhan(概率,获Abel 奖),K. R. Pathasarathy(量子概率),V. S. Vara darajan(数学物理),还有 R. Ranga Rao(分析学家). 他们竟然是读研究生时的同学,自发地一起搞了 3 年的讨论班. 这样的学习态度恐怕就不单单是要应付考试,而只能用热爱甚至是酷爱数学来解释. 做题是理解数学的不二法门. 只做课本中的习题是远远不够的,还应找些课外题目来做. 网络上题目很多,但不靠谱、不聚堆、没条理. 所以还是应该找一本纸质书. 本书是个不错的选择,它连分析学的最基本的部分都包含了. 对于学分析学的学生都有用,不论是实分析还是复分析. 借此,我们回顾一下分析学的简要历史.

分析学是 17 世纪以来围绕微积分学发展起来的数学分支. 一般认为它是数学中最大的一个分支. 分析学所研究的内容随着数学的发展而不断变动. 17 到 18 世纪的分析学,以微积分学和无穷级数为主,包括变分学、微分方程、积分方程和复变函数论的基本内容. 到了 19 世纪,变分法、微分方程和积分方程得到很大发展. 但在这一时期,随着微积分基础的严密化,函数论得到极大发展,并在分析学中占据特殊地位. 在 20 世纪,由于变分法和积分方程一般理论的需要,产生了泛函分析. 20 世纪以来,由于数学其他分支的发展和相互渗透,推动了近代微分方程的发展. 它已成为分析学的一个最大分支. 虽然它的内容仍属于分析学,但我们把它作为数学的一个独立分支,与概率论和数理统计等分支并列. 分析学的近代发展,还包括大范围变分法、遍历理论、位势论和流形上的分析,这些分支又与数学的其他分支相互渗透和综合.

早期的微积分学也叫无穷小分析. 这是因为在创立微积分的过程中,主要研究对象是无穷小量. 1669 年,牛顿发表了题为《运用无穷多项方程的分析学》的小册子,称微积分学为分析学,他把无穷级数也纳入了分析学的范围. 当时微积分的名称还没有出现,牛顿称这门新学科为分析学,以示其区别于几何学和代数学. 最早把"分析"与"无穷小"联系起来的是法国数学家洛必达. 他的著作《无穷小分析》(1696)是第一本系统的微积分教科书.

极限和定积分的思想,在古代已经萌芽. 在中国,公元前 4 世纪,桓团、公孙龙等提出的"一尺之棰,日取其半,万世不竭",以及刘徽所创割圆术,都反映了朴素的极限思想. 在古希腊,德谟克利特提出原子论思想,欧多克索斯建立了求面积和体积的穷竭法,阿基米德对面积和体积问题的进一步研究,这些工作都孕育了近代积分学的思想.

在 17 世纪,研究运动成为自然科学的中心课题. 微积分的出现,最初是为了处理几何学和力学中的几种典型问题. 成批的欧洲学者围绕面积、体积、曲线长、物体重心、质点运动的瞬时速度,曲线的切线和函数极值等问题做了大量的工作,穷竭法被逐步修改,并最终为现代积分法所代替.有关微分学的工作,大体上是沿着两条不同路径进行的:一条是运动学的,一条是几何学的,有时也是交叉在一起的.在这一时期,出现了大量的极成功的并且富有启发性的方法,有关微积分学的大量知识已经积累起来.

17 世纪末,英国数学家牛顿和德国数学家莱布尼兹各自独立地在前人工作的基础上创立了微积分学.他们分别从力学和几何学的角度建立了微积分学的基本定理和运算法则,从而使微积分能普遍应用于自然科学的各个领域,成为一门独立的学科,并且是数学中最大分支"分析学"的源头.

微积分学的建立,使分析数学得到迅速的发展.在 18 世纪,微积分学成为数学发展的主要线索.微积分本身的内容不断地得到完善,其应用范围日益扩大.

由于围绕微积分发明权所产生的争议,使微积分在英国和欧洲大陆沿着完全不同的路线发展.在英国,数学家们出于对牛顿的崇拜和狭隘的民族偏见,拘泥于牛顿的流数法,故步自封.在泰勒和马克劳林之后,数学发展陷于长期的停滞状态.而在欧洲大陆,伯努利家族的数学家们和欧拉继承了莱布尼兹的微积分,使之发扬光大.特别是欧拉开始把函数作为微积分的主要研究对象,使微积分的发展进入了新的阶段.

在这一时期的数学家大都忙于获取微积分的成果与应用,较少顾及其概念和方法的严密性.尽管如此,也有一些人对建立微积分的严格基础做出重要尝试.除了欧拉的函数理论外,另一位天才的分析大师拉格朗日采用所谓"代数的途径",主张用泰勒级数来定义导数,以此来作为微积分理论的出发点.达朗贝尔则发展了牛顿的"首末比方法",用极限概念代替含糊的"最初与最末比"说法.

微积分在物理、力学和天文学中的广泛应用,是 18 世纪分析数学发展的一大特点.这种应用使分析学的研究领域不断扩充,形成了许多新的分支.

1747 年,达朗贝尔关于弦振动的著名研究,导出了弦振动方程及其最早的解,成为偏微分方程的发端.通过对引力问题的深入探讨,获得了另一类重要的偏微分方程 —— 位势方程.
与偏微分方程相关的一些理论问题也开始引起注意.

常微分方程的发展更为迅速. 从 17 世纪末开始,三体问
题、摆的运动及弹性理论等的数学描述引出了一系列的常微分
方程,其中以三体问题最为重要,二阶常微分方程在其中占有
中心位置. 约翰·伯努利、欧拉、黎卡提、泰勒等人在这方面都
做出了重要工作.

变分法起源于最速降线问题和与之相类似的其他问题. 欧
拉从 1728 年开始从事这类问题的研究,最终确立了求积分极值
问题的一般方法,奠定了变分法的基础. 拉格朗日发展了欧拉
的方法,首先将变分法建立在分析的基础之上,他还用变分法
来建立其分析力学体系.

这些新的分支与微积分共同构成了分析学的广大领域,它
与代数、几何并列为数学的三大分支.

18 世纪末到 19 世纪初,为微积分奠基的工作已迫切地摆
在数学家面前. 19 世纪分析严格化的倡导者有高斯、波尔查诺、
柯西、阿贝尔、狄利克雷和维尔斯特拉斯等人. 1812 年,高斯对
超几何级数进行了严密研究,这是最早的有关级数收敛性的工
作. 1817 年,波尔查诺放弃无穷小量的概念,用极限观念给出导
数和连续性的定义,并得到判别级数收敛的一般准则. 但是他
的工作没有及时被数学界了解. 柯西是对分析严格化影响最大
的学者,1821 年发表了代表作《分析教程》,除独立得到波尔查
诺的基本结果外,还用极限概念定义了连续函数的定积分. 这
是建立分析严格理论的第一部重要著作. 阿贝尔一直强调分析
中定理的严格证明,在 1826 年最早使用一致收敛的思想证明了
一个一致收敛的连续函数项级数之和在其收敛域内连续. 1837
年,狄利克雷按变量间对应的说法给出了现代意义下的函数定
义. 从 1841 年起,维尔斯特拉斯开始了将分析奠基于算术的工
作,他采用明确的一致收敛概念,使级数理论更趋完善. 他把柯
西的极限方法发展为现代通用的 $\varepsilon - \delta$ 说法. 但是直到 19 世纪
70 年代,算术中最基本的实数概念仍是模糊的. 1872 年,维尔斯
特拉斯、康托、戴德金和其他一些数学家在确认有理数存在的
前提下,通过不同途径(戴德金分割、有理数基本序列等)给出

无理数的精确定义. 又经过不少数学家的努力, 最终在1881 年, 由皮亚诺建立了自然数的公理体系. 由此可从逻辑上严格定义正整数、负数、分析和无理数, 从此微积分学才形成了严密的理论体系.

单复变函数论在 19 世纪分析学中占据特殊地位, 几乎相当于 17 到 18 世纪微积分在数学中所处的位置. 在 18 世纪, 欧拉、达朗贝尔和拉普拉斯等人联系着力学的发展, 对于单复变函数已经做了不少的工作. 但函数论作为一门学科的发展, 是 19 世纪的事. 复变函数论的理论基础主要由柯西、黎曼和维尔斯特拉斯建立起来.

19 世纪以来偏微分方程和常微分方程的理论也有很大发展. 特别应该指出的是, 与偏微分方程密切相关的傅里叶分析也在这一世纪发展起来. 傅里叶在1811 年的论文中采取把函数用三角函数展开的方法来解热传导方程, 从而产生了傅里叶级数和傅里叶积分的概念. 由此建立了傅里叶分析的理论. 这一理论很快得到发展和广泛的应用.

20 世纪初, 由于 19 世纪以来对于函数性质的一系列发现, 打破了自从微积分学发展以来形成的一些传统理解. 又由于对傅里叶分析的进一步研究, 显示了黎曼积分的局限性. 这两方面的原因, 都促使对积分理论的进一步探讨. 1902 年, 勒贝格在前人工作的基础上出色地完成了这项工作, 建立了后来人们称之为勒贝格积分的理论, 奠定了实变函数论的基础.

泛函分析的发展反映了 20 世纪数学发展的一个特点, 即对普遍性和统一性的追求. 在泛函分析中, 函数已不作为个别对象来研究, 而是作为空间中的一个点. 与几何学结合起来, 对整个一类函数的性质加以研究. 泛函的抽象理论是1887 年由意大利数学家沃尔泰拉在他关于变分法的工作中开始的, 但泛函分析的开端还与积分方程有密切联系. 在建立函数空间和泛函的抽象理论的卓越成就中, 应首推法国数学家弗雷歇的著名工作. 希尔伯特、施密特、巴拿赫、冯·诺伊曼、迪拉克、盖尔方德等在发展泛函分析理论的工作中都做出了杰出的贡献.

函数逼近论也是在 19 世纪末至 20 世纪初发展起来的分析学的一个分支. 它的中心思想是用简单的函数来逼近复杂的函

数. 1859 年切比雪夫考虑了最佳逼近问题,1885 年维尔斯特拉斯证明了连续函数可用多项式在固定区间上一致逼近. 他们的工作至今仍有影响. 函数构造论的基础是由美国数学家杰克逊和苏联数学家伯恩斯坦奠定的(1912). 1957 年,柯尔莫哥洛夫关于用单变量函数表示多变量函数的工作,进一步发挥了函数逼近论的中心思想. 在函数逼近中,逼近的方式和所选用的工具直接影响逼近程度. 柯尔莫哥洛夫、沃尔什、洛伦茨等在这方面都有重要工作. 函数逼近论的思想已经渗透到分析学的许多领域.

20 世纪发展起来的多复变函数论是近代分析学中很有发展前途的分支之一. 早在 19 世纪,维尔斯特拉斯、庞加莱和库辛就把单复变函数论中的一些重要结果向多复变量的情形推广,得到了多复变全纯函数的一些基本结果. 20 世纪以来,特别是 30 年代以后,多复变函数的研究十分活跃. 法国数学家 H. 嘉当、日本数学家冈·潔取得了显著成果. 50 年代以后,在多复变函数的研究中,出现了用拓扑和几何方法研究多复变全纯函数整体性质的趋势. 而近代微分几何与复分析的相互融合导致了复流形概念的建立,以及对多复变函数的自守函数的研究. 这些都表明近代多复变函数的发展更趋于综合. 它除了联系着分析学的许多分支外,还紧密联系着几何学、代数学以及代数几何的发展,体现了近代数学发展的特点.

在阅读本书时,还有一个问题是怎样做习题,习题做不出来该怎么办. 一般老师给出的建议是给一个时间节点,比如一周时间,做不出来就看看书后的答案. 这只是普通教师给普通学生的建议,那么优秀的教师和优秀的学生该怎么做呢? 当然是反复啃名著,将名著中的基本原理吃透后,自会有解答的思路出现.

众所周知,苏步青教授的微分几何领路人是洼田教授. 那么苏步青的这位留德的老师是如何指导他的呢? 洼田对他要求十分严格,每周要他汇报学习情况. 有一次他遇到一个难题,解不出来,就去问洼田老师. 老师不直接给他答案,要他去看一本巨著 —— 沙尔门·菲德拉的《解析几何》,这书有三巨册 2 000 页. 开始时,苏步青觉得老师不肯给自己教导,心中有些不愉快,可是又不得不去啃这书. 两年后,他读完这本书,问题解决了,而他的基础更踏实了,以后终身可受用,他这才明白老师的良苦用心.

最后一个问题是,如果不为考研,读这么多复变函数论有什么用. 往低点说,即使是当一名合格的中学数学教师,如果没有较深厚的复变函数功底都不可以. 你可发现本卷中许多题目在中学都出现过,有些还是各级各类的数学奥赛的试题.

往高一点说,毕业后要想当一名工程技术人员,没点复变函数论功底更不行. Wylie(不是那个续译《几何原本》的 Alexander Wylie)的 *Advanced Engineering Mathematics*(McGraw-Hill,1951)中,列举了几方面的简单应用列于后. 供了解:

一、在流体力学的应用

设流体在二维空间中流动,就是在平行于某一平面的所有平面上流动状态都是相同的流动. 我们只须考虑其在某一个平面上的流动. 取这个平面作复数平面. 假定所考虑的流体是不可压缩和没有黏性的理想流体,而且是定常的,即和时间无关的流动.

设 O 为坐标原点,流体任一个质点所走的路线为 Γ,Γ 叫作流线. 如流体在每一点的流动速度为已知,则通过弧 OAP 的流量等于速度沿法线方向的分量的积分.

假定在流体流动的区域内没有流源,就是没有中途加入的流体,同时流体也不中途减少,则流体在每单位时间流过弧 OAP 的量是等于在同时间内流过其他弧(如弧 OBP,OCP' 等)的量(图1). 但如 P 在另一条流线上,则流过的量就会改变. 因此对每一条流线,有一个定值和它相对应,而对全部流线就存在一个函数 $\Psi(x,y)$,它在点 $P(x,y)$ 的值等于在单位时间内流过从任意定点 O 到 P 的弧段的流体质量,加上一个任意常数,这叫作流函数.

设流函数 Ψ 为已知,则流体流动的性质可以决定,因为由流函数,可推知流速度在每点的分量. 设在流动平面上取弧 $\mathrm{d}s$,并令流体在 $\mathrm{d}s$ 上的点 x,y 的分速度分别为 V_x,V_y(图2). 因经过弧 $\mathrm{d}s$ 的流动率是 $\mathrm{d}\Psi$,所以

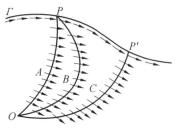

图 1

$$d\Psi = (V_x \sin\theta - V_y \cos\theta)ds$$

因

$$dx = \cos\theta ds, dy = \sin\theta ds$$

故得

$$d\Psi = -V_y dx + V_x dy$$

假定 Ψ 是可微函数,则由

$$d\Psi = \frac{\partial\Psi}{\partial x}dx + \frac{\partial\Psi}{\partial y}dy$$

得

$$V_x = \frac{\partial\Psi}{\partial y}, \quad V_y = -\frac{\partial\Psi}{\partial x} \tag{1}$$

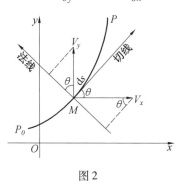

图 2

设 C 是在流体平面上的闭曲线. 考虑流体速度沿 C 的切线分量的线积分

$$K = \int_C (V_x \cos\theta + V_y \sin\theta)ds$$

94

$$= \int_C V_x \mathrm{d}x + V_y \mathrm{d}y$$

K 叫作环流. 设 C 所围的区域为 D(图3), 由格林定理

$$K = \iint\limits_D \left(\frac{\partial V_y}{\partial x} - \frac{\partial V_x}{\partial y} \right) \mathrm{d}\sigma \qquad (2)$$

令

$$\frac{\partial V_y}{\partial x} - \frac{\partial V_x}{\partial y} = 2\omega$$

由

$$\mathrm{d}K = \left(\frac{\partial V_y}{\partial x} - \frac{\partial V_x}{\partial y} \right) \mathrm{d}\sigma$$

应用到半径为无限小的圆上

$$\mathrm{d}K = (2\omega)(\pi\varepsilon^2) = (2\pi\varepsilon)(\omega\varepsilon)$$

因 $2\pi\varepsilon$ 是长度, $\omega\varepsilon$ 必须是速度. 所以 ω 是流体的角速度, 叫作涡流.

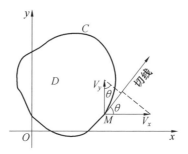

图 3

由式(2), 当且仅当 $\omega = 0$ 时, 沿任一闭曲线的环流才为零: $K = 0$. $\omega = 0$ 的流动叫作无旋运动.

现在不考虑沿闭曲线的流动, 而研究沿弧 P_0P 的流动. 设运动是无旋的, 即 $\dfrac{\partial V_y}{\partial x} = \dfrac{\partial V_x}{\partial y}$, 并设 P_0 为固定, 则与线路无关的线积分

$$\int_{P_0}^{P} V_x \mathrm{d}x + V_y \mathrm{d}y$$

是点 P 的函数. 命这个函数为 Φ, 这叫作速度势. 因此

95

$$V_x = \frac{\partial \Phi}{\partial x}, V_y = \frac{\partial \Phi}{\partial y} \tag{3}$$

如果流动是无源且无旋的,由式(1)与(3),得

$$\begin{cases} \dfrac{\partial \Phi}{\partial x} = \dfrac{\partial \Psi}{\partial y} \\[2mm] \dfrac{\partial \Phi}{\partial y} = -\dfrac{\partial \Psi}{\partial x} \end{cases} \tag{4}$$

所以函数 Φ 与 Ψ 满足 C-R 条件,从而也满足拉普拉斯方程. 因此

$$w = f(z) = \Phi + i\Psi \tag{5}$$

是一个正则函数. 函数 $f(z)$ 叫作复势. 知流线 $\Psi(=$ 常数$)$ 和等势线 $\Phi(=$ 常数$)$ 成正交.

反过来,如 $f(z)$ 是正则函数,则其实部和虚部分别是某一无源无旋运动的速度势和流函数.

流动的速度 V 是

$$V = V_x + iV_y = \frac{\partial \Phi}{\partial x} + i\frac{\partial \Phi}{\partial y} = \frac{\partial \Phi}{\partial x} - i\frac{\partial \Psi}{\partial x}$$

$$= \overline{\frac{\partial \Phi}{\partial x} + i\frac{\partial \Psi}{\partial x}} = \overline{f'(z)} \tag{6}$$

例 1 设 $w = Kz = K(x + iy)$,其中 K 为正实数.

在此,流线是平行于 x 轴的平行线 $y = $ 常数. 因 $\frac{\partial \Phi}{\partial x} = K$,
$\frac{\partial \Phi}{\partial y} = 0$,所以在每点的速度都是等于 K.

例 2 设 $w = Kz^2$,其中 K 是正实数.

因 $\Psi = 2Kxy$,所以流线方程是 $xy = $ 常数. 这是一族正双曲线,以坐标轴为渐近线(图 4). 图中矢向表流动方向.

例 3 设

$$w = K\left(z + \frac{a^2}{z}\right)$$

其中 K, a 都是正实数.

在此流函数为

$$\Psi = K\left(y - \frac{a^2 y}{x^2 + y^2}\right)$$

96

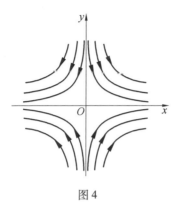

图 4

所以流线方程为

$$y - \frac{a^2 y}{x^2 + y^2} = C \quad （常数）$$

当 $C = 0$,得 $y = 0$ 或 $x^2 + y^2 = a^2$. 所以 x 轴和圆 $x^2 + y^2 = a^2$ 都是流线. 由于我们假定流体是理想的,如我们放置一个垂直于 z 平面而半径为 a 的圆柱体于流体中间,则得围绕圆柱的流动. 流动的速度由式(6) 得

$$V = K\left(1 - \frac{a^2}{z^2}\right)$$

在离圆柱很远的地方,我们有

$$V = \lim_{z \to \infty} K\left(1 - \frac{a^2}{z^2}\right) = K$$

所以在离圆柱很远的地方,速度趋于定量,因而流动是等速的(图 5).

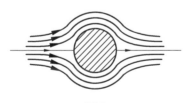

图 5

利用保形映射,我们可以从一个已知的流动推出无数个其

97

他流动. 设 $f(z) = \Phi + i\Psi$ 表示在 z 平面上的流体的复势,则其流线是 $\Psi = $ 常数. 引用保形变换

$$z = F(\zeta)$$

将 z 平面变换为 ζ 平面,$\zeta = \xi + i\eta$,则

$$\Phi + i\Psi = f(z) = f[F(\zeta)] = G(\zeta)$$

于是作为 ξ,η 的函数 Φ 和 Ψ,将是在 ζ 平面上的速度势和流函数.

二、在静电学的应用

假定电荷在平行于一个平面的所有平面上的分布情况都是相同的. 取一个平面为 z 平面,则电力场是二维的.

在 z 平面上一点 z 的电势 V 是 x,y 的实函数. 如在这一点没有电荷,则 V 满足拉普拉斯方程

$$\frac{\partial^2 v}{\partial x^2} + \frac{\partial^2 V}{\partial y^2} = 0$$

因此我们可以求得一个正则函数 $f(z)$,以 V 为其虚部

$$w = f(z) = U + iV$$

从而等势线 $V(= $ 常数$)$ 和力线 $U(= $ 常数$)$ 成正交.

在点 z,电力的分力是 $-\dfrac{\partial V}{\partial x}$,$-\dfrac{\partial V}{\partial y}$,所以结果的强度是

$$R^2 = \left(\frac{\partial V}{\partial x}\right)^2 + \left(\frac{\partial V}{\partial y}\right)^2 = \left(\frac{\partial U}{\partial x}\right)^2 + \left(\frac{\partial V}{\partial x}\right)^2 = \left|\frac{\mathrm{d}w}{\mathrm{d}z}\right|^2$$

应用保形变换 $z = F(\zeta)$,则 w 变换为在 ζ 平面的复势.

三、在热学上的应用

设在一个具有均匀导热率 k 的物体中,热在平行于 z 平面的所有平面上的分布相同,而且流动状态是定常的,即温度的分布与时间是无关的. 若 θ 为在点 z 的温度,则在该点热沿 x 方向的流量为 $-k\dfrac{\partial \theta}{\partial y}$,而沿 y 方向的流量为 $-k\dfrac{\partial \theta}{\partial x}$. 假定在以 $\mathrm{d}x$, $\mathrm{d}y$ 为边,一个顶点在点 (x,y) 上的矩形中没有另外热源,则 θ 满足拉普拉斯方程

$$\frac{\partial^2 \theta}{\partial x^2} + \frac{\partial^2 \theta}{\partial y^2} = 0$$

因此在热传导中存在着关系

$$f(z) = \Phi + \mathrm{i}\theta$$

$\Phi(=$ 常数$)$ 是流线，$\theta(=$ 常数$)$ 是等温线，两者互相正交.

技不压身，这年头干点啥都不容易！最后要说明的一点是复数域和实数域既有联系又有区别. 有一些结论在两个域中都成立，但有一些则未必. 我们知道，在实数域内，柯西方程

$$f(x + y) = f(x) + f(y)$$

的连续函数解有且仅有

$$f(x) = f(1)x$$

但该结论在复数域内不成立. 例如，对任意复数

$$z = x + \mathrm{i}y \in C$$

定义函数 $f(z) = x + y$，易知 $f(z)$ 在复平面上处处连续.

现任取

$$z_1 = a + \mathrm{i}b, z_2 = c + \mathrm{i}d$$

则

$$f(z_1) = a + b$$
$$f(z_2) = c + d$$
$$z_1 + z_2 = (a + c) + \mathrm{i}(b + d)$$
$$f(z_1 + z_2) = a + b + c + d$$

故

$$f(z_1 + z_2) = f(z_1) + f(z_2)$$

即 $f(z)$ 是柯西方程的连续解.

但是

$$f(z) = x + y$$
$$f(1) = 1$$
$$f(1)z = x + \mathrm{i}y \neq x + y = f(z)$$

所以，虚数有风险，类比需谨慎！

下面借此编辑手记介绍一下书名中提到的普里瓦洛夫（И. И. Привалов，1891—1941）和俄罗斯数学.

普里瓦洛夫，苏联人. 1891 年 2 月 11 日生于别依津斯基. 1913 年毕业于莫斯科大学后，曾在萨拉托夫大学工作. 1918 年获数学物理学博士学位，并成为教授. 1922 年回到莫斯科，先后在莫斯科大学和航空学院任教. 1939 年成为苏联科学院通讯院士. 1941 年 7 月 13 日逝世.

普里瓦洛夫的研究工作主要涉及函数论与积分方程. 有许多研究成果是他与鲁金共同取得的, 他们用实变函数论的方法研究解析函数的边界特性与边界值问题. 1918 年他在学位论文《关于柯西积分》中, 推广了鲁金 – 普里瓦洛夫唯一性定理, 证明了柯西型积分的基本引理和奇异积分定理. 他是苏联较早从事单值函数论研究的数学家之一, 所谓黎曼 – 普里瓦洛夫问题就是他的研究成果之一. 他还写了三角级数论及次调和函数论方面的著作. 他发表了 70 多部专著和教科书, 其中《复变函数引论》《解析几何》都是多次重版的著作, 并且被译成多种外文出版.

普里瓦洛夫毕业于莫斯科大学又曾工作于莫斯科大学, 而这个大学是具有传奇性的: 7 个沃尔夫数学奖获得者; 6 个菲尔茨奖获得者(其中有两位双奖获得者)出自同一所大学同一个系, 数量之多, 成就之大, 估计世界上没有任何一所大学的数学系出其左右. 这些获奖者中, 除了柯尔莫哥洛夫和盖尔方德以外, 基本都是 20 世纪 50 年代以后培养的. 毕业几年后基本都成了世界一流的数学家.

据我们工作室的老作者阮可之先生(他曾于 20 世纪七八十年代就读于复旦大学数学系)在微信圈中评论说: 俄罗斯学数学的方式和中国不一样. 盖尔方德 90 年代移民美国之后一直在我们学校, 我和他挺熟的. 他在莫斯科时每天四五点开始有讨论班, 没有时间限制, 一般要到晚上九十点. 讨论班的主力是学生. 他通常都是去中学挑最好的学生到他的讨论班, 一般十四五岁. 他会给他们一篇他感兴趣的文章, 让这些学生在他讨论班上讲. 看不懂就自己补没有学过的内容, 从头讲起, 直到学生和盖尔方德自己都弄懂为止. 通常到了文章都弄懂的时候, 也就已经有想法了, 很快就会解决一些问题. 很多一流数学家都是这样培养出来的.

一位复旦大学数学系 77 级(1978—1982) 学生, 现为美国某大学数学系教授, 在同学群中写的一篇短文:

俄罗斯的数学为什么这么强？

世界第一数学强校的背后纵观整个 20 世纪的数学史,苏俄数学无疑是一支令人瞩目的力量.百年来,苏俄涌现了上百位世界一流的数学家,其中如鲁金,亚历山大洛夫,柯尔莫哥洛夫,盖尔方德,沙法列维奇,阿诺德等都是响当当的数学大师.而这些优秀数学家则大多毕业于莫斯科大学①.

莫斯科大学所涌现的优秀数学家数量之多,质量之高,恐怕除了 19 世纪末 20 世纪初的哥廷根大学,在 20 世纪就再也没有哪个大学敢与之相比了,即使是赫赫有名的普林斯顿大学也没有出过这么多的优秀数学家,莫斯科大学是当之无愧的世界第一数学强校.

对于莫斯科大学,我们是既熟悉又陌生,说熟悉是因为,中国大学的数学系或多或少受了莫斯科大学的影响.我们曾经长期学习莫斯科大学的数学教材,做莫斯科大学的数学习题集,直到现在许多数学专业的学生还在做各种莫斯科大学编写的习题集.

如在下我,就曾经做过吉米多维奇的《数学分析习题集》、巴赫瓦洛夫的《解析几何习题集》、普罗斯库列科夫的《线性代数习题集》、法捷耶夫的《高等代数习题集》、费利波夫的《常微分方程习题集》、沃尔维科斯基的《复变函数习题集》、弗拉基米罗夫的《数学物理方程习题集》、费坚科的《微分几何习题集》、克里洛夫的《泛函分析——理论·习题·解答》、捷利亚柯夫斯基的《实变函数习题集》.

说陌生是因为,莫斯科大学有很多方面和中国大学大相径庭.那么莫斯科大学成为世界数学第一强校奥秘何在？我很幸运,家里有亲戚曾于 80 年代公派

---

① 全名莫斯科国立罗蒙诺索夫大学,这里简称莫斯科大学.——编校者注

到莫斯科大学数学力学部读副博士(相当于美国的博士),又有熟人正在莫斯科大学数学力学系读副博士,从中了解了莫斯科大学数学学科的一些具体情况,特地把这些都发在 BBS 上,让大家看看,世界一流的数学家是如何一个一个地从莫斯科大学走出的.

邓小平有句话说足球要从娃娃抓起,莫斯科大学则是数学要从娃娃抓起.每年暑假,俄罗斯各个大学的数学力学系和计算数学系(俄罗斯的大学没有我们这样的数学学院,如莫斯科大学,有18个系和2个学院,和数学有关的是数学力学系和计算数学与自动控制系,数学力学系下设数学部和力学部,其中的力学部和我国的力学系大不相同,倒接近于应用数学系,计算数学与控制论系包括计算数学部和控制论部2个部,计算数学部和我国的信息与计算科学专业相当,控制论部接近于我国的自动化系.但是数学学的很多,前两年数学力学系及计算数学与控制论系一起上课,第三年数学力学系和计算数学与控制论系一起学计算数学方面的课程,到大四大五才单独上专业课)都要举办数学夏令营,凡是喜欢数学的中小学生都可以报名参加,完全是自愿的.由各个大学的数学教授给学生讲课做数学方面的讲座和报告.莫斯科大学的数学夏令营是最受欢迎的,每年报名都是人满为患,大家都希望能一睹数学大师们的风采,听数学大师讲课、做报告,特别是苏联著名的数学家柯尔莫哥洛夫和维诺格拉多夫、吉洪诺夫(苏联有了微型电子计算机后,吉洪诺夫经常在夏令营里教人玩计算机)几乎每年都参加夏令营的活动.

数学夏令营和我国的奥数班不同,它的目的不是让学生参加什么竞赛,拿什么奖,而是培养学生对数学的兴趣,发现有数学天赋的学生,使他们能通过和数学家的接触,让他们了解数学,并最终走上数学家的道路.

在柯尔莫哥洛夫的提议下,从20世纪70年代开始,苏联的各个名牌大学大多举办了科学中学,从夏令营中发现的有科学方面天赋的学生都能报名进入科学中学,由大学教授直接授课,他们毕业后都能进入各个名牌大学.其中最著名的当属莫斯科大学的柯尔莫哥洛夫科学中学.这所学校从全国招收有数学、物理方面天赋的学生,完全免费.对家境贫寒的学生还发给补助,尽管莫斯科大学现在经济上困难重重,但这点直到现在都没变.事实上科学中学的学生成才率相当高,这点是有目共睹的.到 80 年代末,90 年代初,已经有几个当年的柯尔莫哥洛夫科学中学的学生成了科学院院士.

莫斯科大学敢如此硬气,其实是其前校长彼得罗夫斯基(我们对这位大数学家不会陌生吧!)利用担任最高苏维埃主席团成员以及和苏共的各个高级官员的良好关系争来的尚方宝剑有关.

苏联有明确规定,包括莫斯科大学在内的几个名牌大学招生只认水平不认人,必须是择优录取.莫斯科大学的生源好,和苏联的整体基础教育水平高也有关.苏联有一点值得中国学习,苏联的中小学的教学大纲和教材都是请一些有水平的科学家编写的,像数学就是柯尔莫哥洛夫、吉洪诺夫和邦德里雅金写的,而且苏联已经把微积分、线性代数、欧氏空间解析几何放到中学教了.大学的数学分析、代数、几何就可以在更高的观点上看问题了(其实和美国的高等微积分、初等微积分的方法相似).

有一流的生源,不一定能培养出一流的数学家,还必须要有严谨的学风.莫斯科大学的规定相当的严格:必修课,一门不及格,留级;两门不及格,开除,而且考试纪律很严,作弊简直是比登天还难!莫斯科大学的考试方法非常特殊,完全用口试的方式.主课如数学分析或者现代几何学、物理学、理论力学之类,一个学期要考好几次,像数学分析,要考七八次.考试一般的方法如下:考场里有二三个考官考 1 个学生,第一个学生考试以前,第二个学生先抽签(签上就是考题),考试时间一般是30—45分钟,第一个考生考试的时候,第二个考生在旁边准备,其他人在门外等候,考生要当场分析问题给考官听后,再做解答.据称难度远大于笔试,感觉像论文答辩.

不过莫斯科大学有一点是挺自由的,就是转专业,这一般都能成功,像柯尔莫哥洛夫就是从历史系转到数学力学系,这是尽人皆知的.中国的数学专业往往是老师满堂灌,学生下面听,最糟糕的是有的老师基本是照本宣科,整个一个读书机器.莫斯科大学的老师上课,基本不按教学大纲讲课(其实教学大纲也说教师在满足大纲的基本要求的情况下,应当按自己的理解讲课),也没有什么固定的教材,教师往往同时指定好几本书为教材,其实就是没有教材,只有参考书.而且莫斯科大学的课程都有相应的讨论课,每门课的讨论课和讲课的比例至少是1:1,像外语课就完全是讨论课了! 讨论课一般是一个助教带上一组学生,组成讨论班,像一些基础课的讨论班比如大一、大二的数学分析、解析几何、线性代数与几何(其实讲的是微分几何和射影几何)、代数学、微分方程、复分析,大三的微分几何与拓扑,大四的现代几何学(整体微分几何) 都是以讨论习题和讲课内容为主.为了让学生多做题、做好题,所以教师要准备有足够的高质量的习题资料,像前面说的各种各样的习题集,就是把其中的一部分题目拿出来出版发行(事实上在打基础的阶段不多练习是不行的).总的来说,讨论课的数量大于讲授,如1987年该校的大纲,大一第一学期,每周讲课是13节,讨论课是24节(不算选修课).而且莫斯科大学有个好传统就是基础课都是由名教授甚至院士来讲,柯尔莫哥洛夫、辛钦都曾经给大一学生上过数学分析这样的基础课,现在的莫斯科大学校长萨多夫尼奇,目前也在给大一学生讲数学分析(不过校长事情太多,不太可能一个人把课给上下来).

想培养一流数学家,就一定要重视科研训练,包括参加各种学术讨论班和写论文.莫斯科大学的学生如果在入学以前参加过数学夏令营,那他在入学以前已经有一定的科研训练,因为在夏令营期间就要组织写小论文.

入学以后,学校也鼓励学生写论文,到大三下学期学生要参加至少一个学术讨论班,以决定大四大五是参加哪个教研组.莫斯科大学数学部有17个教研室,如数学分析教研室,函数论与泛函分析教研室,高等代数教研室,高等几何与拓扑学教研室,微分几何及其应用教研室,一般拓扑与几何学教研室,离散数学教研室,微分方程教研室,计算数学教研室,数理逻辑与算法论教研室,概率论教研室,数理统计与随机过程教研室,一般控制问题教研室,数论教研室,智能系统数学理论教研室,动力系统理论教研室,数学与力学史教研室,初等数学教学法教研室等.每个教研室下设教研组(教研组既是科研单位又是教学单位)的活动(莫斯科大学数学系,到了大四大五,学生每学期要参加一个学术讨论班)目的是写论文,莫斯科大学要求本科毕业生至少要有三篇论文,其中两篇是学年论文,一篇作为毕业论文,毕业论文要提前半年发表在专门发表毕业论文的杂志上,半年内无人提出异议方可进行论文答辩,而且参加答辩的人是从全国随机抽取的.答辩时还要考查一下学生的专业知识,这种答辩又称为国家考试.

对于本科生,需要让他们对数学和相邻学科有个全面的了解,莫斯科大学在这点做得很不错,数学系的学生不仅要学习现代几何学、高等代数(内容大概包括交换代数和李群李代数)等现代数学,也要学习理论力学、连续介质力学、物理学中的数学方法(大概相当于我国物理专业的电动力学、热力学与统计物理、量子力学)等课程.而且还有各种各样的选修课,供学生选择.必修课中的专业课里不仅有纯数学课程也有变分法与最优控制这样的应用数学课程,所以莫斯科大学的学生在应用数学方面尤其出色.

要成为一个合格的数学家,光短短5年的本科是远远不够的,还要经过三四年的副博士阶段的学习和无固定期限地做博士研究,应该说莫斯科大学的研究生院在数学方面绝对是天下第一的研究生院,莫斯科大学研究生院在数学方面有门类齐全的各种讨论班,讨论班的组织者都是世界闻名的数学家,参加讨论班的不仅有莫斯科大学的学者,还有来自全苏各个科研机构的学者.经过5年的必修课和专业课、选修课的学习,凡是到莫斯科大学研究生院来的学生都有很扎实的专业知识,所以莫斯科大学的研究生是不上课的,一来就是上讨论班,进行科学研究,同样研究生想毕业也要拿出毕业论文和学年论文,毕业论文要拿到杂志上发表半年以后,有15名来自不同单位的博士签名,才能参加答辩.答辩的规矩比本科生更严格,只有通过毕业答辩和学年论文的答辩才能拿到数学科学副博士学位.至于数学科学博士,则是给有一定成就的科学家的学位,要拿博士至少要有一本合格的专著才行.

如果谁拿到莫斯科大学的数学科学博士的学位,那么谁就可以到大多数世界一流大学谋个教授(包括助理教授)当!但是这个过程是十分难完成的,俄罗斯有种说法,说院士为什么比一般人长寿,是因为院士居然可以完成从本科到博士这样折磨人的过程,所以身体一定好得很!

说到莫斯科大学的数学,有一个人是不能不提的,那就是数学大师柯尔莫哥洛夫,应该说柯尔莫哥洛夫不仅是数学家,而且是教育家,但是这并不是我在这里要专门介绍他的原因,我专门介绍他是基于以下几个原因:①如果说使莫斯科大学的数学跻身于世界一流是在鲁金和彼得罗夫斯基的带领之下,那么使莫斯科大学真正成为世界第一数学强校则是在柯尔莫哥洛夫担任数学力学部主任的时期. ② 柯尔莫哥洛夫是莫斯科数学学派中承前启后的一代中的领军人物,特别是如盖尔方德、阿诺德等著名数学家都是他的学生. ③ 柯尔莫哥洛夫虽然没当过莫斯科大学校长,但是彼得罗夫斯基去世后,他在莫斯科大学基本上就是太上校长,莫斯科大学的一些改革措施都和他多少有些关系. 对于数学家柯尔莫哥洛夫,大家一定很熟悉,但是对于教育家柯尔莫哥洛夫,大家就不大清楚了! 下面是我从沃尔夫奖得主,日本著名数学家伊藤清写的一篇纪念柯尔莫哥洛夫的文章中摘抄下来的:

"柯尔莫哥洛夫认为,数学需要特别的才能这种观念在多数情况下是被夸大了,学生觉得数学特别难,问题多半出在教师身上,当然学生对数学的适应性的确存在差异,这种适应性表现在:① 算法能力,也就是对复杂式子作高明的变形,以解决标准方法解决不了的问题的能力;② 几何直观的能力,对于抽象的东西能把它在头脑里像图画一样表达出来,并进行思考的能力;③ 一步一步进行逻辑推理的能力.

"但是柯尔莫哥洛夫也指出,仅有这些能力,而不对研究的题目有持久的兴趣,不做持久的努力,也是无用的. 柯尔莫哥洛夫认为,在大学里好的教师要做到以下几点:① 讲课高明,特别是能用其他科学领域的例子来吸引学生,增进理解,培养理论联系实际的能力;② 以清楚的解释和广博的知识来吸引学生学习;③ 善于因材施教.

"柯尔莫哥洛夫认为以上三条都是有价值的,特别是:'③ 善于因材施教',这是一个好教师必须做到的,那么对于数学力学系或计算数学与控制论系的学生又应当怎样做呢? 柯尔莫哥洛夫认为除了通常的要求外,有两点要特别强调:① 要把泛函分析这样的重要学科(他说的重要学科恐怕还包括拓扑学和抽象代数)当成日常工具一样应用自如;② 要重视实际问题.

"柯尔莫哥洛夫认为,学生刚开始搞研究时,首先必须让学生树立'我能够搞出东西'的自信心,所以教师在帮助学生选课题时,不能只考虑问题的重要性,关键是要看问题是否在学生的能力范围之内,而且需要学生做出最大的努力才能解决问题."

其实科研训练应当是越早越好,在学生做习题的时候就要注意进行科研训练了!这也是莫斯科大学数学成功的秘诀之一.莫斯科大学讨论课上的习题根本没有我们常见的套公式、套定理的题目.比如,我的那个亲戚,在莫斯科大学读书时担任数学分析课的助教(莫斯科大学学数学的学生毕业后大多数是到各个大学担任教师,所以莫斯科大学很重视学生的教学能力,一般研究生都要做助教,本科生毕业前要进行大学数学的教学实习),据他说,主讲教授每次布置的讨论课题目简直稀奇古怪,比如说有一次,是叫他让学生利用隐函数定理证明拓扑学中的 Morse 引理;还有一次,叫他给出有界变差函数的定义,然后证明全变差的可加性等,一直到雅可比分解!基本上把我们国家的实变函数课中的有关问题都干掉了!总之他们经常叫学生证明一些后续课程中的定理,据他们认为这样做基本等于叫学生做小论文,算是模拟科研,对以后做科研是有好处的.

最后,我们的结论是:俄罗斯经济虽停滞,但数学从未被超越!

刘培杰

2017 年 4 月 20 日

于哈工大

他们学什么：
苏联中学数学课本

刘培杰数学工作室　　编译

内容简介

本书共包括四部分内容. 第一章介绍了几何的基本概念, 包括距离、线段、折线、图形的全等和位移等. 第二章介绍了多边形的定义和性质. 第三部分针对前两章习题给出了解答, 同时拓展了新的试题并给出了答案. 第四部分附录中介绍了中国 20 世纪五六十年代数学杂志中有关平面几何的文章摘要.

本书适合初学几何者和几何教师使用, 是几何学入门的基础书.

编辑手记

对于平面几何, 受过教育的人多少都能谈一点.

作家张爱玲在《华丽缘》中就有这样的自白：

　　"每个人都是几何学上的一个'点' —— 只有地位, 没有长度、宽度和厚度. 整个集会全是一个个的点, 是虚线构成的图书."

张爱玲是我国现代著名女作家, 虽受过高等教育, 但严重偏科.数学知识的掌握近乎于零,但她还能如此准确地用几何语言来做文学上的描述,可见几何学已然成为一种文化,渗透到所有现代文化人的血液中.但仅仅是粗浅的知道一点是远远不够的.

用诗人汉斯·马格努斯·恩岑斯贝格尔(Hans Magnus Enzensberger)的话说,数学已经成为"我们文化中的一个盲点,是一片陌生的领土,只有为数不多的精英在名师的指点下才能占据制高点."

苏联著名数学家柯尔莫哥洛夫(Колмогоров, Андрей Николаевич)主编的这本中学课本就是精英指点的入口.

柯尔莫哥洛夫,苏联人.1903年4月25日生于苏联的唐波夫市.他的父亲是农艺师,母亲在他出生时就去世了,他是由其母的妹妹抚养、教育成人的.在考入大学前,他当过铁路列车员,1920年考进莫斯科大学,1925年毕业.1922年至1925年间还同时在一所实验中学兼任教员.1925年起在莫斯科大学数学系任教,1931年成为教授.1933年至1939年及1951年至1955年兼任莫斯科大学数学力学研究所所长.1939年当选为苏联科学院院士,同时担任院级秘书.1961年至1966年及1976年起任莫斯科数学会主席.1946年至1954年及1983年起任苏联《数学科学成就》杂志的主编.

柯尔莫哥洛夫被选为罗马尼亚科学院院士(1954)、伦敦皇家学会会员(1964)、美国国家科学院院士(1967)、法国巴黎科学院院士(1968).他被授予法国巴黎大学、瑞典斯德哥尔摩大学、波兰华沙大学等校的荣誉博士学位.

柯尔莫哥洛夫在三角级数论、测度论、积分理论、集合论、结构逻辑理论、拓扑学、逼近论、概率论、随机过程、信息论、数理统计、动力系统、自动控制、算法论、微分方程等领域都做出过重大贡献.

首先,他在概率论、随机过程方面进行了一系列开创性、奠基性工作.1933年由他开创的测度论和概率论,现已广泛被采用.这个方法不仅对论述无限随机试验序列或一般的随机过程给出了足够的逻辑基础,而且应用于统计学也很方便.他与辛钦一起找到了具有互相独立的随机变量项的级数收敛的充分必要条件. 1928 年他还成功地证明了大数定律的充分必要条件；证明了在项上加极宽条件时独立随机变量和的重对数法则，并找到了强大数定律适用的很宽的条件，后又进一步发现了充分必要条件，即每项存在有限的数学期望；他初步建立了概率论的公理化体系；建立了马尔科夫过程的柯尔莫哥洛夫等式，并为现代马尔科夫随机过程以及揭示概率论与常微分方程、二阶偏微分方程的深刻联系奠定了基础；他给出了无穷可分律分布的表示，找到了对经验分布和实际分布的最大偏差的极限分布 —— 柯尔莫哥洛夫准则，创立了具有可数集状态的马尔科夫链理论，找到了希尔伯特空间几何与平稳序列理论的一系列问题之间的联系；特别在遍历理论中，1958 年他使用熵这个新的同构不变量，证明了具有相同的连续谱的自同构中，存在两个非空间同构的自同构. 这是一个很长时间内都未得到解决的重要问题.

其次，在拓扑学方面他引入了上边缘和∇－算子的概率，利用∇－算子，创立了复形和对任何致密空间上的同调群理论，他还创立了同调环概念，这些都推动了多面体的拓扑学研究的进展.

再次，在算法论和数学基础方面. 早在 1925 年他就提出了潜入运算，即柯尔莫哥洛夫运算. 利用这种运算，一些逻辑运算潜入到其他运算当中去，将经典逻辑潜入直观逻辑，进而证明了应用排中律自身不会导出矛盾. 1932 年他还提出了把直观逻辑解释为结构逻辑的可能性. 1952 年他提出了物质构造的最普遍的定义和算法的最一般的定义.

柯尔莫哥洛夫在数学的其他领域的贡献也是很突出的.

柯尔莫哥洛夫重视并善于将数学理论应用于生物学、地质学、金属结晶等方面. 他建立了莫斯科大学的统计试验室.

柯尔莫哥洛夫还是一位出色的数学教育家，培养了一批著名的苏联数学家，如盖尔方德等. 他十分关心苏联中等数学教育改革，1965 年至 1968 年领导了 6 至 8 年级和 8 至 10 年级新的数学大纲的制订工作，还指导编写《代数与初等函数》等书，作为中学教材.

柯尔莫哥洛夫获 7 次列宁勋章，还获得过劳动英雄称号，

111

又是列宁奖金和苏联国家奖金的获得者.

上面介绍的是正史,由于中国人写历史有为圣者讳的传统,也由于当时的历史限制,有许多关于柯氏的史料没有被充分挖掘出来.真实的情况在 Reuben Hersh 等著的 *Loving Hating Mathematics* 中有所记载.

柯尔莫哥洛夫和亚历山大洛夫(1896—1982)可谓是那一代人中最有影响力和原创精神的组合了.亚历山大洛夫是拓扑学的重要发明者之一,莫斯科大学"黄金年代"数学研究生院的掌门人.在他死前,亚历山大洛夫写道:

> "我和柯尔莫哥洛夫之间的友谊在我一生中具有特殊的、无可替代的地位.1979 年,我们已经交往了 50 年,从未发生过争吵.这期间,我们彼此都能准确理解对方提出的重要问题.即使我们在一些学科的看法上存在分歧,我们也能充分理解对方的想法,并和谐相处."

三年后的 1986 年,83 岁高龄的柯尔莫哥洛夫写道:

> "亚历山大洛夫在我 80 岁生日前六个月去世了 …… 这段持续了 53 年的亲密无间的友谊,让我一直生活在幸福快乐当中,亚历山大洛夫对我从未间断过的关心和体贴是我快乐的源泉."

他们两人在 1920 年相遇,到了 1929 年才成为好朋友.那一年,他们一个 26 岁,一个 33 岁,一起结伴旅行了三个星期.在高加索地区,他们在塞凡湖(Lake Sevan)上一个小岛的修道院停留.柯尔莫哥洛夫在他 1986 年的回忆录中写道:

> "我们带了手稿,打字机,折叠式小桌子.在那个岛上,我们找了个与世隔绝的地方,然后开始工作.工作间隙,我们就在湖边沐浴.我喜欢在阴凉处工作,而亚历山大洛夫喜欢只戴着墨镜和巴拿马草帽,待在有

阳光的地方.他一直保持着这种在大太阳底下不穿衣
服的工作习惯,直到老了还是这样."

1930 年至 1931 年间,他们一起到法国和德国旅行.1924
年,亚历山大洛夫曾经和他的好朋友兼合作者,少年天才帕维
尔·乌雷松①(Pavel Urysohn) 来过法国,但是乌雷松在布列塔
尼(Brittany) 海边游泳时不幸溺水身亡.他们专程来到布列塔
尼,拜谒了乌雷松的墓碑.柯尔莫哥洛夫回忆道:

> "乌雷松的墓坐落于一个偏远的花岗石海滩上,
> 墓碑后面是滚滚的海浪.这与地中海沿岸的宁静形成
> 了鲜明的对比.乌雷松的墓由柯尔尼(Cornu) 小姐精
> 心照看着.乌雷松和亚历山大洛夫来布列塔尼时,便
> 是住在她家.在布列塔尼阴霾的天气下,以及在怀念
> 乌雷松的悲伤中,我们两人默默地在海岸上走了
> 一圈."

1935 年,柯尔莫哥洛夫和亚历山大洛夫合伙,从著名演员
兼导演康斯坦丁·斯坦尼斯拉夫斯基(Konstantin Stanislavskii)
的继承人手中买下了位于科马洛夫卡(Komarovka) 村庄的一
部分庄园.柯尔莫哥洛夫写道:"我们约定,每星期要来科马洛
夫卡住四天,其中的一天专门进行一些体育锻炼,比如滑雪、划
船、远足(我们的远足范围大概在 30 千米左右,有时可达 50 千
米).在阳光明媚的三月,我们只穿短裤滑雪,每次锻炼都长达
4 小时左右 …… 我们特别喜欢去游泳,只要河水一融化就去游
泳,哪怕河上还有浮冰."他们的学生经常来科马洛夫卡,很多

---

① 帕维尔·乌雷松(1898—1924),俄国犹太裔数学家,在维数理
论方面做出重要贡献,以他名字命名的数学名词有乌雷松度量定理、乌
雷松引理、门格 - 乌雷松维度和乌雷松积分方程.

著名的外国数学家,包括来自巴黎的阿达玛①(Hadamard)和弗雷歇②(Frechet),来自华沙的巴拿赫③(Banach)和库拉托斯基④(Kuratowski),以及亚历山大洛夫的合作者,瑞士数学家霍普夫⑤(Hopf),也经常到科马洛夫卡与他们做伴.

1939年2月20日,身在美国普林斯顿的亚历山大洛夫给远在德国的柯尔莫哥洛夫写了一封信.(当时他们一个36岁,一个43岁)柯尔莫哥洛夫在其回忆录里引述信中的内容:

> "他写道:'你很少提到你的运动情况啊,但我还是要给你详细汇报我的情况 …… 你有没有到游泳馆游泳啊? 你在那里做什么锻炼? 你也没有告诉我最近感觉如何. 还咳嗽吗? 嗓子好了没有? 感冒呢? 最重要的是,你的自我感觉如何? 买点奶酪和牛奶是一个不错的选择'."

回忆录出版一年后,柯尔莫哥洛夫不小心重重地撞上了一个弹簧门,脑部严重受创.伤势一有好转,他便继续到一个寄宿学校上课,在那个学校,他网罗了很多优秀学生.帕金森综合征一直困扰着柯尔莫哥洛夫,且病情越来越严重.去世前两年,他说不了话,也看不见任何东西.84岁那年,柯尔莫哥洛夫毫无知觉地死去了,一大群学生陪伴在他身边.这两年一直是这群学

① 雅克·阿达玛,法国数学家.

② 莫里斯·弗雷歇(Maurice Fréchet,1878—1973),法国数学家,拓扑点集和矩阵空间的发明者,弗雷歇导数便是以他的名字命名的.

③ 斯忒芬·巴拿赫,波兰数学家,20世纪最重要,最有影响力的数学家之一.巴拿赫空间便是以他的名字命名的.

④ 卡齐米日·库拉托斯基(Kazimierz Kuratowski,1896—1980),波兰数学家,华沙数学学校的领军人物.

⑤ 海因茨·霍普夫(Heinz Hopf,1894—1971),德国数学家,发现了庞加莱－霍普夫定理.在哥廷根,他结识了亚历山大洛夫,从此建立了终生的友谊.1942年,纳粹政府没收了他的全部财产,霍普夫被迫加入瑞士国籍.为了纪念霍普夫,他曾经工作过的瑞士联邦理工学院设有"霍普夫纯数学奖".

生每天 24 小时轮流来他们家照看他. 柯尔莫哥洛夫的妻子安娜·迪米屈娜(Anna Dmitrievna)几个月之后也跟着他去世了.

有些读者可能读后对中苏两国几何课本的差异之大感到不解. 苏联几何课本强调严谨,注重理论性;中国几何课本偏重应试,得过且过. 至于苏联人对平面几何概念的注重从一本 Edward Frenkel 所著的 *Love and Math* 中可见一斑. Frenkel 是犹太人,是著名的 Langlands program 专家. 他描述了其在当年中学毕业时试图考入莫斯科大学数学力学系被刻薄的考官刁难时的情境:

> 口试时我抽到的两道题是:(1)已知三角形内切圆的半径,求三角形的面积,并列出算式;(2)求两个函数比的导数(只须列出算式). 这两道题我都准备得非常充分,甚至闭着眼睛都能回答出来.
>
> 这时考官开试发问:
>
> "我们开始考试吧. 第一个问题是什么?"
>
> "已知三角形内切圆……"
>
> 他立刻打断我:"圆的定义是什么?"
>
> 他表现出一副盛气凌人的样子,这与其他考官的温文尔雅形成了鲜明对比. 而且,在考生完整地回答试卷上的问题之前,其他考官不会提出任何其他问题.
>
> 我回答道:"圆是平面上与已知点距离相等的点的集合."
>
> 这是圆的标准定义.
>
> "错!"那个家伙兴奋地大喊一声.
>
> 这个定义怎么可能是错的呢?他停顿了几秒钟,然后说:"圆是平面上与已知点距离相等的所有点的集合."
>
> 这个说法明显是在抠字眼. 这只是第一个信号,说明我接下来还会有其他麻烦.
>
> "嗯,"他接着问道,"那三角形的定义呢?"
>
> 在我回答了三角形的定义之后,他认真地思考了

一番,显然是在寻找我的错处.然后,他继续问道:"三角形内切圆的定义是什么？"

这个问题把我们讨论的内容延伸到了切线的定义,然后是"直线",之后又是其他内容,最后他甚至问道了欧几里得第五公理,即平行公理.这个问题已经超出了高中数学的知识范围！我们讨论的那些问题与试卷上的题目根本风马牛不相及,而且远远超出了我应有的知识水平.

我的每句话都遭到质疑,用到的每个概念都要讲出其定义,如果我在回答某个定义时用到另一个概念,那位考官就会立刻要求我回答这个新概念的定义.

在我仍心怀希望时,考官又加上了一道.有人将此类题称为 Coffins.这是从俄语中直接翻译过来的.英文中一般称为 Killer problems 或 Jewish problems.这是对手最后给我的致命一击.乍一看,这道题并不难:已知一个圆和圆外处于同一平面上的两点,过这两点画一个圆,使该圆与第一个圆只有一个交点.

但是,真要解答的话过程却十分复杂.我觉得,即便是一位数学方面的专家也未必能立刻找到答案.这里要用到"反演"(inversion)这个技巧,或者需要经过一番非常复杂的几何作图过程才能完成.但是这两种方法在高中都没有教授过,因此这道题不应该出现在试题当中.

平面几何的特点是它可以难倒任何一个想被难倒的人.同时它也是逻辑训练的最佳工具,丘成桐先生曾回忆说:

"平面几何提供了中学期间唯一的逻辑训练,平面几何的学习是我个人数学生涯的开始.

"在中学二年级学习平面几何时,第一次接触到简洁优雅的几何定理,使我赞叹几何的美丽.欧氏《几何原本》流传两千多年,是一本流传之广仅次于《圣经》的著作,这是有它的理由的,它影响了整个西方科学的发展. 17 世纪,牛顿的名著《力学原理》中的想法,就是由欧氏几何的推理方法来构想的. 用三个力学原理推导星体的运行,开近代科学的先河. 到近代,爱因斯坦的统一场论的基本想法是用欧氏几何的想法构想的.

"平面几何所提供的不单是漂亮而重要的几何定理,更重要的是它提供了在中学期间唯一的逻辑训练,是每一个年轻人所必需的知识. 平面几何也提供了欣赏数学美的机会.

"最近我很惊讶地听说,很多数学教育家们坚持不教证明,原因是学生们不容易接受这种思考. 诚然,从一个没有逻辑思想训练的学生,到接受这种训练是有代价的. 怎么样训练逻辑思考是比中学学习其他学科更为重要的."

从平面几何的基础性可以联想到整个数学的重要性. 查尔斯·达尔文(Charles Darwin)最初的研究并不依赖于数学,但是他后来在自传中说:"我为自己不能对数学中的重要原理有所领悟而深感遗憾,因为这些原理能增强人的理性思维能力."他的这番话就是一个颇有预见性的建议,告诫后人必须充分发掘数学的巨大潜能.

平面几何最早期的课本当属《几何原本》(简称《原本》).

有些学者从版本学的角度研究欧几里得的《原本》. 如数学史家 T. L. Heath 的统计中除阿拉伯文版外,有希腊文版 13 种,拉丁文版 15 种,意大利文版 10 种,德文版 13 种,法文版 7 种,荷文版 5 种,英文版 18 种,西班牙文版 3 种,俄文版 4 种,瑞典文版 5 种,丹麦文版 3 种,现代希腊文版 1 种,共 97 种版本.

在 Charles Thomas-Stanford 写的一书中,其中 Editoins of not less than the first six books with demonstrations, & c. , in Greek, Greek and Latin, or Latin 25 种, Editions in Greek and Latin of the Enunciations only 8 种, Translations into current

European languages, and into Arabic 13 种, Fragmentary editions in various languages 38 种, 共计 84 种.

在上述的研究中, 都没有谈到中国人的工作, 这在国际性的研究或统计工作中应该说是一个不足的地方.

从国际上的情况看, 可以分 3 个时期(或 3 大类), 这 3 个时期的版本之特点是:

早期版本是指从《原本》的形成到中世纪流传的各种版本, 其中包括希腊文版、阿拉伯文版、拉丁文版等. 这些版本是根据古代希腊形成的各种手抄本、注释本、修订本自然流传下来的, 它们之间存在的差异也是多方面的.

第二类版本是中世纪以后, 人们根据不同的需要而改编的各类版本. 在欧洲, 17 世纪以后形成了一个"离开欧几里得的运动"的思潮, 从此出版了不少经过改编的 *Euclids Elements*. 在这方面有开创性工作的是法国学者巴蒂(I. G. Pardies 1636—1673)编写的 *Elèments de Géométrié*, 是一本流传地区最广, 影响很大的几何学教科书. 又如勒让德(A. M. Legender)的 *Elements de Geometrie* 于 1794 年出版, 这本书影响也很大, 在美国就出了 33 版. 沿着这个方向演变下去, 就形成了现在中学教学用的几何教科书.

第三类版本是近期出版的各种文字的《原本》, 其底本都是海伯格(Heiberg)于 1883 年完成的希腊文《原本》. 数学史界都认为这是一部比较理想的版本. 这一类译本中有英文译本、俄文译本、日文译本等.

今天出版本书这样的课本是因为有太多的教师及家长对现在的教材不满意.

2005 年在接受《南风窗》杂志采访时, 经济学家陈志武被问道: "在您看来, 中国目前的科技体制存在着哪些问题?" 他是这样回答的: "科技管理的行政化问题, 决定了人才的评价、选拔、流动都被一些行政人员把持, 科研机构普通的行政人员应该是给专业人员做辅助工作的, 却常常能领导和指挥专家."

这也是教材落后的原因之一.

论及出版的动机, 我们借用 1894 年纪德(Gide)在一则日记里所述的信念:

"不管一件什么事物,绝不会为另一件事物而生,也不管那是什么事物.任何行为,都应该找到自己存在的理由,以及本身的目的,不要去关心别的.不要为了报偿而为善或作恶,不要为行动而创作艺术品,不要为金钱而爱,不要为生活而斗争.应当为艺术而艺术,为善而善,并为恶而恶,为爱而爱,为斗争而斗争,并为生活而生活.大自然干预其他事物,而其他事物与我们无关.在这世界上,一切事物都连在一起,相互依附,这我们知道;但是,做每件事情都为事情本身,是为其价值提供理由的唯一方法."

为我们理想中的教育而努力是我们的信念!

刘培杰

2017.6.6

于哈工大

Buffon 投针问题

刘培杰数学工作室　编译

内容简介

Buffon 投针实验是第一个用几何形式表达概率问题的例子,实验中首次使用随机实验处理确定性数学问题,为概率论的发展起到一定的推动作用.本书从一道清华大学大学自主招生试题谈起,详细介绍了 Buffon 投针问题以及这个实验在概率论这门数学学科中的多种形式及推广.

本书适合高中生、大学生、数学竞赛选手及数学爱好者参考阅读.

编辑手记

朝永振一郎是继汤川秀树之后第二位获得诺贝尔奖的日本人.他曾在日本京都市青少年科学中心收藏的彩纸上,写下了下面的话:

> 以为某种现象不可思议,这是科学之芽;
> 仔细观察确认后不断思考,这是科学之茎;
> 坚持到最后并解开谜题,这是科学之花.

本书是借助于一道自主招生试题来介绍积分几何中的一个专题 Buffon 投针问题.

这个问题从开始令人不可思议的试验结果,到众多数学家的深入研究,再到现在已经相对完整的理论体系,正好验证了朝永振一郎对科学的描述.

Buffon(1707 年 9 月 7 日 —1788 年 4 月 16 日) 法国自然科学家. 生于蒙巴尔(Montbard),卒于巴黎. 早年在第戎(Dijon) 耶稣会学院学习,之后到意大利和英国游历,25 岁回到家乡,开始研究自然科学. 起初专攻数学和物理,后来成为植物学家. 1733 年被选为法国科学院院士. 1739 年任巴黎植物园园长. 1771 年接受法王路易斯十四的爵封. Buffon 的主要数学贡献在概率论方面. 他于 1777 年出版了 *Essaid' arithmatique morale* 一书,其中主要研究几何概率,提出并解决了下列概率计算问题:把一个小薄圆片投入被分为若干个小正方形的矩形域中,问使小圆片完全落入某一个小正方形内部的概率是多少? 他还解决了这种类型的更难的问题,其中包括投掷正方形薄片或针形物时的概率,这些概率问题都被称为"Buffon 问题". 特别是"Buffon 投针问题"的结果可以用来计算 π 的近似值. 这是近代蒙特卡罗(Monte Carlo) 法的古典例子. Buffon 还以研究自然博物史闻名于世. 这方面最重要的著作是《自然史》(Hiatoire natvrell),计 44 卷. 这是他几十年心血的结晶,书中插有许多精美的植物图. 这部著作从 1749 年到 1804 年陆续出版,最后 8 卷是他去世后,由他的学生们完成的. Buffon 还在 1740 年翻译了牛顿的《流数论》,同时探讨牛顿和莱布尼兹发现微积分的历史. Buffon 是进化思想的先驱.

本书取的这道自主招生试题严格地讲是 Buffon 问题中的投针问题,它既有趣味又人人可以动手操作. 更重要的是它是近代蒙特卡罗方法的最古典例子,同时它还是积分几何中的特例. 它的叙述是这样的:

在一平面上画有一组间距为 d 的平行线,将一根长度为 $l(l < d)$ 的针任意投掷到这个平面上,求此针与任一平行线相交的概率. Buffon 本人证明了该针与

任意平行线相交的概率为

$$p = \frac{2l}{\pi d}$$

利用这一公式,可以用概率方法得到圆周率 π 的近似值.将这一试验重复进行多次,并记下相交的次数,从而得到 p 的经验值,即可算出 π 的近似值.1850 年一位叫沃尔夫的人在投掷 5 000 多次后,得到 π 的近似值为3. 159 6. 1855 年英国人史密斯投掷了 3 200 次,得到的 π 值为3. 155 3. 另一英国人福克斯投掷了仅 1 100 次,却得到了精确到3 位小数的 π 值3. 141 9. 目前宣称用这种方法得到最好 π 值的是意大利人拉泽里尼,他在 1901 年投掷了 3 408 次针,得到的圆周率近似值精确到 6 位小数. Buffon 投针问题是第一个用几何形式表达概率问题的例子,它开创了使用随机数处理确定性数学问题的先河,为概率论的发展起了一定作用.

在本书中,我们从一个小小试题引申,从基础介绍到前沿.但愿正如 1927 年 7 月 12 日上海《时事新报·青光》上发表的梁实秋先生所写的"辜鸿铭先生轶事"中称辜写文章时畅引中国经典,滔滔不绝,其引文之长,令人兴喧宾夺主之感,顾趣味弥永,凡读其文者只觉其长,并不觉其臭.

对中国近代几何家一般读者只知道微分几何大家陈省身、苏步青,再专业一点的还知道沈纯理、徐森林. 但对积分几何就比较陌生,像吴大任先生这样的大家很多人都知之不多,他的导师是德国著名几何大师布拉须凯. 前几日,天津一位藏书家还将一本俄文版的布拉须凯著作赠给笔者. 俄国人数学素养很高,只有他们看得上的著作才会被译成俄文. 名师高徒吴大任先生被誉为中国积分几何第一人当不为过. 借此宣传一下颇有意义.

胡适先生在"赠予今年的大学毕业生"的讲演中指出:

"第一要寻问题.脑子里没问题之日,就是你的智识生活寿终正寝之时.古人说,'待文王而兴者,凡民也.若夫豪杰之士,虽无文王犹兴.'试想伽利略和牛

顿有多少藏书,有多少仪器? 他们不过是有问题
而已."

青年人要想理解近代数学,寻找一个自己喜欢的问题逐渐
深入进去,随着文献越读越多,最后便可登堂入室,当然也有人
会浅尝辄止.

1985 年清华大学大学柳百成院士专门到美国考查高等工
程教育. 美国的大学教授当时告诉他说:什么叫硕士,什么叫博
士. 硕士要回答"How",博士则要回答"Why";硕士回答"怎么
做",博士回答"为什么"."为什么"就是机制和理论.

如果你要是将本书当作自主招生的备考资料来读,那对不
起,会让你失望了,因为它只能帮你掌握一个题的解法. 但你如
果是对数学真的感兴趣,想知道这道试题背后的一些东西,那
你就找对了.

国家教委原副主任柳斌说:"综观我国教育,在许多地方,
育人基本是以考试为本;看人基本是以分数为本;用人基本是
以文凭为本."(《中国青年报》2012 年 12 月 1 日第 3 版) 在这种
教育的氛围中,只有教辅的生存空间,像本书这样让你长知识
增本领的基本没有生存空间. 但我们相信社会是在变化的,不
能老是这样,历史上中国曾多次出现过这样的时期,但无一例
外都被颠覆了. 真才实学总会有用的.

1932 年 7 月 10 日,一个叫臧晖的人写了一篇《论学潮》的
文章,他指出:

"学潮的第三个原因是学生不用功做功课. 为什
么不用功呢? 因为在这个变态的社会里,学业成绩远
不如一纸入行荐书有用. 学业最优的学生,拿着分数
单子,差不多全无用处:各种职业里能容纳的人很少,
在这个百业萧条的年头更没有安插人的机会;即有机
会,也得先用亲眷,次用朋友,最后才提得到成绩资
格. 至于各种党部、衙门、机关、局所,用人的标准也大
概是同样的先情面而后学业. 即使有留心人才的人,
学识资格的标准也只限于几项需用专门人才的职务,

123

那些低薪职务——所谓人人能做的——几乎全是靠引荐来的. 学业成绩不全是为吃饭的,然而有了学业成绩而仍寻不着饭碗,这就难叫一般人看重学问功课了."(原载于《独立评论》杂志,此为中国现代政论杂志、周刊,胡适主编,主要编辑人有丁文江、傅斯年、翁文灏等. 1932年5月22日创刊,至1937年7月18日终刊,共出243期)

看历史要有大视野,要读书! 为国家,为家族也为自己!

本书的立意相当于一个爱美食的人在吃了一枚好吃的鸡蛋后,非要了解一下生这只蛋的母鸡,常人会以为笨拙. 而有些人比如曾国藩,他的哲学恰恰是尚诚尚拙,他以为唯天下之至诚能胜天下之至伪,唯天下之至拙能胜天下之至巧.

最近在哈尔滨工业大学的一个关于企业转型创新特训班的结业晚宴上结识了两位"九五"后的大学生创业者,在与之交谈的过程中,笔者既为她们敢想敢拼的万丈豪情所感染,也为她们明确表示基本不买书的消费习惯所震惊. 人的正确思想从哪里来? 人所需要的知识从哪里来? 传统教师在宣扬给其学生一碗水,自己要有一桶水的理论真的过时了吗? 我们的古人一直是好读书的. 这个传统真的没有了吗? 最近在读历史学者茅海建的学术随笔集《依然如旧的月色》(三联书店,2014年) 中有一篇介绍晚清皇室购书的账单,很感慨,要想追上时代浪潮,书还是要买要读的.

> "醇亲王府档案"中有一张中英文合璧的制式账单,铅印,署日期为1906年12月8日. 其中文写到(黑体字为用钢笔填写):
>
> 敬启者.
>
> 《百科全书》经于**十二月六日**付上,料早收妥. 兹者按月交价银该**六两**未蒙交到. 请即汇寄勿延是幸.
>
> 顺请台安.
>
> **继源**先生台电.
>
> 再者,请每月汇寄银两直交天津英界马路公易大

楼第六十九号至七十一号本行收入.

如寄邮政汇票或银行支票写交 H. E. HOOPER 及加一横线在支票单上.

付银信时祈将此信-同寄回以免有失.

再看一下该账单的英文本,也许会有点意思(斜体字为用钢笔填写):

8*th Dec.* 1906

NO. 513

Mr. Chi Yun

Peking

Sir

I have the pleasure to advise you that your set of the Encyclopaedia Britannica in Half Box Binding was dispatched to you on 6th Dec, and I trust will safely reach you at an early date.

The first monthly payment of Tls. 6. —becomes due on delivery and I hope to be favoured with your remittance in due course.

Yours truly,

H. E. HOOPER

N. B. —We should prefer you to send remittance each month direct to this office, either by Post Office order or Bank Cheque.

IMPORTANT. To insure safety please make Money orders or cheques payable to H. E. HOOPER and cross.

从这一份账单中可以看出,醇亲王府中一个叫"继源"的人,从天津洋商 H. E. HOOPER 的商行中用分期付款的方式购买了一套《大英百科全书》,每月付银6两. 该书于1906年12月6日从天津发出,而"继源"此时首期款项还没有支付.

《大英百科全书》是当时最重要的学术资源,1906年发行、

125

销售的,应是其第 10 版,由伦敦的《泰晤士报》发行,包括第 9 版的 25 卷和第 10 版再补充的 11 卷,共 36 卷,卷帙浩大. 从账单上看不出该书的总价为多少,但每月银 6 两(不知分多少月),可见书价之昂.

与当时的书价比,现在的书便宜多了!

刘培杰

2016 年 6 月 1 日

于哈工大

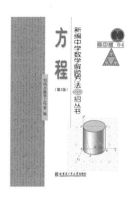

新编中学数学解题方法 1000 招丛书 —— 方程 （第 2 版）

刘培杰数学工作室　编

内容简介

本书以专题的形式对高中数学中方程的重点、难点进行了归纳、总结，涵盖面广，内容丰富，可使学生深入理解方程概念，灵活使用解题方法，可较大程度地提高学生在各类考试中的应试能力．

本书适合中学生、中学教师以及数学爱好者阅读参考．

总　序

俗话说："自古华山一条路"，如果将学数学比作爬山，那么精通之道也只有一条，那就是做题，做大量的习题．

华罗庚曾将光看书不做习题比作"入宝山而空返"．

著名数学家苏步青教授读书时为学好微积分，光是不定积分题就做了近万道．近年来，参加国际中学生数学奥林匹克的中国选手们，则更是因为遍解难题，才得以屡获金牌．正所谓"踏遍坎坷成大路"．

然而解数学题却不是一件容易的事，世界级解题专家、美国数学教育家波利亚曾不无悲观地说："解题同钓鱼术一样永远不会学会．"但解题作为一项有规则的活动还是有一些方法可学，至少是可模仿．华侨大学的王志雄教授曾说出这样的体会："相对于问题似欲爆炸，题型不断更新，方法是较少也较稳定,如能较深入地、熟练地、灵活地掌握一些重要的解题方法,将使我们如乘快艇,得以优游于题海之上,达到数学王国的彼岸."

近年来,由《美国数学月刊》前主编、美籍加拿大老数学家哈尔莫斯(Halmos)一句"问题是数学的心脏"的惊人之语,将解题运动推向高潮. 1987 年在上海举行的国际数学教育研讨会上,美国南伊利诺伊大学的 J. P. 贝克教授在他的以《解题教学 —— 美国当前数学教学的新动向》为题的报告论文中指出:

"如果说确有一股贯穿 20 世纪 80 年代初期的潮流的话,那就是强调解题(Problem Solving)的潮流."

为了配合这股潮流,世界各国大量出版数学问题与解题的丛书,真是汗牛充栋,精品纷现. 光是著名的斯普林格出版社(Springer Verlug)从 1981 年开始出版的一套高水平的《数学问题丛书》至今就出版了 20 多种. 我国教育界及出版界十分重视这类书的出版工作,早在 1949 年 2 月,当时的中国教育部曾举行会议为补救当时数学教育质量低下提出了四点建议,其中一条是提倡学生自己动手解题,并"希望各大书局大量编印中学解题参考用书". 近些年我国各大出版社出版了一些中学数学教育方面的丛书,如江苏教育出版社的《数学方法论丛书》(13 册),北京大学出版社的《数学奥林匹克》系列及翻译的美国的《新数学丛书》,湖南教育出版社的《走向数学丛书》,但直至今天似乎还没有迹象表明要推出一套大型解题方法丛书.

哈尔滨工业大学出版社作为一"边陲小社",出版这样一套丛书,尽管深感力所不逮,但总可算做一块引玉之砖.

最后编者有两点忠告:一是本丛书是一套入门书,不能包解百惑,本丛书在编写之初曾以"贪大求全"为原则,试图穷尽一切方法,妄称"解题精技,悉数其间". 然而这实在是不可能的,也是不必要的. 正所谓"有法法有尽,无法法无穷". 况且即使是已有的方法也不能生搬硬套. 我国继徐光启和李善兰之后的清末第三大数学家华蘅芳(1835—1902)曾指出:解题要随机应变,不能"执一而论",死记硬背为"呆法","题目一变即无所用之矣",须"兼综各法"以解之,方可有效. 数学家惠特霍斯 (Whitworth)说过:"一般的解题之成功,在很大的程度上依赖 于选择一种最适宜的方法."

二是读者读本丛书一定要亲自动手解题. 正如陕西师范大 学罗增儒教授所指出:解题具有探索性与实战性的特征,解题 策略要在解题中掌握.

最后,我们送给读者一句德国著名数学家普林斯海姆 (Pringsheim,1850—1941)的名言.

不下苦功是不能获得数学知识的,而下苦功却是每个人自 己的事,数学教学方法的逻辑严格性并不能在较大程度上去增 强一个人的努力程度.

愿读完本丛书后,解题对你不再是难事.

刘培杰

2013 年 12 月 15 日

于哈工大

前 言

华罗庚是中国人心目中的数学楷模,他是怎样出名的呢? 这源自于他以一个杂货铺小伙计的身份在上海《科学》杂志上 发表了一篇名为《论苏家驹之代数五次方程解法不成立之理 由》的论文,被时任清华大学大学算学系主任的留法博士熊庆 来发现,于是他被请到清华大学大学. 由此可见代数方程之 重要.

代数方程(algebraic equation)指多项式方程,其一般形 式为

$$a_n x^n + a_{n-1} x^{n-1} + \cdots + a_1 x + a_0 = 0$$

是代数学中最基本的研究对象之一.

在 20 世纪以前,解方程一直是代数学的一个中心问题. 二 次方程的求解问题历史久远. 在巴比伦泥板中(前 18 世纪)就 载有二次方程的问题. 古希腊人也解出了某些二次方程. 中国 古代数学家赵爽(3 世纪)在求解一个有关面积的问题时,相当

于给出了二次方程 $-x^2 + kx = A$ 的一个根 $x = \dfrac{1}{2}(k - \sqrt{k^2 - 4A})$. 7 世纪印度数学家婆罗摩笈多给出方程 $x^2 + px - q = 0$ 的一个根的公式 $x = \dfrac{1}{2}(\sqrt{p^2 + 4q} - p)$. 一元二次方程的一般解法是 9 世纪阿拉伯数学家花拉子米建立的.

对三次方程自古以来也有很多研究,在巴比伦泥板中,就有相当于三次方程的问题. 阿基米德也曾讨论过方程 $x^3 + a = cx^2$ 的几何解法. 11 世纪波斯数学家奥马·海亚姆创立了用圆锥曲线解三次方程的几何方法,他的工作可以看作是代数与几何相结合的最早尝试. 但是三、四次方程的一般解法(即给出求根公式),却直到 15 世纪末也还没有被发现. 意大利数学家帕乔利在 1494 年出版的著作中还说:"$x^3 + mx = n, x^3 + n = mx(m, n$ 为正数) 现在之不可解,正像化圆为方问题一样." 但到 16 世纪上半叶,三次方程的一般解法就由意大利数学家费罗、塔塔利亚和卡尔丹等得到,三次方程的求根公式最早出现在卡尔丹的《大术》(1545) 之中. 四次方程的求根公式由卡尔达诺的学生费拉里首先得到,也记载于卡尔达诺的《大术》中.

在 16 世纪末到 17 世纪上半叶,数学家们还探讨了如何判定方程的正根、负根和复根的个数. 卡尔达诺曾指出一个实系数方程的复根是成对出现的,牛顿在他的《广义算术》中证明了这一事实. 笛卡儿在他的《几何学》中给出了正负号法则(通称笛卡儿法则),即多项式方程 $f(x) = 0$ 的正根的最多数目等于系数变号的次数,而负根的最多数目等于两个正号和两个负号连续出现的次数. 但笛卡儿本人没有给出证明,这个法则是 18 世纪的几个数学家证明的. 牛顿在《广义算术》中给出确定正负根数目上限的另一法则,并由此推出至少能有多少个复数根.

研究代数方程的根与系数之间的关系,也是这一时期代数学的重要课题. 卡尔达诺发现方程所有根的和等于 x^{n-1} 的系数取负值,每两个根的乘积之和等于 x^{n-2} 的系数,等等. 韦达和牛顿也都在他们的著作中分别叙述了方程的根与系数之间的关系,现在称这个结果为韦达定理. 这些工作在 18 世纪发展为关于根的对称函数的研究.

另一个重要课题是今天所谓的因子定理. 笛卡儿在他的《几何学》中指出 $f(x)$ 能被 $x-a$ 整除, 当且仅当 a 是 $f(x) = 0$ 的一个根. 由此及其他结果, 笛卡儿建立了求多项式方程有理根的现代方法. 他通过简单的代换, 把方程的首项化为 1, 并使所有系数都变为整数, 这时他判断, 原方程的各有理根必定是新方程常数项的整数因子. 牛顿还发现了方程的根与其判别式之间的关系, 他在《广义算术》中还给出了确定方程根上界的一些定理. 此外, 数学归纳法也在 16 世纪末期开始明确地用于代数学中.

18 世纪以后, 数学家们的注意力开始转向寻求五次以上方程的根式解. 经过两个多世纪的努力, 在欧拉、范德蒙德、拉格朗日、鲁菲尼等人工作的基础上, 在 19 世纪上半叶, 阿贝尔和伽罗瓦几乎同时证明了五次以上的方程不能用公式求解. 他们的工作开创了用群论的方法来研究代数方程的解的理论, 为抽象代数学的建立开辟了道路.

代数方程理论的另一个问题是一个方程能有多少个根. 中世纪阿拉伯和印度的数学家们都已认识到二次方程有两个根. 到了 16 世纪, 意大利数学家卡尔达诺引入了复数根, 并认识到一个三次方程有 3 个根, 一次四次方程有 4 个根, 等等. 荷兰数学家吉拉尔在 1629 年曾推测并断言任意一个 n 次方程, 如果把复根算在内并且 k 重根算作 k 个根的话, 那它就有 n 个根. 这就是代数基本定理. 这个定理在 18 世纪被许多著名的数学家认识到并试图证明之, 直到 1799 年高斯才给出第一个实质性的证明.

对代数方程理论的研究, 使数学家们引进了在近世代数中具有头等重要意义的新概念, 这些新概念很快被发展成为有广泛应用的代数理论.

方程的问题曾经是数学的中心问题, 笛卡儿认为自然界中的一切事物都可以用数学来描述, 而所有的数学问题又都可以转化为方程问题(几何问题原则上都可用他发明的解析几何转化为代数方程问题), 这个时期一个人数学水平的高低完全取决于他解方程的能力. 所以历史上第一次有记载的数学竞赛就是 1535 年 2 月 22 日在意大利米兰大教堂举行的由塔塔利亚与费罗之间的对决,每人 30 道解三次方程题,结果由于塔塔利亚发现了新方法在两个小时内全部解出而大获全胜,今天数学手册中三次方程的解法公式虽称为卡尔丹公式,但实际上是塔塔利亚发现的.

后来从事方程研究的数学家的下场都不妙,意大利的鲁菲尼被人遗忘. 挪威数学家阿贝尔死于贫困,年仅 27 岁. 法国数学家伽罗瓦死于决斗,年仅 21 岁.

下面,我们简要回顾一下高次代数方程求根(finding roots of polynomial equation)的历史.

左边为多项式的方程

$$P_n(x) \equiv a_0 x^n + a_1 x^{n-1} + \cdots + a_{n-1} x + a_n = 0$$

称为 n 次代数方程,又称多项式方程,其中 $n = 1, 2, \cdots, a_k$ 是实系数或复系数,$a_0 \neq 0$. 当 $n > 1$ 时,叫作高次代数方程,其次数就是 n. 左边多项式的零点就是对应代数方程的根.

人们很早就探索了高次方程的数值解求法的问题. 巴比伦泥板中有平方表和立方表,利用它们可解某些特殊的二次和三次方程;中国古人则相当系统地解决了求高次方程数值解的问题:《九章算术》以算法形式给出了求二次方程及正系数三次方程正根的具体计算程序;7 世纪王孝通也给出求三次方程正根的数值解法;11 世纪贾宪《黄帝九章算法细草》创:"开方作法本源图",用"立成释锁法"解三次和三次以上的高次方程,同时他又提出一种更为简便的"增乘开方法",在 13 世纪由秦九韶《数书九章》的"正负开方术"最后完成,提供了一个用算筹布列解任何数字方程的可行可计算的算法,可求出任意次代数方程的正根. 阿拉伯人对高次代数方程的数值解法亦有研究. 花拉子米第一个给出了二次方程的一般解法. 奥马·海亚姆(1100)给出了一些特殊三次方程的解法. 1736 年出版的牛顿的《流数法》一书中,给出了著名的高次代数方程的一种数值解法. 1690 年 J. 拉福生也提出了类似的方法,它们的结合就是现代常用的方法 —— 牛顿法,是一种广泛用于高次代数方程和方程组求解的迭代法,亦称为切线法,一直为数学界所采用,不断产生新的变形,如修正牛顿法、拟牛顿法等. 1797 年,高

132

斯给出"代数基本定理",指出高次代数方程根的存在性. 1819年,霍纳提出求高次方程数值解的另一种方法 —— 霍纳法,其思想及计算程序与秦九韶的方法相近,类似的方法鲁菲尼在1804年也提出过,霍纳法也有着广泛的应用,它的现代改进形式叫作劈因子法. 现在常用的高次代数方程数值解法还有伯努利法和劳思表格法等.

今天人们已把方程当成了日常语言,在各个方面大量使用,比如:

匹兹堡领导力基金会主席兼 CEO John Stahl-Wert 写了一本新书叫《一万匹马》(*Ten Thousand Horses*)中提出了一个信任方程式

$$T \times 3C = E$$

T——Trust(信任);

C——Challenge(挑战);

C——Charge(实施);

C——Cheer(喝彩);

E——Engagement(敬业)

当然,人们最熟悉的还是爱因斯坦提出的那个著名公式

$$E = cm^2$$

学好方程,它将会使你终身受益.

刘培杰

2017 年 3 月 1 日

于哈工大

133

初中尖子生数学
超级题典 —— 角、线段、
三角形与多边形

刘培杰　主编

内容简介

本书共分 11 章,内容分别为:角的计算,角之间的关系,有关角的杂题,线段的相等问题,线段的位置关系(垂直、平行、相交等),有关线段的计算问题,有关线段比的问题,有关线段的不等式与极值问题,特殊三角形问题,三角形杂题,多边形.

本书内容精练,以专题的形式突出重点、难点,适合初中学生学习使用.

前　言

何谓"尖子生",尖子生就是学生中的佼佼者,是居于少年天才与普通学生中间的学生群体.

崔健说:"年轻人没有超过老人,也是老人的失败."中国古代数学曾达到了非凡的高度,可以说是独步天下,但宋元之后逐渐式微,其中落后的数学教育(姑且这样称.因为从严格意义上讲,中国古代并没有今天所谓的数学教育)是一个原因.正如邓小平同志提出:"学电脑要从娃娃抓起."数学也是一样,一个师傅带一个徒弟是不行的,要更广泛、更普及、更有效率.

《环球人物》杂志曾为此访问过《中国童话》的作者 ——
台湾作家黄永松. 他说：

> "台湾物理学家沈君山老师给我讲过一件事, 他
> 说围棋高手吴清源和日本人木谷实是'瑜亮'之争,
> 后来木谷实回日本乡下, 吴清源很不解. 1952 年, 吴清
> 源在台湾收了弟子林海峰, 林海峰很争气, 拿了好几
> 个冠军. 就在林海峰要步入巅峰时, 突然发现周围出
> 现了很多年轻高手, 这些人都是木谷实的学生. 原来,
> 当年木谷实回乡下后, 专收 8 岁的孩子做学生, 成立
> 了木谷门. 这对我启发很大, 你想明天更好, 就要从孩
> 子入手. 小孩子觉得好会记住, 甚至影响他一辈子."

要想从人群中超拔出来, 刻意专门化的练习不可或缺.
曾在 Lens 杂志上看到一段话, 深以为然：

> "心理学家 Ericsson 的研究发现：决定伟大水平
> 和一般水平的关键因素既不是天赋, 也不是经验, 而
> 是'刻意练习'的程度. 刻意练习是指为了提高绩效
> 而被刻意设计出来的练习, 它要求一个人离开自己的
> 熟练和舒适区域, 不断地依据方法去练习进而提高.
> 比如足球爱好者只不过是享受踢球的过程, 普通的足
> 球运动员只不过是按照惯例训练和参加比赛, 而顶尖
> 的足球运动员却不断地发现现有能力的不足, 并且不
> 断以自己不舒服的方式挑战并练习高难度的动作."

在中国, 人才的分层与生源的分流始于初中. 而初中数学
自然成为一个筛子与过滤器. 将智力不够或虽然智力发育没问
题但努力程度不够的学生无情地淘汰出局. 正如西方曾将勾股
定理称之为"驴桥定理"一样, 意味着通过者就是聪明的人, 而
过不去此桥者即为"笨驴". 其重要性不言而喻.

其实这不仅是中国中学生所遇到的问题, 就连美国中学生
也同样如此.

135

美国推出大规模教改运动 ——"共同核心国家标准 (Common Core State Standards)"为中学语文和数学建立统一教学标准,提高要求并加深难度. 出台这一政策的背景是在由"经合组织"筹划的国际学生评估计划(PISA)中,美国学生一直表现平平,数学更是远落后于平均水平,被美国教育部长称为"教育停滞的画面".

世界各国恰有同样的问题,那就是中学生有很多,但尖子生却不多.

要想成为数学上的尖子生,自古华山一条路,那就是做题,做大量的好题.

关于解题的数学家逸事有许多. 比如说仅微积分中的不定积分题目就解了上万道的就有苏步青院士和田刚院士,而丘成桐院士也曾说过他在香港读大学时也曾系统地解完徐利治教授所编著的《数学分析的方法及例题选讲》中的全部习题.

为了验证多解题、解好题对人才成长的正相关性,笔者专门调查了 20 世纪中叶参加解《数学通讯》上小知识、问题征解等专栏的学生后来的成才情况.

1956 年 7 月号小知识解答者之一的裘宗沪先生后来成为中国数学竞赛的掌门人,曾任中国数学会普及工作委员会主任,2008 年他撰写了《数学奥林匹克之路 —— 我愿意做的事》,为数学竞赛的普及做出了巨大贡献,获国际"爱尔特希(Erdös)奖".

1957 年 11 月号小知识解答者中有我国著名数论专家冯克勤教授. 冯克勤是 1959 年 9 月考入中国科技大学的,他在代数数论等领域做了很重要的工作,他的关于分圆域理论的许多论文受到国际上同行的重视,曾获"华罗庚奖",并著有《交换代数基础》《代数数论入门》(本工作室再版过)等著作. 早年华罗庚先生布局中国数论研究时曾专设代数数论一支人马,其中包括陆洪文先生等. 如不遇"文化大革命",费马大定理能否最后终结于中国也未可知. 冯克勤先生在一篇题为《我怎样走向学习代数数论之路》的回忆文章(载于:张继平. 新世纪代数学. 北京:北京大学出版社,2002 年) 中,写道:

"我们有一段时期热衷于做《数学通报》上的征
解问题,看到通报的解答者名单中有我们的名字都兴
奋不已."

1956 年 1 月号问题征解解答者名单中解答出第 4 题者有胡
久稔先生. 胡久稔先生生于 1939 年 2 月,是我国知名数理逻辑
与计算机科学专家,1963 年毕业于中国科技大学应用数学系,
南开大学陈省身数学研究所教授,写过多部科普著作. 他以其
对斐波那契及棋盘跳马问题的精彩科普文章为广大中学生所
知晓,他写的小册子《数林掠影》精彩至极,另著有《希尔伯特
第十问题》(这两本著作都由本工作室出版过).

1956 年 5 月号问题征解解答者名单中,第一位就是史树
中. 史树中高中毕业后进入华东师范大学数学系学习,后到南
开大学专攻分析学,但从法国巴黎第十大学访学回国后便专攻
金融数学,组建了北京大学金融数学与金融工程研究中心,是
我国金融数学第一人(当然现在金融数学的唯一一个院士是山
东大学的彭实戈教授). 普及方面,他曾为湖南教育出版社写过
《数学与经济》;专业方面,上海人民出版社出版过其所写教材
《金融经济学十讲》,高等教育出版社出版过《金融学中的数
学》. 天不假年,史教授因病去世,享年才 68 岁,他曾任数学天
元基金项目负责人,为数学普及工作做出了很大贡献. 笔者曾
于 1991 年在华东师范大学听过他精彩的报告,后来转行当了编
辑后还曾约史教授写过诺贝尔经济学奖获得者评传,可惜没能
成书.

1955 年 10 月号小知识解答者中有后来成为内蒙古师范大
学数学系教授的李迪. 李迪教授是中国古代数学史专家,同时
也是数学史研究的积极鼓动者(2017 年 5 月,在大连召开的第
七届数学史与数学教育学术研讨会上笔者还见到了李迪先生
的女婿郭世荣先生,他也是一位数学史专家,曾任数学史学会
理事长),他使得数学史成为内蒙古师范大学的特色,现在的大
学大多大而无当,小型精致有特色的几乎绝迹,这也是高等教
育大发展的副作用.

1958 年 1 月号小知识解出第 2,3,4,5,6 题的余新河,后来

广为"民科"所知. 因为他提出了一个所谓"余新河猜想",后来人们证明它和哥德巴赫猜想是等价的,曾有一度《中国青年报》还以一个整版刊登了一个高达百万元的悬赏通告,以求得对余新河猜想的证明,这当然是不可能得到的.

民间有句老话叫"三岁看老",一个人的成长是具有连续性的,如果一个人在青年时代对数学感兴趣,那么这种兴趣一般会一直延续至中年,他也可能会从事与数学无关的工作,但一旦时机成熟,这种对数学的热爱就会冒出来.

在 1956 年 7 月号问题征解解答者中巧的是有两位后来都成为模糊数学专家,其中一位是四川大学教授刘应明院士. 刘应明 1940 年出生于福建省福州市. 1956 年刚满 16 岁,当年他解答出了征解问题中的 1,2,3,4,6 题. 刘应明在模糊数学、拓扑学等领域作出了重要贡献. 他在连续统假设下,解决了怀特海问题. 他针对不分明拓扑学的系统成果居世界前列.

在《数学通报》同期解出第 1,2,3,6 题的王国俊,1935 年生于北京市,当时在西安师范学院学习,后曾任陕西师范大学校长,曾发表过多篇有影响的论文,如《S - 闭空间的性质》(《数学学报》,24(1981)),《论 Fuzzy 之结构》(《数学学报》,29(1986)).

解出 2,3 题的周持中是我们数学工作室的老作者,退休前是湖南理工大学教授,专攻递推数列,著有《斐波那契 - 卢卡斯序列及其应用》(湖南科学技术出版社,1993),我工作室曾有多部关于斐波那契数列的书出版. 笔者对周教授最初的认识是通过他 20 世纪 80 年代初发表在《数学的实践与认识》上的一篇《关于"蛙跳问题"的推广》,这是一道 IMO 试题的推广.

在 1956 年 9 月号问题征解第 2,3,4 题的解答者中有原江苏师范学院数学系的周士藩教授,周教授在 20 世纪 80 年代及 90 年代的数学竞赛界很活跃,笔者当年就读过他写的小册子《抽屉原则与涂色问题》.

其实从大众传媒角度说这些人都是没有大众知名度的,我完全赞同《读库》出版人张立宪先生的观点,我们更应该着眼 Google、百度上搜不出来的人,我们应该成为资讯的源头而不是下一级传递者.

有一位有些故事的人物是 1958 年 9 月号的解答者叫韩念

国,他曾领导了一个数学小组研读经典,当时他是中国科学院北京天文台台长程茂立手下的一位青年数学家,他曾在很短的时间内对美国阿波罗飞船的轨道进行计算,使中国能追踪美国这一空前的试验计划,从而能有效地即时观测.他指导的5名已在农村安家落户当农民的"老三届"中学生程汉生、王明、钱涛、张保环、王世林后来都通过考试成为数学研究生,并先后在国内外获得博士学位,从事着数学、统计及计算机科学方面的科研教学及专业性工作.近读裘宗沪先生的《数学奥林匹克之路——我愿意做的事》,发现韩先生还曾协助裘先生辅导过数学竞赛选手呢!

还有一位很有意思的人是1958年2月号小知识解答者之一的黄全福先生,笔者从中学时代起就看他出版的初等数学题目.30多年过去了,这位老先生还活跃在各种中等数学刊物上,在2009年第4期《中等数学》的数学奥林匹克问题中还见到了他提供的一个几何问题.他是安徽省怀宁县江镇中学的一名教师,并且几十年一直工作在中学教育第一线,几十年不越雷池一步,只在初等数学领域耕耘也算是一位执着之人.他提供的题目大多有趣且偏离主流,像黄金分割、黄金三角形之类,可见是一位有着独特审美标准的人,不随大流,不落俗套.还有一位是过伯祥先生,1956年2月号征解问题解答者,他与谈伯祥先生同为数学普及界的名人,著译书多部,很有影响.

1956年6月号问题征解解答者名单中我们发现了张鸿林先生,科学出版社资深编审,在组织翻译大型苏联《数学百科全书》中起了重要作用.

在1958年9月号问题征解解答者中有著名分析专家,曾任北京师范大学校长的陆善镇教授.

在1958年1月号问题征解解答者中有东北京大学学齐东旭教授,他是国内较早倡导分形几何学研究的学者,同时也是早期数学竞赛的热心组织者和命题者.中国首次向IMO供题并被采用就是齐东旭与常庚哲所为.在这一期解答者中还有山东师范大学数学系教授李师正,他是一位代数专家.还有合肥9中的程龙特级教师,程龙先生在国内与常庚哲和单墫先生合作最早研究了外森比克不等式和匹多不等式,并将20世纪80年代国际中学生数学竞赛题引介到中国,还给出解答,是中学数学教师中的佼佼者.

1955 年 11 月号小知识解答者中有北京大学数学系蓝以中教授,蓝教授以《高等代数教程》被广大数学专业学生所推崇.

在 1955 年 11 月号问题征解解答者名单中后来成为著名数学家的有多人,其中包括复旦大学的俞文鱼教授,20 世纪 80 年代的数学竞赛培训资料上也有俞教授的名字.北京大学的钟家庆教授,钟家庆是国际知名的几何分析专家,曾获陈省身奖,可惜英年早逝,为纪念他,现有"钟家庆奖学金".另外还有我国著名生物数学学术带头人陈兰孙教授,北京大学复分析专家张南岳教授,曾任哈尔滨工业大学副校长的偏微分方程反问题专家刘家琦教授,以及数理逻辑专家沈世镒教授,代数专家哈家定教授,数学家田增伦教授,这些日后成才的数学家们的名单也向我们展示了当年高中数学的教育水平及生态环境.以上笔者所提到的这些当年的解答者、后来的成功人士多是在数学界、其他行业的成功者,由于笔者孤陋寡闻不敢妄加评断,另外可能有重名现象.如 1958 年 1 月号名单中赫然出现了蒋大为,由于道路迥然,所以无法断定,如有知情者,能证明确为当今著名歌唱家蒋大为,那真是一桩佳话,说明数学与艺术是相通的.

除了以个人身份参加解答活动之外,还有大量的数学课外小组,如:

江西吉安高三(3) 高斯数学小组(1958,1)

湖南师院附中爱因斯坦数学小组(1958,1)

河南汲县一中高三(四) 祖冲之数学小组(1958,1)

广东台山端芬中学尤拉数学小组(1958,1)

湖北恩施高中商高数学小组(1956,9)

武汉三十三中高二(1) 高斯数学小组(1957,12)

南京三中高三(甲) 爱因斯坦数理小组(1957,12)

南京十二中高二(3) 皮埃尔·居里数理小组(1957,10)

罗巴切夫斯基数学小组(1956,5)

上海七十一中学约里奥·居里物理学习小组(1956,3)

吉林前郭旗麦克斯韦数理小组(1958,2)

武汉三十三中高二(三) 裴蜀数学小组(1958,1)

北京师大附中高二(2)班伽罗瓦数学爱好群(1958,9)

湖北孝感高中理想班牛顿数理小组(1958,6)

徐州三中高二(2)居里小组(1958,6)

广州 8 中杨辉数学小组(1957,10)

神州五中华罗庚数学研究小组(1956,7)

上海时代中学高二(4)爱因斯坦物理小组(1956,7)

安徽休宁中学高三(甲)祖冲之数学小组(1956,9)

上海杨思中学拉斯坦顿夫编委会(1957,4)

武汉三十三中学高二(4)第三刘徽数学小组(1957,11)

南京师院附中 Tartaglia(即那位口吃的且第一个解出一元三次方程的意大利数学家塔塔利亚,编者注)数学小组(1957,11)

单墫教授在《与数学家同行》(曹一鸣,张晓旭,周明旭. 南京:南京师范大学出版社,2015:87-88)中也曾回忆说:

> "我们那时候还组织了一个数学小组,叫 FSTY,四个同学一起做《数学通报》上的题目,FSTY 其实就是每个人的姓氏首字母. 其实我们那时候就是觉得做数学题很好玩,也没有说特别懂什么的,都是自己感觉有兴趣."

本套书有三个重点,第一个是收录了大量的平面几何及与之相关的综合性问题. 这是因为平面几何具有不可替代的功能.

帕斯卡在人生的最后阶段写了两部未竟之作,一部是《论几何学的精神》,另一部是《思想录》. 他将他的数学观借助于对几何公理方法的思考最终定位于这两部作品的论述之中. 帕斯卡认为欧几里得几何学为思想论证提供了一个人类无可超越的方法 —— 公理方法,以这种方式建立起来的几何学体系具有无可反驳的确定性. 几何学因此可以成为人类所有认识领域的样板.

另外平面几何还是逻辑训练的必由之路.

正如菲尔兹奖得主丘成桐所指出:

"平面几何所提供的不单是漂亮而重要的几何定理,更重要的是它提供了在中学期间唯一的逻辑训练,是每一个年轻人所必需的知识……将来无论你是做科学家,是做政治家,还是做一个成功的商人,都需要有系统的逻辑训练.我希望我们中学把这种逻辑训练继续下去.中国科学的发展都与这个有关."(丘成桐在北京师范大学附属中学的演讲)

第二个重点是收录了大量有关整数的问题,即初等数论的问题,因为国际数学教育界公认要想发现数学天才或尖子学生最好的检验办法就是考数论问题.这也是 IMO 以及各类数学竞赛中必考初等数论题的原因.

第三个重点是为了增强学生计算能力的大量代数及几何的计算题.计算能力是数学能力的一个核心指标,一个没有较好计算能力的学生绝对不会是一个尖子生.

按一般人的理解,似乎证明能力比计算能力更高级一点,其实不然,许多著名数学家的计算能力都是超强的.华罗庚、陈省身这样的大家都有非常强的计算能力.他们不仅敢于计算,而且还非常善于计算,像华罗庚与王元合作建立起来的利用数论的方法进行积分的数值计算开创了计算数学的一个新方法;像冯康先生首创的有限元法也是计算数学领域的一大成就;像为美国原子弹研制做出重大贡献的费米更是一位计算高手,他曾推导出了现在通称的托马斯 – 费米方法(Thomas-Fermi method).对于这个方法中的微分方程,费米用一个小而原始的计算尺求出了其数值解,此项计算也许花了他一个星期.马约拉纳(E. Majorana)是一位计算速度极快而又不轻信人言的人,他决定来验证费米的结果.他把方程式转换为黎卡蒂方程(Riccati Equation),再求其数值解,所得结果和费米得到的完全符合.

费米喜欢计算器,不论是小的还是大的计算器他都喜欢用,那些当时在芝加哥的研究生们都看到了他的这个特点而且都很信服.显然在事业的早期,他就已爱上了计算器,并且这个爱好一直延续到他的晚年.

2009 年 12 月,微博刚刚兴起,学诚法师就开通了微博,第一条写道:"勿说无益身心之语,勿为无益身心之事,勿近无益身心之人,勿入无益身心之境,勿展无益身心之书."

仿此我们也可以告诫广大中学生,勿做无益成为尖子生之题!

刘培杰

2017.6.4

于哈工大

朱德祥代数
与几何讲义
（第1卷）

朱德祥　著

内容简介

　　该书是昆明师范学院数学系1951—1957年使用的自编讲义.1954年经教育部批准,作为全国高等师范院校交流教材.作者为国立清华大学大学十级(1934—1938)杰出校友、著名几何学家、数学教育家朱德祥教授.本书共六章,分别论述:行列式、线性方程解法、线性方式、二次方式、直线之投影几何、平面及空间之投影几何.

　　该书可作为高等院校数学与应用数学专业的教学参考用书,也可作为数学爱好者学习射影几何的参考资料.

编辑手记

　　何为名师？一般来说是有高徒之师,故有名师高徒之说.W.泡利(W. Pauli,1900—1958)是奥地利物理学家,1945年诺贝尔物理学奖获得者, 他的博士生导师 A. 索末菲(A. Sommerfeld,1868—1951)被提名诺贝尔物理学奖81次但没有得奖,不过索末菲却有6个学生得诺贝尔奖,他们是海森堡(Heisenberg,1901—1976)、泡利、德拜(Debye,1884—1966)、贝特(Bethe,1906—2005)、拉比(Rabi,1898—1988)和劳厄(von

Laue,1879—1960),所以无疑索末菲可称得上名师. 但这是西方人的标准,中国人受几千年的传统影响,对师者更别有一番要求,一方面强调师在伦理中的地位,有"天、地、君、亲、师"之排序,民间也有"一日为师终身为父"之传统,但另一方面对师者的道德品质也提出了更高的要求.简单说就是每一位名师都必须是品学兼优,不可偏废.有人说这样高的标准衡量下来,除了民国时期的几位大师之外还有吗? 余以为本书的作者朱德祥先生就是其中一位.对于学问笔者自是不够资格评价,但华罗庚先生曾提到朱先生是他在清华大学大学第一次讲授微积分时那个班上成绩第一的学生,也是国立清华大学大学十级(1934—1938)杰出校友.

不少学校把对个人品德的要求按头一个字母缩写成"PRIDE"(荣誉),即 Perseverance(坚持),Respect(尊重),Integrity(正直),Diligence(勤奋),Excellence(优秀). 其实这些用于评价朱德祥先生都适用.

先说坚持.教师要讲课是常识,确实传道、授业、解惑是教师的天职,但现在大学中却有那么一小部分所谓明星教师,只在成名之前上过讲台,成名之后便整天汲汲于功名利禄,置学生和教学于不顾.而本书作者朱德祥先生从教近 60 年,从来没有为了所谓的名利而放弃讲台.几十年来他承担的教学课程几乎涵盖了师范院校数学系的全部课程,他先后讲过"平面几何""立体几何""初等几何""高等几何""射影几何""近世几何""综合几何""空间解析几何""三角""代数""教材教法""几何轨迹与作图""高等数学""复变函数""微积分""微分方程""高等微积分""偏微分方程",而且受众包括中学、先修班、大学专科、本科、进修生、研究生等不同层次.听过他的课的一个学员说:"到现在才晓得如何做教师.其实做教师是一种学问,一种技术,一种艺术,是没有止境的."

托尔斯泰把人的知识分为三种:我了解我自己,这是最高级的知识,或者更确切地说,是最深刻的知识;而下一种知识是通过感觉(我听到、看到、摸到)所获得的知识,这是外表的知识;第三种知识更浅些,那便是通过理性获得的知识,即从自己的感觉推论出的知识或别人用语言传达的知识 —— 论断、预

145

言、结论、学问.托尔斯泰认为,"生命就在于将第二、第三种知识变成第一种知识,在于人自己感受一切".

其实教育的最高境界应该是言传身教,现在教育中最缺的就是这个.在现代社会获取知识的渠道越来越多,单就传授知识而言教师的作用应该说是逐渐变弱,但教师的榜样和引领作用更强了.所以今天的教师不仅应该是学术先锋,更应该是做人模范.这一点朱先生做得十分令人敬佩,朱老曾感言:

> "我唯一的菲薄贡献是在祖国西南边疆民族地区,率妻子儿女全部从事我一生热爱并为之艰苦奋斗的教育事业,力求不辜负云南人民养育之恩."

我们再来说尊重.尊重每个人是一个高素质人的必备品质,这点对教师来讲尤为重要,如果不能做到有教无类就是名实不符的教师.名实不符大约不是今天才有的情况,所以孔子叹道:觚不觚,觚哉!觚哉!(意思是,觚都不像是觚了,还能叫觚吗?还能叫觚吗?)朱熹解释说:觚,音孤.觚,棱也,或曰酒器,或曰木简,皆器之有棱者也.不觚者,盖当时失其制而不为棱也.觚哉觚哉,言不得为觚也.

朱德祥先生曾教过学数学最吃力的大理洱海附近的一个生产队书记,朱先生是这样说的:"你并不笨,你会爬树,我就不会;你会划船,会打鱼,我就不会.你基础差是因为过去没有机会学文化,你要坚持下去好好学,不把你教会,我们决不走".这些话今天听起来恍若隔世,这样的老师太可贵了.

卢梭说:

> "你要宣扬你的一切,不必用你的言语,要用你的本来面目."

再说正直.朱先生毕业于清华大学大学,与若干位著名数学大师交往甚多,但他从不以此招摇,傍名人提身价,这种靠自己努力去立足社会的正直品质在今天也是弥足珍贵的.

至于说到勤奋,余以为这是所有有成就者的必备品质.朱德祥先生共出版过著作 9 部,总计 2 百多万字,有的还是从俄文和法文中转译过来,在大量上课之余(最高时每周上课高达 31 学时)还笔耕不辍. 当时写作完全不像现在有计算机,那时全靠手写,如大多几易其稿所以工作量异常之大. 本书是朱先生当时写完但没正式出版的一本著作,相信读者从其隽秀的字体及一丝不苟的誊写就可以想象出写作的认真与辛苦.

本书的内容打通了解析几何、射影几何、微分几何的某些界线. 近年来学术界对几何的研究热情有增无减,新突破层出不穷. 如《美国科学院院刊》,2012 年 5 月 8 日刊的封面就给出一个非常新颖的三维立体中的平坦圆环面.

众所周知,曲率张量是一个 C^2 黎曼流形的等距不变量,这个不变量起源于黎曼几何中关于硬度的观测. 但是,在 20 世纪 50 年代中期,Nash 通过展示这种硬度在正则性 C^1 中的打破,震惊了全世界的数学界. 这种出乎意料的弯曲性带来了许多意想不到的结果,其中之一就是在欧几里得几何学三维立体空间中,C^1 等距嵌入平坦圆环面中的实现. 到 20 世纪七八十年代,M. 格罗莫夫(M. Gromov,生于 1943 年)重新将 Nash 的结论引入凸面积分理论,从而提供了解决这一类型的几何学问题的一般框架.

在这项研究中,他们将凸面积分理论转变为一个运算法则,从而生成平坦圆环面的等距线图. 封面所示的是一个凸面一体化进程中的圆环面嵌入图像. 图像显示了 C^1 不规则碎片的结构:尽管切线平面在各处都是清晰的,但是法向量却显示出一个不规则的行为.

本书虽是以二维、三维空间的图形为主,但由于所介绍的代数工具都是基于 n 维的,所以大多数结论也都可推广到 n 维. 而且现在国际上对于四维及可视化四维都有新的关注. 比如在 2008 年度《国际数学史杂志》的第二期,有一篇题为《艾丽娅·布尔·斯托尔 —— 高维度的几何学家》的文章,介绍了斯托尔在四维几何方面的研究工作. 她提出了一种研究第四维和可视化四维多面体的新方法,特别是构建了三维范围内的四维几何体,导致出现了一系列阿基米德多面体方面的思考. 虽然该文详细记录了斯托尔个人的研究经历,但是因为重点在于描述几何思想的流变,所以在归类的时候,此文归入基础几何学类别中.

本书的书名是以法国著名数学家雷内·伽尼尔所著的
Leconsd' Algélre et de Géométue 为蓝本写成. 伽尼尔是个牛人,
他的特点是写的教材多,且有些现在用的数学名词是他最先提
出来的. 他 1799 年 9 月 3 日出生,曾任科耳马尔大学、巴黎多科
工艺学校教授,1817 年起担任根特军事学校教授. 他还是布鲁
塞尔科学院院士. 1840 年 12 月 20 日逝世. 伽尼尔发表了几乎包
括整个初等数学和高等数学的教科书,在他的《解析几何原
理》(巴黎,1801)中首次出现术语"解析几何".

这种将代数、几何、分析三个分支溶在一起的教法在国际
上出现不是偶然的,这也算是欧洲数学教学的一个传统特色,
如威廉·克林根伯格(Wilhelm Klingenberg,生于 1924 年)教授
是一位国际著名的、享有很高声誉的微分几何学家. 他也曾写
过一本与本书相似的教材,当然是德文的,书名为:*Lineare
Algebra und Geometrie*. 据那本书的中文译者,华东师范大学的
沈纯理教授介绍其特点时所指出:数学分析、高等代数和解析
几何是高等院校数学专业最主要的三门基础课程. 随着科学技
术的不断发展,多年来人们一直致力于这些课程的更新和改
造. 这三门课程的内容彼此有机地交叉联系着. 例如,从本质上
看,解析几何中的二次曲线、二次曲面的分类与线性代数中的
二次型的分类可以说是一回事. 人们一直希望能将这两门课程
的内容有机地融合起来.

克林根伯格的《线性代数与几何》一书就是沿着这条思路
所作出的一种尝试.

19 世纪数学的重大成果之一是射影几何的发展及非欧几
何的发现,这是数学中的瑰宝. 然而近年来无论在国内还是在
国外,这一学科的内容渐渐地从大学的课程中消退,除了少数
师范院校外,一般已不再向大学生讲授这方面的内容. 克林根
伯格的书本着删繁就简、保存精华的精神对这些内容按近代的
观点加以处理后介绍给读者,其内容也不单纯地限于经典的线
性代数和几何学,也涉及了诸如 Hilbert 空间理论等重要内容,
因此它还是相当的有参考价值的.

据作者威廉·克林根伯格所述:

他的这本书是从其在 Göttingen,Mainz 和 Bonn 多次讲过的课

程中形成的. Mainz 的讲义是 1963—1964 年由 K. H. 巴切(K. H. Bartsch)、K. 史蒂芬(K. Steffen)和 P. 克莱因(P. Klein)整理写成的. P. 克莱因写出了代数部分的一个扩充的文本,于 1971—1973 年联名在文献研究所出版,但几何部分的出版计划没有实现.

随着他教学工作终点的临近,他提交了一个完整的文本,他把它理解成"解析几何". 这个文本以完全一般的形式将下列内容放在一起:线性和双线性代数,但也包括古典几何,即仿射和欧氏几何以及射影几何和据此按照 F. 克莱因(F. Klein, 1849—1925)的观点所导出的两种非欧几何.

由于古典几何的范围很广,他在讲课中自然只能展现其基础部分,而且即使对基础部分,他也只能讲到欧氏几何,没有一次能讲到射影几何. 但无论如何他能清楚地做到,只要将以前所发展的线性和双线性代数处置成它们今日的形态,就能让大量的古典材料变的一目了然和容易理解.

通过他,学生能熟悉在今天已被强烈地忽视了的古典几何,对此他不需要费力地与以前一代的那种陈旧的、冗长的文风打交道. 他在这里能找到下述许多内容,例如三角形的接触圆、圆锥曲线、二次曲面、Dandelin 球面、仿射和射影几何的基本定理、非欧几何的共形模型、Clifford 曲面以及像 Morley 定理那样的珍品. 而且集所有这些于一卷的内容乃是人们从(双)线性代数中所必须知道的.

从一开始,这些材料就按照随后所需要的一般性而被展现出来. 威廉已经放弃了教学预备阶段及动机说明,对此他确信:一个好事物的本身也说明了它自己. 一个还过得去的学生对接受一些"抽象"的定义并不会感到困难;当他在课程的进程和应用中看到被导入的概念是如此有用和十分重要,因而他也会熟悉和学习它们,并用它们来处理问题.

于是在整本书的一开始就介绍群. 作为由自身双射所得到的一种结构,群的出现是完全自然的. 对向量空间,首先没有限制维数是有限的,因为函数空间乃是向量空间的最重要的例子. 随后可以清楚地看到,放弃维数的有限性能通过一个附加结构而在相当大的程度上得到补偿;对 Hilbert 空间,这种结构基本是完备的.

对复的及实的情形的 Jordan 标准型是用初等的方式来导出的. 我们用它来解常系数线性微分方程组, 且描述了对零解是稳定的这类方程组.

严格地说, 几何部分是从中间才开始的. 首先在一般的向量空间上考虑仿射空间和射影空间, 我们将二次型予以分类并证明. 在实数情形下, 余维数为 1 的二次型是刚性的. 仿射和射影几何的主要定理(可用它来特征一般的直射变换) 将通过 v. Staudt 关于将射影直线上的调和四点列仍变换成调和四点列的双射的特征的定理而得到补充. 随后, 交比将在非欧几何中起着重要的作用.

在欧氏向量空间上的仿射空间给出了欧氏几何; 在它的射影空间上导致了椭圆几何. 当作为基础的向量空间带有一个 Lorentz 度量时, 我们得到了双曲几何. 共形模型和三角学的基本公式可被导出. 对于平面几何的运动群, 复数是重要的, 而对于空间几何的运动群, 四元数是重要的.

最后威廉还想强调一次, 他更多地希望这本书仅仅作为一本线性代数的进一步的, 而且还是相当完整的教科书. 此外, 学生 —— 这里特别是指未来的教师 —— 应当熟悉古典几何, 这是欧洲文化的一个巨大的成就. 在年轻一代的头脑中, 古典几何被人讲成已经消亡了, 对此我想保存古典几何.

这个目的与朱先生编写讲义的目的是不谋而合的.

当笔者看了本书的原稿后, 当即决定不重新排版了, 保持其原汁原味之原貌, 这样做略显传统, 颇有遗老遗少之风. 正如一位同行所写: 传统的出版业, 就有这样一群"同路人", 他们沿着被历代先贤建构起来的观念体系寻求突破和创新, 通过图书的传播获得精神上的满足; 他们钟爱自由而节奏略显缓慢的生活方式, 对和谐与美感的追求压过了物质带来的刺激; 他们以书为坐标、以书为囚牢托付自己的生命, 并应付柴米油盐与家长里短.

尽管有美化自己之嫌, 但细想还真有点像.

刘培杰

2016 年 8 月 1 日

于哈工大

李成章教练奥数笔记
（第 1 卷）

李成章　著

内容简介

　　本书为李成章教练奥数笔记第一卷，书中内容为李成章教授担任奥数教练时的手写原稿. 书中的每一道例题后都有详细的解答过程，有的甚至有多种解答方法.

　　本书适合准备参加数学竞赛的学生及数学爱好者研读.

编辑手记

　　对外经济贸易大学副校长、国际商学院院长张新民曾说："人力资源分三个层次：人物，人才，人手."一个单位的主要社会声望、学术水准一定是有一些旗杆式的人物来做代表.

　　数学奥林匹克在中国是"显学"，有数以万计的教练员，但这里面绝大多数是人手和人才级别的，能称得上人物的寥寥无几.本书作者南开大学数学教授李成章先生算是一位.

　　20 世纪 80 年代，中国数学奥林匹克刚刚兴起之时，一批学有专长、治学严谨的中年数学工作者积极参与培训工作，使得中国奥数军团在国际上异军突起，成绩卓著. 南方有常庚哲、单墫、杜锡录、苏淳、李尚志等，北方则首推李成章教授. 当时还有一位齐东旭教授，后来齐教授退出了奥赛圈，而李成章教授则一直坚持至今，

151

教奥数的教龄可能已长达 30 余年. 屠呦呦教授在获拉斯克奖之前并不被多少中国人知晓,获了此奖后也只有少部分人关注,直到获诺贝尔奖后才被大多数中国人知晓,在之前长达 40 年无人知晓. 李成章教授也是如此,尽管他不是三无教授,他有博士学位,但那又如何呢? 一个不善钻营,老老实实做人,踏踏实实做事的知识分子的命运如果不出什么意外,大致也就是如此了. 但圈内人会记得,会在恰当的时候向其表示致敬.

本书尽管不那么系统,不那么体例得当,但它是绝对的原汁原味,纯手工制作,许多题目都是作者自己原创的,而且在组合分析领域绝对是国内一流. 学过竞赛的人都知道,组合问题既不好学也不好教,原因是它没有统一的方法,几乎是一题一样,完全凭借巧思,而且国内著作大多东抄西抄,没真东西,但本书恰好弥补了这一缺失.

李教授是吉林人,东北口音浓重,自幼学习成绩优异,以高分考入吉林大学数学系,后在王柔怀校长门下攻读偏微分方程博士学位,深得王先生喜爱. 在《数学文化》杂志中曾刊登过王先生之子写的一个长篇回忆文章,其中就专门提到了李教授在偏微分方程方面的突出贡献. 李教授为人耿直,坚持真理不苟同,颇有求真务实之精神. 曾有人在报刊上这样形容:科普鹰派它是一个独特的品种,幼儿园老师问"树上有十只鸟,用枪打死一只,树上还有几只鸟? "大概答"九只"的,长大后成了科普鹰派;答"没有"的,长大后仍是普通人. 科普鹰派相信一切社会问题都可以还原为科学问题,普通人则相信"不那么科学"的常识.

李教授习惯于用数学的眼光看待一切事物,个性鲜明. 为了说明其在中国数学奥林匹克事业中的地位,举个例子:在 20 世纪八九十年代中国数学奥林匹克国家集训队上,队员们亲切地称其为"李军长". 看过电影《南征北战》的人都知道,里面最经典的人物莫过于"张军长"和"李军长","张军长"的原型是抗日名将张灵甫,学生们将这一称号送给了北京大学教授张筑生,他是"文化大革命"后北京大学的第一位数学博士,师从著名数学家廖山涛先生,热心数学奥林匹克事业,后英年早逝. 张筑生教授与李成章教授是那时中国队的主力教练,为中国数学奥林匹克走向世界立下了汗马功劳,也得到了一堆的奖状与证书. 至于一个成熟的偏微分方程专家为什么转而从事数学奥林匹克这样一个略显初等的工作, 这恐怕是与当时的社会环境有关, 有一个例子: 1980 年末, 中国科学院冶金研究所博士黄佶到上海推销一款名为"胜天"的游戏机, 同时为了苦练攻关技巧, 把手指头也磨破了. 1990 年, 他将积累的一拳头高的手稿写成中国内地第一本攻略书 ——《电子游戏入门》.

这立即成为畅销书. 半年后, 福州老师傅瓒也加入此列, 出版了《电视游戏一点通》, 结果一年内再版五次, 总印量超过 23 万册, 这在很大程度上要归功于他开创性地披露游戏秘籍.

一时间, 几乎全中国的孩子都在疯狂念着口诀按手柄, 最著名的莫过于"上上下下左右左右 BA", 如果足够连贯地完成, 游戏者就可以在魂斗罗开局时获得三十条命.

攻略书为傅瓒带来一万多元的版税收入, 而当时作家梁晓声捻断须眉出一本小说也就得 5 000 元左右. 所以对于当时清贫的数学工作者来说, 教数学竞赛是一个脱贫的机会.《连线》杂志创始主编、《失控》作者凯文·凯利 (Kevin Kelly) 相信: 机遇优于效率 —— 埋头苦干一生不及抓住机遇一次.

李教授十分敬业, 俗称干一行爱一行. 笔者曾到过李教授的书房, 以笔者的视角看李教授远不是博览群书型, 其藏书量在数学界当然比不上上海的叶中豪, 就是与笔者相比也仅为笔者的几十分之一, 但是它专. 2011 年 4 月, 中国人民大学政治系主任、知名学者张鸣教授在《文史博览》杂志上发表题为"学界的技术主义的泥潭"的文章, 其中一段如下:

"画地为牢的最突出的表现, 就是教授们不看书. 出版界经常统计社会大众的阅读量, 越统计越泄气, 无疑, 社会大众的阅读量是逐年下降的, 跟美国、日本这样的发达国家, 距离越拉越大. 其实, 中国的教授, 阅读量也不大. 我们很多著名院校的理工科教授, 家里几乎没有什么藏书, 顶多有几本工具书, 一些专业杂志. 有位父母都是著名工科教授的学生告诉我, 在家里, 他买书是要挨骂的. 社会科学的教授也许会有几本书, 但多半跟自己的专业有关. 文、史、哲的教授

藏书比较多一点，但很多人真正看的，也就是自己的
专业书籍，小范围的专业书籍. 众教授的读书经历，就
是专业训练的过程，从教科书到专业杂志，舍此而外，
就意味着不务正业."

李教授的藏书有两类. 一类是关于偏微分方程方面的，多
是英文专著，是其在读博士期间用科研经费买的早期影印版
（没买版权的），其中有盖尔方德的《广义函数》(4 卷本) 等名
著. 第二类就是各种数学奥林匹克参考书，收集的十分齐全，排
列整整齐齐. 如果从理想中知识分子应具有的博雅角度审视李
教授，似乎他还有些不完美. 但是要从"专业至上""技术救国"
的角度看，李教授堪称完美，从这九大本一丝不苟的讲义（李教
授家里这样的笔记还有好多本，本次先挑了这九本当作第一
辑，所以在阅读时可能会有跳跃感，待全部出版后，定会像拼图
完成一样有一个整体面貌）可见这是一个标准的技术型专家，
是俄式人才培养理念的硕果.

不幸的是，在笔者与之洽谈出版事宜期间李教授患了脑
瘤. 之前李教授就得过中风等老年病，此次患病打击很重，手术
后靠记扑克牌恢复记忆. 但李教授每次与笔者谈的不是对生的
渴望与对死亡的恐惧，而是谈奥数往事，谈命题思路，谈解题心
得，可想其对奥数的痴迷与热爱. 怎样形容他与奥数之间的这
种不解之缘呢？突然记起了胡适的一首小诗，想了想，将它添
在了本文的末尾.

醉过才知酒浓，
爱过才知情重，
你不能做我的诗，
正如我不能做你的梦.

刘培杰
2016 年 1 月 1 日
于哈工大

多项式理论研究综述

谢彦麟　编译

内容简介

本书分为多项式的根、不可约多项式、特殊类型的多项式及多项式的某些性质四部分内容,详细地介绍了多项式的基本内容及基本定理.同时作者对于多项式的相关理论予以深刻的研究并给出相应的结论.

本书内容详实,可供对多项式这一数学分支感兴趣的学生、教师参考使用.

编译者序

有一本外文书,综述了从古典到现代(至 20 世纪末)各国数学家对多项式的研究成果,如任意多项式不可约性的判定,把任意多项式分解为不可约多项式之积,Galois 理论,Hilbert 第十七问题等.有读者要求哈尔滨工业大学出版社出版此书中译本.本人撰写了《代数方程的根式解及伽罗瓦理论》一书,由哈尔滨工业大学出版社出版.出版社刘培杰数学工作室的刘培杰先生考虑到我对多项式有所研究,请我翻译此书.我接到此外文书,一看目录知几乎所有定理从未学过,开始翻译后始知此书绝不同于一般数学书:定理证明极为简略,有时似为"提示",

印刷错误,作者笔误或未周密细致思考所致错漏不清之处颇多,论述颇不清楚,个别定理的论证根本不成立(易找反例,有时是原文献的错误),所引用的少数概念、术语、记号为一般课本所无的亦不加以解析.本人不想全按字面照译(这是容易的,刘培杰先生也认为这是对读者不负责任),而是先读懂了才译,但读得颇费劲,有时一句话得想半天才懂.对原文未详尽、费解、错漏不清之处多加注解,少数错误较大者加以"质疑、修改、补充",以帮助读者阅读.故本人实集"学、译、审(本人向来读书如审稿,专'钻空子')、改"于一身,比全盘按字面照译多花数倍时间.但对该书前四章还有个别论述未读懂,幸而该书的定理基本上互相独立,个别定理不懂不影响阅读其他部分.

该书后三章为"Galois 理论""多项式环的理想子环""Hilbert 第十七问题"(把多变量(当各变元为实数值时的)非负值多项式表示为若干有理式的平方和).其中"理想子环"为近世代数的概念,本人未曾学习,"第十七问题"的论述要用到前一章"理想子环"的定理."Galois 理论"的论述是以多项式理论为基础(而不像一般书籍以近世代数为基础.本人前述拙作及所见两本英文书亦然).本人拙作及两本英文书均以数百页篇幅论述 Galois 理论.但不同的书有不同的体系、术语、记号.本人已年过古稀亦未细读两本英文本.此俄文书只以四十多页篇辑论述 Galois 理论(且又讲"Abel 方程""Galois 群的计算"等其他问题),想必极为简略、费解,故我不想细读.征求了刘培杰先生意见,不译后三章,读者如对代数方程的根式解及 Galois 理论,圆规、直尺作图可能性(与代数方程之根能否表示为多层二次根式有关),等分圆的可能性及作法等问题有兴趣可参阅本人拙作.

现各校数学系把"数论"列为选修,故译者把本书用到的数论知识及一般课本所无的"多项式恒等同余""矩阵的直积""凸函数""有限群"列入附录以帮助读者阅读本书.

唯代数并非本人所长,难免有错漏不清之处,唯望有关专家及读者指正.

除个别涉及极为抽象罕见理论极难理解的论述删去外,对一般因阐述不清未能理解或有明显错误未能改正者仍予保留,供有关专家及读者讨论研究,唯望专家、读者提出宝贵意见.

各页脚注全为编译者所加.

200 个趣味数学故事

许康　　芮嘉诰　　温佩林　　编译

内容简介

本书介绍了 200 个有趣的趣味数学故事. 作者假托若干年前外国的人物和典故以数学逻辑推理的方式把疑谜呈现给读者, 作者希望通过趣味数学故事启发读者解决数学中的问题, 从而培养数学思维, 提高数学解题的能力.

中译者的话

本书原名《坎特伯雷难题集》. 读者翻翻后面就会知道, 这书与《坎特伯雷故事集》有关,《坎特伯雷故事集》是一本世界文学名著, 在成书年代和内容形式方面与我国的《今古奇观》差堪比拟. 这样看来, 本书作者借用故事来介绍以趣味数学为主的各种智力难题, 意图正是编写"智力世界的今古奇观".

作者杜登尼是英国人, 在西方被誉为趣味数学的开山祖之一. 美国多维尔出版社在本书美国版"内容介绍"中称他是"最伟大的趣味数学作家", 其作品在各国广为流传. 本书属于他的代表作之一, 也是首次在我国出版他的著作.

近几十年来, 科学技术的发展日新月异, 我们正处在一个"知识爆炸"的时代, 人们已经认识到"培育智能"的重要性不亚于"传授知识". 因此,各种智力开发的书刊大量印行,杜登尼的书也更受重视,国外多次重版. 这个集子就是根据 1979 年的俄译本转译的,后来又参照英文原本做了一些修订. 全书各章独立,均以小故事的形式来揭出趣味数学问题和其他智力问题,总数(编号和未编号的)超过 200 个,具有独立风格,兼备科学性、知识性、文艺性、趣味性,初中文化程度的读者就可思考书中的大部分题目.

作者假托若干年前外国的人物、典故,这些东西不必深究,我们阅读它主要考虑其数学的和逻辑推理的疑难性,并应当用正确的观点来分析和对待个别不适宜之处.

译稿经曾光先生据俄文本初校,又承关家骥教授参照英、俄两种文本审校;承蒙曹保民先生惠赠英文原本,许孟聪先生给予若干指教,并得到张文湘先生重绘部分插图,谨此一并致以深切的谢意!

翻译分工为:许康译第一、二、三、十章和跋,芮嘉诰译第六、九章,温佩林译第四、五、七、八章.

译　者

1983.7

2017.4 重校

俄译者前言

"不晓得什么缘故,我好像见过这本书的标题." 一个青年人在书店柜台旁疑惑地皱着眉头.

"看起来,有点像乔叟①的作品." 在旁边站着的上了年纪的男子,不那么有把握地说,他望着(如我们所希望的那样)书架上的书被人们争相购买.

---

① 杰弗里・乔叟(Geoffrey Chaucer, 约 1343—1400),英国诗人,被尊为"英诗之父". 其《坎特伯雷故事集》是世界古典名著,大部分文字是诗歌体,我国有方重的译本,新文艺出版社(1957 年)版,或《乔叟文集》(下册),人民文学出版社(1979 年)版. —— 中译者注

"呵,对啦!"青年人顿时醒悟,"乔叟的书可不是趣味数学."

两个趣味数学爱好者中止对话,冲向付款处.

……

我冒昧地"虚拟"了这个场景,以便回答那样的问题:"说真的,《坎特伯雷难题集》究竟是本什么书?"

其实,用不着过多地向读者介绍本书作者了.1975 年,莫斯科世界出版社已经出版过他的集子《520 个难题》.关于他的作品,在现代趣味数学大师马丁·迦德纳①的书后附录、索引中我们多次见到. 我们仅知道,亨利·欧内斯特·杜登尼(1857—1930)是获得世界声誉的英国自学成才者,作为出类拔萃的趣味数学难题作家,和西蒙·洛依德同属于古典"疑谜体裁"流派.他尤以发明分正方形为四部分再拼成正三角形的几何难题而驰名.

杜登尼一生出版的一些书中最好的之一便是《坎特伯雷难题集》.大家都知道,14 世纪英国古典名著——杰弗里·乔叟的《坎特伯雷故事集》没有写完(中译者按:乔叟从1386 年开始写作,至1400 年去世,只完成了原计划的四分之一,共二十三个故事.).以此为基础,杜登尼补充了新的故事,俨如寻找到了该书散佚的篇章,那里面的人物相互提出形形色色的疑难的趣味问题.这些疑谜的困难程度不等 —— 从笑话题到很复杂的问题,那些难题需要读者具有相当的机敏与耐心.值得注意的是,这篇《坎特伯雷难题集》还只是本书的第一章,其余各章(也许有一章要算例外),同样贯串某种情节线索.其中我们会遇到中世纪的骑士、神父,然后来到英国维多利亚时代和 20 世纪初,即杜登尼的书出版的时候.并且由第一章定下的"小说形式"的基调,使这本书与杜登尼的其他作品区分开来,大概跟其他作家的趣味数学书籍相比也是独树一帜的.几乎每个题目都安排

---

① 马丁·迦德纳(Martin Gardner),美国作家,任《科学的美国人》杂志编辑,擅长趣味数学,其作品中译本有《哈哈,灵机一动》,上海科技出版社(1982 年) 版等. —— 中译者注

了某个引人入胜的历史场景,有很生动的对话和鲜明的人物形象.

本版我们把杜登尼的另一本名著《数学的娱乐》中的一些问题补充到书中来.例如,其中包括整整一章介绍象棋盘上的问题,以及饶有特色的"奇谈怪论晚会".仅此而论,杜登尼不愧为优秀的象棋大师并且善于构思很新颖有趣的象棋难题,其中一些与传统招法毫不相关且令人惊叹不已.

《坎特伯雷难题集》加上以前见过的集子,大家可能会对这位卓越巨匠有个完整印象.无疑,读者会自行品评它的价值.我们希望,阅读本书可以使您度过不少愉快的时光.

Ю. **苏达尔耶夫**

161

可拓初等关联函数的扩展研究及应用

陈孝国 著

内容简介

本书共 7 章:第 1 章,介绍了初等关联函数扩展研究的背景;第 2 章,介绍了基元、可拓集等知识;第 3 章,对初等关联函数进行了扩展研究;第 4 章,建立了基于三区间套下不确定型初等关联函数的可拓安全预警模型;第 5 章,建立了基于二区间套下确定型初等关联函数的露天矿边坡危险度可拓安全评价模型;第 6 章,利用可拓学理论建立了煤层自燃危险性判别模型;第 7 章,建立了基于三区域套下不确定型初等关联函数的煤与瓦斯预警可拓模型.

本书适合高等学校管理类相关专业研究生和可拓学爱好者参考使用.

序言一

可拓学选题起始于 1976 年. 1983 年在《科学探索学报》发表的可拓学的开创性文章《可拓集合和不相容问题》,标志着可拓学这门新学科的诞生. 可拓学是用形式化模型研究事物拓展的可能性和开拓创新的规律与方法,并用于解决矛盾问题的科学. 通俗地说,可拓学是研究产生创意理论和方法的一门科学,是生产创意理论依据和方法的来源. 可拓学的研究对象是矛盾问题, 基本理论是可拓论, 方法体系是可拓创新方法(也称可拓方法), 逻辑基础是可拓逻辑, 与各领域的交叉融合形成可拓工程. 可拓论、可拓创新方法和可拓工程构成了可拓学.

三十多年来, 一大批专家学者支持和参与了可拓学的建设, 并取得了众多成果, 尤其近几年关于可拓学的文献数量迅速增多, 初步形成了物元理论、可拓集合与关联函数、可拓逻辑与算法、可拓信息论、可拓系统论、可拓控制论、可拓决策论、可拓神经网络、可拓预测与评判、可拓方法与可拓工程方法等研究方向, 其应用的触角正伸向许多领域, 如工业、农业、军事、经济、生物、医学等. 但是, 还需要大家共同努力, 使科学百花园中这门年轻的学科更好更快地进一步发展、完善趋于成熟.

黑龙江科技大学的陈孝国副教授(博士) 在初等关联函数扩展理论研究, 以及可拓理论在矿业工程中边坡稳定性分析、煤与瓦斯安全预警及煤自燃最短发火期预测等方面进行了广泛而深入的研究, 并取得了一系列研究成果, 这些工作不仅完善了可拓学的理论基础, 也对可拓工程应用领域进行了有益扩充. 我期待他能在可拓数据挖掘方面做出更多更好的工作.

杨春燕
中国人工智能学会可拓专业委员会主任
2017 年 7 月

序言二

现实世界是一个矛盾的对立统一体, 矛盾问题无处不有, 时时存在. 对于矛盾问题似乎没有解, 事实上矛盾问题有许多解法. 纵观人类历史, 人类为了自己的生存和发展每时每刻都在解决着各种各样的矛盾问题, 人类历史就是一部解决矛盾问题、开拓发展的历史. 但是, 在矛盾问题面前, 有的人束手无策, 有的人妙计连生; 解决矛盾问题, 有人出的"点子"可行, 有人想的"办法"不通, 那么解决矛盾问题有无规律可循? 有无方法可依? 能否用形式化方法来描述人们解决矛盾问题的过程,

163

用计算机来帮助人们处理矛盾问题？人类能否依据一定的规律去开拓,使开拓活动与大自然协调起来？能否用人类的智慧去驾驭自然,使人类在解决矛盾问题的过程中与大自然和谐持续发展？这些问题都是具有深刻哲学意义和普遍实际意义的大课题.

可拓学是我国蔡文研究员于 20 世纪 80 年代创立的一门新型学科,它与工程学、数学,以及哲学都密切相关,具有数学化、逻辑化和形式化的特点.三十多年来,众多学者对可拓学中可拓逻辑、基元理论,以及关联函数理论等进行了深入研究,取得了许多成果,使可拓学成功地进入到各个领域发展及应用的新阶段.目前,可拓集理论、可拓逻辑及基元理论已经被确立为可拓学的三大核心理论,其中事物性质的变化被可拓集理论中的关联函数定量描述,表达事物量变和质变的过程,被广泛运用在实际中,所以对可拓学中关联函数的研究具有重要意义.

黑龙江科技大学的陈孝国副教授(博士)对初等关联函数扩展理论进行了系统研究,陆续提出了二区域套下、三区间套下和三区域套下不确定型初等关联函数的构造方法,并在露天矿边坡稳定性分析及煤矿安全预警等方面进行了广泛而深入的研究,并取得了一系列研究成果,这些工作进一步完善了可拓学理论.

李兴森
中国人工智能学会可拓专业
委员会副主任、秘书长
2017 年 7 月

前　言

可拓学是以广东工业大学蔡文研究员为首的中国学者创立的新学科,它研究事物拓展的可能性和开拓创新的规律与方法,并用以解决矛盾问题,有别于生物学、机械学、电工学等纵向学科,是与数学、系统论、信息论、控制论等相类似的横断学科.可拓学是一门交叉学科,它的基本理论是可拓论,特有的方法是可拓方法. 可拓工程是可拓论和可拓方法在各个领域的应用.

可拓学是以矛盾问题为研究对象, 通过各种变换寻找事物的解决方案, 经过近三十多年的发展形成了较为完善的理论体系, 并在社会经济、企业环保、生物医学及工程技术等领域得到了广泛应用, 建立了相应可拓评价与预测模型. 其中关联函数的选取是模型中十分关键的步骤, 它会直接影响结果的精度及可靠性. 现有应用研究成果大多选用二区间套下确定型初等关联函数, 主要存在两个方面的问题: 一是二区间套不能完全满足实际需要; 二是实际工程中很多基元特征量值不能准确给出, 往往是一个范围值, 导致确定型初等关联函数不适用. 因此, 对可拓初等关联函数进行扩展研究十分必要, 将指标值由点值推广为区间值或区域值建立三区间套下相应关联函数更加符合矿业工程的实际需要.

虽然在众多领域中, 可拓学被引入并做出了很多研究成果, 但是在矿业工程方面的研究成果较少, 为此本书将开展两项研究工作: 一是理论研究, 针对二区域套及三区间套下不确定型初等关联函数进行深入探讨; 二是依据上述理论分别建立可拓安全预警模型, 以同煤集团为研究对象进行实际应用, 并对决策结果进行分析, 提出合理化建议. 上述研究将对完善可拓学扩展理论及提高煤矿安全预警可靠性等方面具有重要意义.

中国是世界上发生煤矿事故较多的国家之一, 每年不仅造成大量人员伤亡, 而且给国家及煤炭企业带来高达百亿元的经济损失. 因此, 研究煤矿安全预警对提前预防、减少煤矿事故及最大限度上降低灾害损失意义重大. 目前普遍采用模糊理论、集对分析理论及灰色预测理论等方法来研究煤矿各类灾害预警方法, 但由于煤炭行业的特殊性, 即自然地质条件复杂多变、生产工作环境恶劣、矿压与瓦斯等不确定性因素较多, 导致各个指标因素无法合理准确量化为具体数值, 而往往为一个范围值, 因此用数学方法构建的预警模型实用性往往较差.

本书以同煤集团为研究背景, 充分考虑到煤矿安全管理过程中涉及的影响因素较多, 且数据普遍具有一定的模糊性、隐蔽性和复杂性,同时可能还存在缺失信息的情况.因此,在收集整理同煤集团及相关矿井安全管理资料后,借助 MATLAB 7.0 软件进行数据处理及作图对比分析,借助 FAHP 法、可拓理论、熵权理论及梯形 Vague 集理论分别对同煤集团安全预警和煤与瓦斯突出等决策问题进行了系统研究.

本书所进行的可拓初等关联函数扩展研究及应用是在黑龙江省自然科学基金项目(QC2015055)和黑龙江科技大学青年才俊基金项目(2012)资助下进行的.

在本书的写作过程中,得到了可拓学创立者蔡文研究员的大力支持,在此致以衷心的感谢! 黑龙江科技大学理学院母丽华教授、杜红教授及张丽娟副教授,中国矿业大学(北京)力学与建筑工程学院单仁亮教授、高尔新教授为本书提出了不少修改意见,在此一并感谢! 还要感谢我的爱人杨悦博士后及我的宝贝女儿陈欢语让我安心撰写该书.最后还要感谢哈尔滨工业大学出版社为该书顺利出版付出的辛苦努力!

由于利用可拓学研究矿业工程问题的时间比较短,加之作者水平有限,研究还不够深入,因此难免存在疏漏和不足之处,敬请读者不吝赐教与批评指正.

陈孝国

于黑龙江科技大学

2017 年 7 月

高中数学竞赛
培训教程 ——
组合计数与组合极值

贺功保　　叶美雄　　编著

内容简介

本书共从三个方面对组合数学进行研究:第一部分阐述组合数学中常用的基础知识以及简单应用;第二部分阐述解答组合数学的基本方法;第三部分通过选讲一些典型的组合数学试题(主要有四类:组合计数,组合几何,存在性问题,组合极值)强化组合数学的解题规律与解题方法.

本书适合高中教师、学生以及数学爱好者阅读使用.

编辑手记

本书作者贺功保老师是我们数学工作室的老作者了. 十年前我室出版过他的专著《三角形的五心》,甫一出版,好评如潮,于是《三角形的六心及其应用》便顺势而生.

贺先生是湖南株洲人,湖南地灵人杰,唯楚有才早有定论,今日数学奥林匹克之江湖,湘军独领风骚. 作者嘱我为其作序,不胜惶恐,写几行文字附于书后,也算不负嘱托.

不知从什么时代开始,国人文风大改,从古文的引经据典换成了数字略语,如一个中心,两个基本点,三个"代表",四项基本原则,五个全面,六位一体等不一而足. 每个时代有每个时代的独有印记,记得笔者上小学时,每个学生上学必须要"三带",现在的学生想破脑壳也不会想到是什么,一是水杯,二是手绢,三是抹布.所以说代沟是一个很现实的存在,在一个求新求变的时代让一个 60 后写点文字难免会显得老气横秋.

这是一本优秀的中等数学读物.

如何判断一本数学读物的优劣,窃以为似乎可以用这样的评价标准,那就是:五讲、四美、三热爱(后两个另文介绍).

如果一本数学读物能够做到"五讲",那么它就可以被称之为是一本合格著作.具体是哪"五讲"呢?

那就是讲概念,讲方法,讲例子,讲体系,讲实战.

中国历史上对著书立说非常重视,也有许多专门研究写作的文论,比如专门研究汉赋的人将汉赋分为五大类:一是渲染宫殿城市;二是描写帝王游猎;三是叙述旅行经历;四是抒发不遇之情,就是怀才不遇;五是杂谈禽兽草木.但一般专写一类居多,五类皆精者少,竞赛书也类似,而贺老师这本书则是五者俱全,可称得上:概念讲得清,方法说得明,例子选得精,体系建得全,实战用得上,比如第 48 页的:

设 $A = (a_{ij})(i = 1, 2, \cdots, m, j = 1, 2, \cdots, n)$ 是 m 行 n 列的数阵,则数阵 A 中各元素之和为

$$M = \frac{m}{2}\sum_{i=1}^{m}\left(\frac{n}{2}\sum_{j=1}^{n} a_{ij}\right) = \frac{n}{2}\sum_{j=1}^{n}\left(\frac{m}{2}\sum_{i=1}^{m} a_{ij}\right)$$

此等式表明先对数阵 A 中元素的列求和再对行求和,与先对行元素求和再对列元素求和,其值是相等的,这个等式叫作富比尼(Fubini)原理,又叫算两次原理,是一种重要的数学方法.

贺老师长期从事数学奥林匹克的教学与研究工作,所以在本书的例题选择及解法选择中都显得十分成熟、老道,对一些圈内公认的好方法大多能选录其中,例如第 40 页的:

例 4(2010 年中国西部数学奥林匹克试题) 求所有的整数 k,使得存在正整数 a 和 b,满足 $\dfrac{b+1}{a}$ + $\dfrac{a+1}{b} = k$.

解 对于固定的 k,在满足 $\dfrac{b+1}{a} + \dfrac{a+1}{b} = k$ 的数对 (a,b) 中,取一组 (a,b) 使得 b 最小,则

$$x^2 + (1-kb)x + b^2 + b = 0$$

的一根为 $x = a$. 设另一根 $x = a'$,则由 $a + a' = kb - 1$ 知 $a' \in \mathbf{Z}$,且 $a \cdot a' = b(b+1)$,因此 $a' > 0$. 又 $\dfrac{b+1}{a'}$ + $\dfrac{a'+1}{b} = k$,由 b 的假定知 $a \geqslant b, a' \geqslant b$,因此 a, a' 必为 $b, b+1$ 的一个排列,这样就有

$$k = \frac{a + a' + 1}{b} = 2 + \frac{2}{b}$$

所以 $b = 1, 2$,从而 $k = 3, 4$. 取 $a = b = 1$ 知 $k = 4$ 可取到,取 $a = b = 2$ 知 $k = 3$ 可取到,所以 $k = 3, 4$.

点评 本题中就是利用正整数 b 的取值最小性而求得结论.

这种运用最小数原理的方法曾在 IMO 中使得保加利亚的选手获得了特别奖. 因为他仅用一元二次方程韦达定理就解决了一个难倒四位澳大利亚数论专家的超级难题. 最近的一次特别奖出现在 2005 年 IMO 上,其中韩国入选的题目因为难度极高而成为第三道题,而 0.91 分的平均成绩更是让这道题目成为比赛之后许多选手讨论的对象,其解法也是非常的烦琐复杂.

题目 x, y, z 为正数且 $xyz \geqslant 1$. 求证

$$\frac{x^5 - x^2}{x^5 + y^2 + z^2} + \frac{y^5 - y^2}{y^5 + z^2 + x^2} + \frac{z^5 - z^2}{z^5 + x^2 + y^2} \geqslant 0$$

证法一 我们只须证明

$$\frac{x^5}{x^5 + y^2 + z^2} + \frac{y^5}{y^5 + z^2 + x^2} + \frac{z^5}{z^5 + x^2 + y^2}$$

$$\geqslant 1 \geqslant \frac{x^2}{x^5 + y^2 + z^2} + \frac{y^2}{y^5 + z^2 + x^2} + \frac{z^2}{z^5 + x^2 + y^2}$$

$$(*)$$

设 $xyz = d^3 \geqslant 1$，可令

$$x = x_1 d, y = y_1 d, z = z_1 d$$

则 $x_1 y_1 z_1 = 1$，且

$$\frac{x^5}{x^5 + y^2 + z^2} + \frac{y^5}{y^5 + z^2 + x^2} + \frac{z^5}{z^5 + x^2 + y^2}$$

$$= \frac{x_1^5 d^3}{x_1^5 d^3 + y_1^2 + z_1^2} + \frac{y_1^5 d^3}{y_1^5 d^3 + z_1^2 + x_1^2} + \frac{z_1^5 d^3}{z_1^5 d^3 + x_1^2 + y_1^2}$$

$$= \frac{x_1^5}{x_1^5 + \dfrac{1}{d^3}(y_1^2 + z_1^2)} + \frac{y_1^5}{y_1^5 + \dfrac{1}{d^3}(z_1^2 + x_1^2)} +$$

$$\frac{z_1^5}{z_1^5 + \dfrac{1}{d^3}(x_1^2 + y_1^2)}$$

$$\geqslant \frac{x_1^5}{x_1^5 + y_1^2 + z_1^2} + \frac{y_1^5}{y_1^5 + z_1^2 + x_1^2} + \frac{z_1^5}{z_1^5 + x_1^2 + y_1^2} +$$

$$\frac{x^2}{x^5 + y^2 + z^2} + \frac{y^2}{y^5 + z^2 + x^2} + \frac{z^2}{z^5 + x^2 + y^2}$$

$$= \frac{x_1^2}{x_1^5 d^3 + y_1^2 + z_1^2} + \frac{y_1^2}{y_1^5 d^3 + z_1^2 + x_1^2} + \frac{z_1^2}{z_1^5 d^3 + x_1^2 + y_1^2}$$

$$\leqslant \frac{x_1^2}{x_1^5 + y_1^2 + z_1^2} + \frac{y_1^2}{y_1^5 + z_1^2 + x_1^2} + \frac{z_1^2}{z_1^5 + x_1^2 + y_1^2}$$

所以，我们只须在 $xyz = 1$ 的情况下，证明式 $(*)$.

因为

$$\frac{x^5}{x^5 + y^2 + z^2} + \frac{y^5}{y^5 + z^2 + x^2} + \frac{z^5}{z^5 + x^2 + y^2}$$

$$= \frac{x^5}{x^5 + xyz(y^2 + z^2)} + \frac{y^5}{y^5 + xyz(z^2 + x^2)} +$$

$$\frac{z^5}{z^5 + xyz(x^2 + y^2)}$$

$$= \frac{x^4}{x^4 + y^3 z + yz^3} + \frac{y^4}{y^4 + xz^3 + x^3 z} + \frac{z^4}{z^4 + x^3 y + xy^3}$$

$$\geqslant \frac{x^4}{x^4 + y^4 + z^4} + \frac{y^4}{x^4 + y^4 + z^4} + \frac{z^4}{x^4 + y^4 + z^4} = 1$$

所以,式(∗)的左边得证,而

$$\frac{x^2}{x^5 + y^2 + z^2} + \frac{y^2}{y^5 + z^2 + x^2} + \frac{z^2}{z^5 + x^2 + y^2}$$

$$= \frac{x^2 \cdot xyz}{x^5 + xyz(y^2 + z^2)} + \frac{y^2 \cdot xyz}{y^5 + xyz(z^2 + x^2)} +$$

$$\frac{z^2 \cdot xyz}{z^5 + xyz(x^2 + y^2)}$$

$$= \frac{x^2 yz}{x^4 + yz(y^2 + z^2)} + \frac{xy^2 z}{y^4 + xz(z^2 + x^2)} +$$

$$\frac{xyz^2}{z^4 + xy(x^2 + y^2)}$$

由平均不等式得

$$x^4 + x^4 + y^3 z + yz^3 \geqslant 4x^2 yz$$

$$x^4 + y^3 z + y^3 z + y^2 z^2 \geqslant 4xy^2 z$$

$$x^4 + yz^3 + yz^3 + y^2 z^2 \geqslant 4xyz^2$$

$$y^3 z + yz^3 \geqslant 2y^2 z^2$$

把上面 4 个不等式相加,可得

$$x^4 + yz(y^2 + z^2) \geqslant x^2 yz + xy^2 z + xyz^2$$

所以

$$\frac{x^2}{x^5 + y^2 + z^2} + \frac{y^2}{y^5 + z^2 + x^2} + \frac{z^2}{z^5 + x^2 + y^2}$$

$$= \frac{x^2 yz}{x^4 + y^3 z + yz^3} + \frac{xy^2 z}{y^4 + xz^3 + x^3 z} + \frac{xyz^2}{z^4 + x^3 y + xy^3}$$

$$\leqslant \frac{x^2 yz}{x^2 yz + xy^2 z + xyz^2} + \frac{xy^2 z}{x^2 yz + xy^2 z + xyz^2} +$$

$$\frac{xyz^2}{x^2 yz + xy^2 z + xyz^2}$$

$$= 1$$

从而式(∗)的右边得证.

这是许多选手的解法思路,也有选手通过变形和利用柯西不等式简化了解法并获得了众多选手的认可.

证法二　原不等式可变形为

$$\frac{x^2 + y^2 + z^2}{x^5 + y^2 + z^2} + \frac{x^2 + y^2 + z^2}{y^5 + z^2 + x^2} + \frac{x^2 + y^2 + z^2}{z^5 + x^2 + y^2} \leqslant 3$$

由柯西不等式及题设条件 $xyz \geqslant 1$，得

$$(x^5 + y^2 + z^2)(yz + y^2 + z^2)$$
$$\geqslant \left[x^2(xyz)^{\frac{1}{2}} + y^2 + z^2 \right]^2$$
$$\geqslant (x^2 + y^2 + z^2)^2$$

即 $\dfrac{x^2 + y^2 + z^2}{x^5 + y^2 + z^2} \leqslant \dfrac{yz + y^2 + z^2}{x^2 + y^2 + z^2}$，同理

$$\frac{x^2 + y^2 + z^2}{y^5 + z^2 + x^2} \leqslant \frac{zx + z^2 + x^2}{x^2 + y^2 + z^2}$$

$$\frac{x^2 + y^2 + z^2}{z^5 + x^2 + y^2} \leqslant \frac{xy + x^2 + y^2}{x^2 + y^2 + z^2}$$

把上面三个不等式相加,并利用

$$x^2 + y^2 + z^2 \geqslant xy + yz + zx$$

得

$$\frac{x^2 + y^2 + z^2}{x^5 + y^2 + z^2} + \frac{x^2 + y^2 + z^2}{y^5 + z^2 + x^2} + \frac{x^2 + y^2 + z^2}{z^5 + x^2 + y^2}$$

$$\leqslant 2 + \frac{xy + yz + zx}{x^2 + y^2 + z^2} \leqslant 3$$

下面这个证法来自一个人口约 355 万,一个过去五年团队总分平均排名仅仅为第 32 名的摩尔多瓦的选手 Iurie Boreico,他在 2003、2004 年连续参加比赛且仅仅以 28 分、34 分收获一枚银牌和金牌,他仅仅用了两行,短短的两行,以及两个数字符号"因为"和"所以"就将这道题目彻底解决:

证法三　因为

$$\frac{x^5 - x^2}{x^5 + y^2 + z^2} - \frac{x^5 - x^2}{x^3(x^2 + y^2 + z^2)}$$

$$= \frac{x^2(x^3 - 1)^2(y^2 + z^2)}{x^3(x^5 + y^2 + z^2)(x^2 + y^2 + z^2)}$$

$$\geqslant 0$$

所以

$$\sum \frac{x^5 - x^2}{x^5 + y^2 + z^2}$$

$$\geqslant \sum \frac{x^5 - x^2}{x^3(x^2 + y^2 + z^2)}$$

$$= \frac{1}{x^2 + y^2 + z^2} \sum \left(x^2 - \frac{1}{x} \right)$$

$$\geqslant \frac{1}{x^2 + y^2 + z^2} \sum (x^2 - yz) \quad (\text{因为 } xyz \geqslant 1)$$

$$\geqslant 0$$

IMO 总计诞生的满分金牌得主超过数百名,而 IMO 特别奖仅仅只有 4 人获得,一个是在 1986 年,一个是在 1988 年,一个是在 1995 年,和 Iurie Boreico 在 2005 年获得了这一次.

在本书中还提到了一个问题的证法也很独特.

已知 x, y, z 为正数,且 $xyz(x + y + z) = 1$. 求表达式 $(x + y)(y + z)$ 的最小值.

解 构造一个 $\triangle ABC$,其中三边长分别为

$$\begin{cases} a = x + y \\ b = y + z \\ c = z + x \end{cases}$$

则其面积为

$$S_{\triangle ABC} = \sqrt{p(p - a)(p - b)(p - c)}$$

$$= \sqrt{(x + y + z)xyz} = 1$$

另一方面

$$(x + y)(y + z) = ab = \frac{2S_{\triangle ABC}}{\sin C} \geqslant 2$$

故知,当且仅当 $\angle C = 90°$ 时,取得最小值 2,亦即

$$(x + y)^2 + (y + z)^2 = (x + z)^2$$

$$y(x + y + z) = xz$$

时,$(x + y)(y + z)$ 取最小值 2.

如 $x = z = 1, y = \sqrt{2} - 1$ 时,$(x + y)(y + z) = 2$.

这种数形结合的思考模式是数学中非常值得推崇的方法,华罗庚教授曾写诗赞叹道:"数形结合千般好,数形分离万事休."上面这个问题曾是俄罗斯的一道竞赛试题,有一个利用平均值的证法,不如这个有新意.

这个问题也有适合于初中生的解法,在 2018 年 3 月(下)的《中学生数学》的课外练习专栏中,陕西省咸阳师范学院课程中心的安振平老师就提出了一道供初二学生练习的题目:已知正数 a,b,c 满足 $abc(a + b + c) = 4.$ 求 $(a + b)(b + c)$ 的最小值.

本书中提供的这个方法可以帮助我们解决很多高难度的问题,如最近某微信公众号中就有这样一个例子.

题目 在 $\triangle ABC$ 中,证明不等式

$$\frac{a^2}{b + c - a} + \frac{b^2}{c + a - b} + \frac{c^2}{a + b - c} \geqslant 3\sqrt{3}R$$

其中 R 是 $\triangle ABC$ 外接圆的半径. (1990 年罗马尼亚国家集训队试题)

证法一 先证明 $a^2 + b^2 + c^2 \geqslant 18Rr.$

事实上,因为

$$S = \frac{1}{2}(a + b + c)r = \frac{abc}{4R}$$

所以

$$Rr = \frac{abc}{2(a + b + c)}$$

$$a^2 + b^2 + c^2 \geqslant 18Rr$$

等价于

$$(a^2 + b^2 + c^2)(a + b + c) \geqslant 9abc$$

这是显然的. 不妨设 $a \geqslant b \geqslant c > 0$,由 Chebyshev 不等式得

$$\frac{a^2}{b + c - a} + \frac{b^2}{c + a - b} + \frac{c^2}{a + b - c}$$

$$\geqslant \frac{1}{3}(a^2 + b^2 + c^2)\left(\frac{1}{b + c - a} + \frac{1}{c + a - b} + \frac{1}{a + b - c}\right)$$

$$\geqslant 6Rr\left(\frac{1}{b+c-a}+\frac{1}{c+a-b}+\frac{1}{a+b-c}\right)$$

$$= 3R\left(\frac{2r}{b+c-a}+\frac{2r}{c+a-b}+\frac{2r}{a+b-c}\right)$$

$$= 3R\left(\tan\frac{A}{2}+\tan\frac{B}{2}+\tan\frac{C}{2}\right)$$

$$\geqslant 3\sqrt{3\left(\tan\frac{A}{2}\tan\frac{B}{2}+\tan\frac{B}{2}\tan\frac{C}{2}+\tan\frac{C}{2}\tan\frac{A}{2}\right)}R$$

$$= 3\sqrt{3}R$$

证法二   在代换 $a=y+z, b=z+x, c=x+y$ 下，我们有

$$半周长\ p = x+y+z$$

$$面积\ S = \sqrt{xyz(x+y+z)}$$

$$外接圆半径\ R = \frac{abc}{4S} = \frac{(x+y)(y+z)(z+x)}{4\sqrt{xyz(x+y+z)}}$$

不等式等价于

$$\frac{(x+y)^2}{2z}+\frac{(y+z)^2}{2x}+\frac{(z+x)^2}{2y}$$

$$\geqslant 3\sqrt{3}\,\frac{(x+y)(y+z)(z+x)}{4\sqrt{xyz(x+y+z)}}$$

$$\Leftrightarrow 4(x+y+z)\left[xy(x+y)^2+\right.$$
$$\left.yz(y+z)^2+zx(z+x)^2\right]^2$$

$$\geqslant 27xyz(x+y)^2(y+z)^2(z+x)^2$$

由均值不等式得 $(x+y+z)^3 \geqslant 27xyz$, 只要证明

$$4\left[xy(x+y)^2+yz(y+z)^2+zx(z+x)^2\right]^2$$

$$\geqslant (x+y+z)^2(x+y)^2(y+z)^2(z+x)^2$$

$$\Leftrightarrow 2\left[xy(x+y)^2+yz(y+z)^2+zx(z+x)^2\right]$$

$$\geqslant (x+y+z)(x+y)(y+z)(z+x)$$

而

$$xy(x+y)^2+yz(y+z)^2+zx(z+x)^2$$

$$= xy\left[(x+y)^2-z^2\right]+yz\left[(y+z)^2-x^2\right]+$$
$$zx\left[(z+x)^2-y^2\right]+xyz(x+y+z)$$

$$= (x+y+z)\left[xy(x+y-z)+yz(y+z-x)+\right.$$

175

$$zx(z + x - y) + xyz]$$
$$= (x + y + z)[xy(x + y) + yz(y + z) +$$
$$zx(z + x) - 2xyz]$$

因此只要证明
$$2[xy(x + y) + yz(y + z) + zx(z + x) - 2xyz]$$
$$\geqslant (x + y)(y + z)(z + x)$$
$$\Leftrightarrow xy(x + y) + yz(y + z) + zx(z + x) \geqslant 6xyz$$

这是显然的.

证法三 同证法二只要证明
$$\frac{(x + y)^2}{2z} + \frac{(y + z)^2}{2x} + \frac{(z + x)^2}{2y}$$
$$\geqslant 3\sqrt[3]{\frac{(x + y)(y + z)(z + x)}{4\sqrt{xyz(x + y + z)}}}$$
$$\Leftrightarrow 2[xy(x + y)^2 + yz(y + z)^2 + zx(z + x)^2]$$
$$\geqslant 3(x + y)(y + z)(z + x)\sqrt{\frac{3xyz}{x + y + z}}$$
$$\Leftrightarrow 2[(x + y + z)^2(xy + yz + zx) - 5(x + y + z)xyz]$$
$$\geqslant 3(x + y)(y + z)(z + x)\sqrt{\frac{3xyz}{x + y + z}}$$

因为
$$xyz \leqslant \frac{(x + y + z)(xy + yz + zx)}{9}$$

因此只要证明
$$2[(x + y + z)^2(xy + yz + zx) -$$
$$\frac{5(x + y + z)^2(xy + yz + zx)}{9}]$$
$$\geqslant 3(x + y)(y + z)(z + x)\sqrt{\frac{3xyz}{x + y + z}}$$
$$\Leftrightarrow \frac{8(x + y + z)^2(xy + yz + zx)}{9}$$
$$\geqslant 3(x + y)(y + z)(z + x)\sqrt{\frac{3xyz}{x + y + z}}$$
$$\Leftrightarrow 2^6(x + y + z)^5(xy + yz + zx)^2$$
$$\geqslant 3^7[(x + y)(y + z)(z + x)]^2xyz$$

由不等式
$$(xy + yz + zx)^2 \geqslant 3xyz(x + y + z)$$
只要证明
$$2^6(x + y + z)^6 \geqslant 3^6[(x + y)(y + z)(z + x)]^2$$
由均值不等式得
$$\frac{(x + y) + (y + z) + (z + x)}{3}$$
$$\geqslant \sqrt[3]{(x + y)(y + z)(z + x)}$$
两边 6 次方,整理即得
$$2^6(x + y + z)^6 \geqslant 3^6[(x + y)(y + z)(z + x)]^2$$

刚刚笔者在审美籍华人阮可之先生的一本关于《量子》杂志的征解问题的书稿时,又发现了一个此方法的绝妙应用,附于后,供欣赏.

试证明:如果 a, b, c 为三角形的三边,那么成立不等式
$$a^2(2b + 2c - a) + b^2(2c + 2a - 2b) +$$
$$c^2(2a + 2b - 2c)$$
$$\geqslant 9abc$$

证法一 不等式两边同除以 c^3,并记
$$x = \frac{a}{c}, y = \frac{b}{c}$$
则不等式改写成
$$f(x, y) = x^2(2 + 2y - x) + y^2(2 + 2x - y) +$$
$$2x + 2y - 1$$
$$\geqslant 9xy \qquad (*)$$
我们应该对 $x + y > 1, x + 1 > y > x - 1$ 证明不等式,也就是说,对于图 1 中分布在带阴影的带形内部的点 (x, y) 证明不等式.

我们发现,$f(x, y) = f(y, x)$,于是 f 在关于直线 $y = x$ 对称的点取相同的值.

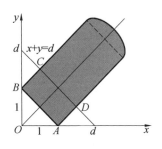

图 1

在带形内属于直线 $y = x$ 的点,函数 $f(x)$ 是非负的,这是因为

$$f(x,x) = (x - 1)^2(2x - 1)$$

而由不等式 $x + y > 1$,当 $x = y$ 时得知,$x > \dfrac{1}{2}$.

我们来看看函数 $f(x,y)$ 在直线 $x + y = d(d > 1)$ 上的点(图 1)取怎样的值. 这条直线与直线 $y = x$ 相交于点 $\left(\dfrac{d}{2}, \dfrac{d}{2}\right)$. 用 x 来表示 y 并代入式(*),得到不等式

$$g(x) = f(x, d - x) \geqslant 0$$

函数 $g(x)$ 为二次三项式,它在关于 $x_0 = \dfrac{d}{2}$ 对称的点取相同的值,这是因为

$$g(x) = f(x, d - x) = f(d - x, x) = g(d - x)$$

这意味着,点 x_0 为抛物线 $y = g(x)$ 顶点的横坐标. 与此同时,当 $y = x - 1$,即 $a = b + c$ 时,原不等式经简单变换后变成显然的不等式 $b^2 + c^2 \geqslant 2bc$,于是不等式(*)当 $x + y = d, y = x - 1$,亦即 $g\left(\dfrac{d + 1}{2}\right) \geqslant 0$ 时成立.

所以函数 $g(x)$ 对于在区间 $\left(\dfrac{d - 1}{2}, \dfrac{d + 1}{2}\right)$ 中所有的 x 是非负的,亦即不等式(*)对于线段 CD 上所有的点成立,这就完成了证明. 不难明白,式(*)中

的等式仅当 $x = y = 1$ 时成立. 也就是说, 原始不等式中的等号仅当 $a = b = c$ 时成立.

证法二 设 x, y, z 为边长为 a, b, c 的三角形内切圆的切点把边分成的线段长(图2). 此时

$$a = x + y, b = x + z, c = y + z$$

且原不等式变形成

$$(x + y)^2 (4z + x + y) + (x + z)^2 (4y + x + z) +$$
$$(y + z)^2 (4x + y + z) \geqslant 9(x + y)(x + z)(y + z)$$

用它的左边减去右边, 经变换后我们导出不等式

$$2(x^3 + y^3 + z^3 - x^2 y - x^2 z - y^2 x -$$
$$y^2 z - z^2 x - z^2 y + 3xyz) \geqslant 0$$

或者

$$3xyz \geqslant x^2 (y + z - x) + y^2 (x + z - y) + z^2 (x + y - z)$$

因为(请验证它)

$$x^2 (y + z - x) + y^2 (x + z - y) + z^2 (x + y - z) - 2xyz$$
$$= (x + y - z)(y + z - x)(z + x - y)$$

所以得到不等式

$$xyz \geqslant (x + y - z)(y + z - x)(z + x - y)$$

$$(**)$$

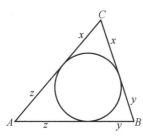

图 2

我们需要证明它当 $x > 0, y > 0, z > 0$ 时成立. 如果右边的因式中有奇数个是负的, 那么一切都明白了. 两个因式不能同时为负的(这与 x, y, z 是正数矛盾).

如果所有 3 个因式都是正的, 那么把 3 个显然的

不等式

$$x^2 \geqslant x^2 - (y-z)^2 \geqslant 0$$
$$y^2 \geqslant y^2 - (x-z)^2 \geqslant 0$$
$$z^2 \geqslant z^2 - (y-z)^2 \geqslant 0$$

连乘之后得到一个不等式,由于它立即可得式(**).

笔者与贺老师在全国初等数学研讨会上谋过面,目测贺老师应该已是人到中年.

柏杨说:"小人物往往三十而呆,四十而无耻,五十而心智枯竭,六十而肆无忌惮."

从这个意义反推回去贺老师是个大人物,生活中可能是个小人物,但在奥数与高考圈内应是既勤奋又才思泉涌的大人物,读完本书相信你一定会认同笔者的这个判断.

刘培杰

2018.3.29

于哈工大

高中数学竞赛
培训教程——
平面几何问题的
求解方法与策略(上)

贺功保　　叶美雄　编著

内容简介

本书分上、下两册,共二十六讲,本册为上册共十二讲,主要介绍了关于平面几何问题的求解方法与策略,给出了一些平面几何中著名的定理、性质及其应用. 在每讲中都列举了相应的例题及详细的解答,有助于读者更好地去理解相应的定理或性质.

本书适合高中教师、学生以及数学爱好者阅读使用.

编辑手记

平面几何有点类似于中国古体诗,古体诗用典较多,属"阳春白雪"之类,"精光奇气,楮墨生香,广大奥博,莫窥涯涘".

平面几何是初等数学中的珍品,其中定理众多而且有许多虽称不上定理但也常用的一些小结论都相当于是古体诗中的典. 贺老师这本书对此给予了高度重视,对平面几何中常用定理及结论都尽可能完备地列出,同时对如何运用给出了详尽的分析. 现在教练员们讲平面几何已经不像早期,只是囿于题和证法,而是讲思路,讲想法,最近看到一个很好的微信公众号"和周老师一起学数学". 这位周老师就很有些这方面的尝试:

进入高中,我们期望大多数问题可以在十几分钟内完成.可是刚学函数部分,我们就失望了:我们碰到的很多函数问题没有明显的套路啊.到了学习平面向量、数列的时候,我们更加困惑了:题目能看懂,乃至于解答也能看懂,就是独立做,却做不出来啊.

相比函数、平面向量、数列这三块内容,平面几何竞赛题更加难以发现套路,这要求我们有更多的思考,且思考得更深入.这个思考过程就有点怪了:我们脑海里想了很多东西,可能并没有思考出解决问题的路径,这样一个思考过程可能会让我们很沮丧,多一些模仿、多一些尝试、多关注细节、多推敲逻辑关系、多关注变量间的结构关系等,可能有助于我们增加对问题的理解.

下面我们来看第 56 届国际数学奥林匹克竞赛中的一道平面几何题.

题目 1 如图 1,已知圆 O 是 $\triangle ABC$ 的外接圆,O 是其外心.以 A 为圆心的一个圆 Γ 与线段 BC 交于 D,E 两点,使得 B,D,E,C 互不相同,并且按此顺序排列在直线 BC 上.设 F 和 G 是圆 O 和圆 Γ 的两个交点,且使得 A,F,B,C,G 按此顺序排列在圆 O 上,设 K 是 $\triangle BDF$ 的外接圆和线段 AB 的另一个交点,L 是 $\triangle CEG$ 的外接圆和线段 AC 的另一个交点.若直线 FK 和 GL 互不相同,且交于点 X.证明:X 在直线 AO 上.

分析 证明三点共线的方法很多,我们选择怎么样的方法呢?周老师分析了题目中各点产生的先后顺序及其约束关系:

题目中各点产生顺序:

$$A,B,C \to \begin{cases} \text{圆 } O \\ \text{圆 } \Gamma \end{cases} \to D,E,F,G \to K,L \to X$$

所以先消 X:由于 F,G 关于 AO 对称,所以要证 X 在直线 AO 上,希望用 K,L 去表示 X,只要证

$$\angle AFK = \angle AGL$$

周老师发现,题目中涉及多个多点共圆的条件,

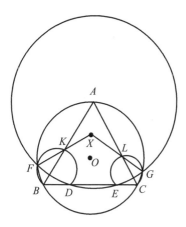

图 1

而多点共圆的条件很容易产生很多角相等的结论,所以可以用来转移角,下面是证明:

证明 因为 $AF = AG, OF = OG$,所以 F, G 关于 AO 对称.

所以要证 X 在直线 AO 上,只要证

$$\angle AFK = \angle AGL$$

显然 $\angle AFK = \angle AFD - \angle DFK.$

我们把 $\angle AFD$ 向着 $\angle AGL$ 转移:

因为 D, E, F, G 四点共圆,所以 $\angle DFG = \angle CEG.$

因为 G, A, F, B 四点共圆,所以 $\angle AFG = \angle ABG$,所以

$$\angle AFD = \angle DFG + \angle AFG = \angle CEG + \angle ABG$$

我们再把 $\angle DFK$ 向着 $\angle AGL$ 转移:

因为 D, K, F, B 四点共圆,所以 $\angle DFK = \angle ABC$,所以

$$\angle AFK = \angle CEG + \angle ABG - \angle ABC = \angle CEG - \angle CBG$$

我们继续把 $\angle CBG$ 向着 $\angle AGL$ 转移:

因为 C, G, A, B 四点共圆,所以 $\angle CBG = \angle GAL.$

因为 C, G, L, E 四点共圆,所以 $\angle CEG = \angle CLG.$

所以

$$\angle AFK = \angle CLG - \angle GAL = \angle AGL$$

所以结论得证.

美好的东西,往往会衍生出更多的美好.

证明的第一段主要使用了如下小模型:

模型1 如图2,若 $OA = OB, CA = CB$,则

$$\triangle OAC \cong \triangle OBC$$

所以点 A, B 关于直线 OC 对称.

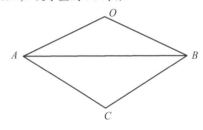

图2

证明的第二段主要使用了如下小模型:

模型2 如图3,若 A, B, C, D 四点共圆,且 E 在 BC 延长线上,则

$$\angle ECD = \angle A$$

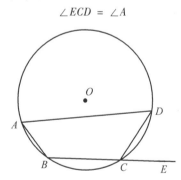

图3

其他几段,主要使用了如下结论:同弧所对的圆周角相等.

另外,周老师发现:

因为

184

$$\angle AFK = \angle CEG - \angle CBG = \angle BGE$$

所以周老师得到一个结果

$$\angle AFK = \angle BGE = \angle AGL$$

编题是理解的试金石. 根据这个结果, 周老师改编得到一道难度较低的平面几何试题:

周老师编题: 已知圆 O 是 $\triangle ABC$ 的外接圆, O 是其外心, 以 A 为圆心的一个圆 Γ 与线段 BC 交于 D, E 两点, 使得 B, D, E, C 互不相同, 并且按此顺序排列在直线 BC 上, 设 F 和 G 是圆 O 和圆 Γ 的两个交点, 且使得 A, F, B, C, G 按此顺序排列在圆 O 上, 设 K 是 $\triangle BDF$ 的外接圆和线段 AB 的另一个交点, 证明

$$\angle AFK = \angle BGE$$

为了方便您的阅读, 周老师画了图(图4).

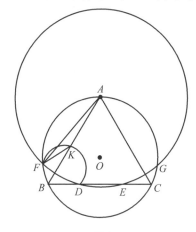

图4

这道题差不多达到全国高中数学联赛的难度了.

一般的奥数教练大多专注于某一专题, 因为这个市场竞争激烈, 但本书作者贺老师却做到了一专多能, 很难得, 这也是治学的一种境界.

北京大学袁行霈(中国语言文学系教授)曾说: "治学要有

基点、有旁涉. 基点务求精深,旁涉务求宽广. 专攻一点,或恐拘于一隅,视野狭隘;广泛涉猎,切忌浮光掠影,一无所长." 袁教授曾把自己关于诗歌艺术的研究,归纳为八个字:博采、精鉴、深味、妙悟. 袁教授还曾提出撰写文学史的三条原则:文学本位,史学思维,文化学视角. 意思都在强调会通化成. 司马迁曰:"究天人之际,通古今之变,成一家之言." 虽不能至,心向往之.

学问要有气象. 袁教授说过:"作诗讲究气象,诗之气象如山峦之有云烟,江海之有波涛,夺魂摄魄每在于此. 做学问也要讲究气象,学问的气象如释迦之说法,霁月之在天,庄严恢宏,清远雅正,不强服人而人自服,毋庸标榜而下自成蹊." 形成这种气象至少有三个条件:第一是敬业的态度,对学问十分虔诚,一丝不苟;第二是博大的胸襟,不矜己长,不攻人短,不存门户之见;第三是清高的品德,潜心学问,坚持真理,堂堂正正.

依笔者对作者的了解,其"一专"应该就是平面几何,"多能"应该是所有竞赛所涉及的专题,因为即使是纯平面几何问题,其完美解决也不可避免地要借用三角学、代数学,甚至初等数论的某些知识. 举一个例子:山东刘为之老师在微信公众号"许康华竞赛优学"上发布的一篇文章.

前日"许康华竞赛优学"公众号发了上海黄之四道征解题,笔者对第二题做了解答,本题方法众多,三角法、解析法皆可解之,本题关键是对外大圆与内小圆半径的求解,这里可以用到两切圆连心线必过切点这一性质,而三角形面积我们可以采用海伦 – 秦九韶公式得之.

题目 2 如图 5,以平面上三个点 A,B,C 为圆心分别作三个两两外切的圆,半径分别为 x,y,z,用 r,R 表示与这三个圆同时相切的两个圆的半径,并证明:当 $\triangle ABC$ 三边长都是整数时,与这三个圆都相切的两个圆的半径是有理数的必要充分条件是 $\triangle ABC$ 的面积为整数.

证明 设所求小圆与大圆半径分别为 r,R,小圆

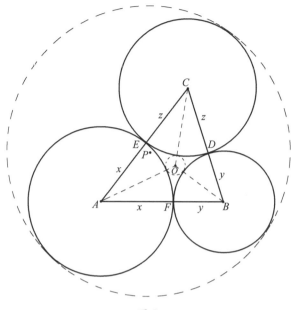

图 5

圆心为 O, 大圆圆心为 P, 则易知

$$AB = x + y, AC = x + z, BC = y + z$$
$$AO = x + r, BO = y + r, CO = z + r$$

设 $\angle AOC = \alpha, \angle BOC = \beta, \angle AOB = \gamma$.

对 $\triangle ABO, \triangle ACO, \triangle BCO$ 分别应用余弦定理可得

$$AB^2 = AO^2 + BO^2 - 2AO \cdot BO \cdot \cos\gamma$$
$$BC^2 = BO^2 + CO^2 - 2BO \cdot CO \cdot \cos\beta$$
$$AC^2 = AO^2 + CO^2 - 2AO \cdot CO \cdot \cos\alpha$$

且 $\alpha + \beta + \gamma = 2\pi$, 故

$$\cos\gamma = \cos(\alpha + \beta)$$

由以上式子可得

$$r = \frac{xyz}{2\sqrt{xyz(x + y + z)} + (xy + xz + yz)}$$

同理, 易知 $PA + x = PB + y = PC + z = R$.

设 $\angle APC = \alpha$, $\angle BPC = \beta$, $\angle APB = \gamma$.

对 $\triangle ABP$, $\triangle ACP$, $\triangle BCP$ 分别应用余弦定理可得

$$AB^2 = AP^2 + BP^2 - 2AP \cdot BP \cdot \cos \gamma$$
$$BC^2 = BP^2 + CP^2 - 2BP \cdot CP \cdot \cos \beta$$
$$AC^2 = AP^2 + CP^2 - 2AP \cdot CP \cdot \cos \alpha$$

且 $\alpha + \beta + \gamma = 2\pi$, 故

$$\cos \gamma = \cos(\alpha + \beta)$$

由以上式子可得

$$R = \frac{xyz}{2\sqrt{xyz(x+y+z)} - (xy + yz + xz)}$$

设 p 为 $\triangle ABC$ 半周长, 由海伦公式

$$S = \sqrt{p(p - AC)(p - AB)(p - BC)}$$

整理可得

$$S = \sqrt{xyz(x+y+z)}$$

由 r, R, S 表达式可知, 当 $S = \sqrt{xyz(x+y+z)}$ 为整数时, r, R 均为有理数. 反之, 当 r, R 均为有理数, S 必为整数. 证毕.

如果一例不足以说明, 再举一个例子. 这是由万时凯、林天齐两位老师在微信公众号"许康华竞赛优学"上发布的原创的一道完全四边形题目的解答.

题目 3 如图 6, 在 $\triangle ABC$ 中, $AB > AC$, 点 D 在 BC 的延长线上, $BD:CD = AB^2:AC^2$. 经过点 D 任做一条直线, 分别交 AC, AB 两边于点 E, F. 求证

$$BD \cdot CD - DE \cdot DF = \sqrt{AE \cdot CE \cdot AF \cdot BF}$$

证明 与之前的题目相比, 增加了点 D 的限定条件, 难度增加不少. 我(万时凯)与林天齐老师分别做了解答, 均分为两步证明:

(1) 从条件不难知道当 $\triangle ABC$ 确定时, 点 D 的位置也是确定的, 所以我们先根据条件确定点 D 的位置.

188

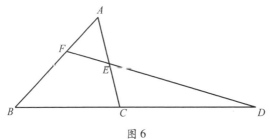

图 6

证法 1(万时凯) 对条件中的比例关系使用正弦定理得

$$\frac{BD}{CD} = \frac{AB}{AC} \cdot \frac{\sin C}{\sin B} \Leftrightarrow \frac{AB}{AC} = \frac{BD\sin B}{CD\sin C}$$

故想到过点 D 分别作边 AB,AC 的垂线,垂足为 G,H,如图 7 所示,则有

$$\frac{AB}{AC} = \frac{BG}{BH}$$

易知 A,G,D,H 四点共圆,则 $\angle BAC = \angle GDH$,故 $\triangle BAC \backsim \triangle GDH.$

那么有 $\angle DAC = \angle DGH = \angle B$,即 AD 为 $\triangle ABC$ 外接圆的切线.

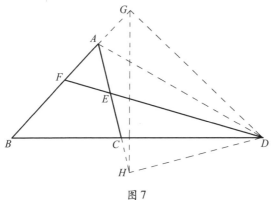

图 7

证法 2(林天齐) 在 BC 的延长线上取点 D' 使 $\angle CAD' = \angle B$,如图 8 所示.

189

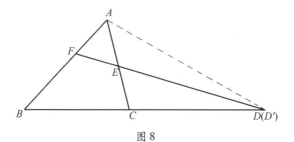

图 8

可知 $\triangle D'AB \backsim \triangle D'CA$,则

$$\frac{AB}{AC} = \frac{D'B}{D'A} = \frac{D'A}{D'C}$$

故

$$\frac{AB^2}{AC^2} = \frac{D'B}{D'A} \cdot \frac{D'A}{D'C} = \frac{D'B}{D'C}$$

所以 D' 与 D 重合,AD 为 $\triangle ABC$ 外接圆的切线.

(2)确定点 D 的位置之后,下面来证明问题中的等式成立.

证法 1(万时凯) 记 $\angle AFE = \angle F$,$\angle AEF = \angle E$.如图 9 所示,由正弦定理得

$$AE = AD \cdot \frac{\sin \alpha}{\sin E}$$

$$CE = CD \cdot \frac{\sin \beta}{\sin E}$$

$$AF = AD \cdot \frac{\sin \alpha}{\sin F}$$

$$BF = BD \cdot \frac{\sin \beta}{\sin F}$$

相乘得

$$\sqrt{AD \cdot CE \cdot AF \cdot BF} = AD^2 \cdot \frac{\sin \alpha \sin \beta}{\sin E \sin F}$$

同理,由正弦定理可得

$$DE = AD \cdot \frac{\sin B}{\sin E}$$

$$DF = AD \cdot \frac{\sin C}{\sin F}$$

190

不难知道

$$BD \cdot CD - DE \cdot DE$$

$$= \sqrt{AE \cdot CE \cdot AF \cdot BF}$$

$$\Leftrightarrow 1 - \frac{\sin B \sin C}{\sin E \sin F} = \frac{\sin \alpha \sin \beta}{\sin E \sin F}$$

$$\Leftrightarrow \sin E \sin F - \sin B \sin C$$

$$= \sin \alpha \sin \beta$$

$$\Leftrightarrow \cos(E - F) - \cos(E + F) -$$

$$\cos(B - C) + \cos(B + C)$$

$$= \cos(\alpha - \beta) - \cos(\alpha + \beta)$$

$$\Leftrightarrow \cos(E - F) = \cos(\alpha - \beta)$$

由

$$E - F = (\alpha + B) - (\beta + B) = \alpha - \beta$$

上面最后一式成立,证毕.

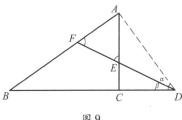

图 9

证法 2(林天齐)　作圆 AEF 交 AD 于另一点 T,如图 10 所示.

以 A 为反演中心作反演,使得 $T \to D$.设 $E \to E_1$,$F \to F_1$,于是反演幂为

$$r^2 = AT \cdot AD = AE \cdot AE_1 = AF \cdot AF_1$$

由 A,E,F,T 四点共圆知 E_1,F_1,D 共线.注意到

$$\triangle DCA \backsim \triangle DAB$$

且由反演可知 $\angle 1 = \angle 2$,那么 $\angle 3 = \angle 2$.故 DE,DF_1 是相似三角形的对应线段,即(E,F_1) 是对应点,同理 (E_1,F) 也对应.那么有

$$DC \cdot DB - DE \cdot DF = DA^2 - DT \cdot DA = AT \cdot AD = r^2$$

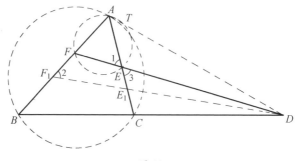

图 10

又

$$AE \cdot CE \cdot AF \cdot BF = \frac{r^2}{AF_1} \cdot FB \cdot \frac{r^2}{AE_1} \cdot EC$$

$$= r^4 \cdot \left(\frac{FB}{AF_1} \cdot \frac{EC}{AE_1} \right) = r^4$$

故原式成立,证毕.

平面几何看似容易,但真正做起来有难度,正如教育家蒙台梭利所说:"我听过了,我就忘了;我看见了,我就记得了;我做过了,我就理解了."

笔者在同系列的前两本书的编辑手记中提到的"五讲,四美,三热爱"只讲了两个,这里再来谈一下"三热爱".热爱是一切事业成功的基础.本书作者就是这样一位爱几何、爱奥数、爱教研的优秀的中学教师.这样的优秀教师现在越来越多了.以微信公众号"兰老师初中数学研究会"中华漫天撰写的文章为例.

从正方形内一点问题谈起

2014年慈溪市青年数学教师基本功竞赛中有这样一道题:

题目4 如图11,P是正方形$ABCD$内一点,$PA = 5$,$PB = 4$,$PC = 1$.求正方形的边长.

192

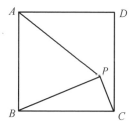

图 11

问了我校参赛的几个青年教师,普遍反映该题得分率较低,感觉用代数方法很烦琐,用几何方法一时又找不到巧妙的思路,所以最后放弃的老师较多. 出于兴趣,笔者对此问题进行了一番探究.

从一般性考虑,笔者直接探究了以下问题:P 是正方形 $ABCD$ 内一点,$PA = a, PB = b, PC = c$. 求正方形的面积.

解 如图 12,将 $\triangle ABP$ 绕点 A 逆时针旋转 $90°$ 得 $\triangle ADF$,再将 $\triangle BCP$ 绕点 C 顺时针旋转 $90°$ 得 $\triangle DCE$,由于

$$\angle ABP + \angle CBP = 90°$$

所以

$$\begin{aligned} \angle FDE &= \angle ADF + \angle ADC + \angle EDC \\ &= \angle ABP + \angle ADC + \angle CBP \\ &= 180° \end{aligned}$$

故 E, D, F 三点共线,则

$$PF = \sqrt{2}a$$
$$EF = 2b$$
$$PE = \sqrt{2}c$$

所以

$$S_{四边形ABCD} = S_{五边形APCEF} = S_{\triangle APF} + S_{\triangle FPE} + S_{\triangle CPE}$$

这里

$$S_{\triangle APE} = \frac{1}{2}a^2$$

193

$$S_{\triangle CPE} = \frac{1}{2}c^2$$

$$S_{\triangle FPE} = \sqrt{p(p - \sqrt{2}a)(p - 2b)(p - \sqrt{2}c)}$$

其中

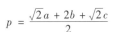

$$p = \frac{\sqrt{2}a + 2b + \sqrt{2}c}{2}$$

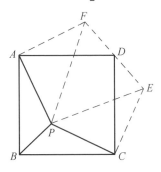

图 12

题目 5 用类似的方法即可解决正三角形内一点问题:

如图 13, P 是正 $\triangle ABC$ 内一点, $PA = a$, $PB = b$, $PC = c$. 求正三角形的面积.

解 如图 13, 分别将 $\triangle PAB$, $\triangle PBC$, $\triangle PCA$ 绕点 B, C, A 顺时针旋转 $60°$ 得六边形 $AGBECF$, 易知 $\triangle PAG$, $\triangle PBE$, $\triangle PCF$ 分别是边长 a, b, c 的正三角形, 同时 $\triangle PBG$, $\triangle PCE$, $\triangle PAF$ 是三个三边为 a, b, c 的全等三角形, 所以

$$S_{\triangle ABC} = \frac{1}{2}S_{\text{六边形}AGBECF}$$

$$= \frac{1}{2}\left(\frac{\sqrt{3}}{4}a^2 + \frac{\sqrt{3}}{4}b^2 + \frac{\sqrt{3}}{4}c^2 + 3S_{\triangle BPG}\right)$$

这里

$$S_{\triangle BPG} = \sqrt{p(p - a)(p - b)(p - c)}$$

其中

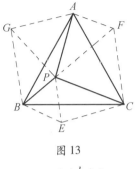

图 13

$$p = \frac{a + b + c}{2}$$

进一步,笔者考虑了矩形内一点的问题:如图 14,P 是矩形 $ABCD$ 内一点,$PA = a$,$PB = b$,$PC = c$. 能求出矩形的面积吗?

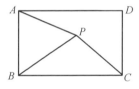

图 14

利用几何画板不难发现,这样的矩形是无法确定的,于是我们考虑矩形面积的最值.

不妨以 B 为原点,AB,BC 所在直线为坐标轴建立平面直角坐标系.

设 $P(m,n)$,$BC = x$,$AB = y$,则

$$\begin{cases} m^2 + (n - y)^2 = a^2 \\ n^2 + (m - x)^2 = c^2 \\ m^2 + n^2 = b^2 \end{cases}$$

将 $m^2 + n^2 = b^2$ 代入前两式得

$$\begin{cases} m = \dfrac{b^2 - c^2 + x^2}{2x} \\ n = \dfrac{b^2 - a^2 + y^2}{2y} \end{cases}$$

195

于是

$$\left(\frac{b^2 - c^2 + x^2}{2x}\right)^2 + \left(\frac{b^2 - a^2 + y^2}{2y}\right)^2 = b^2$$

展开并整理得

$$y^2 x^4 + x^2 y^4 - 2(a^2 + c^2)x^2 y^2 + (b^2 - a^2)^2 x^2 +$$
$$(b^2 - c^2)^2 y^2 = 0$$

令矩形面积为 S,则 $y = \dfrac{S}{x}$,代入上式并整理成关于 x
的方程得

$$[S^2 + (b^2 - a^2)^2]x^4 - 2(a^2 + c^2)S^2 x^2 +$$
$$S^4 + (b^2 - c^2)^2 S^2 = 0$$

则

$$\Delta = 4(a^2 + c^2)^2 S^4 -$$
$$4S^2[S^2 + (b^2 - c^2)^2][S^2 + (b^2 - a^2)^2] \geqslant 0$$

化简整理成关于 S 的一元四次不等式得

$$S^4 + 2(b^4 - a^2 b^2 - b^2 c^2 - c^2 a^2)S^2 +$$
$$(b^2 - a^2)^2(b^2 - c^2)^2 \leqslant 0$$

此时

$$\Delta = 4(b^4 - a^2 b^2 - b^2 c^2 - c^2 a^2)^2 -$$
$$4(b^2 - a^2)^2(b^2 - c^2)^2$$
$$= 16a^2 b^2 c^2 (a^2 + c^2 - b^2)$$

易知 $a^2 + c^2 > b^2$,故

$$a^2 b^2 + b^2 c^2 + c^2 a^2 - b^4 - 2abc\sqrt{a^2 + c^2 - b^2} \leqslant S^2$$
$$\leqslant a^2 b^2 + b^2 c^2 + c^2 a^2 - b^4 + 2abc\sqrt{a^2 + c^2 - b^2}$$

即

$$(ac - b\sqrt{a^2 + c^2 - b^2})^2 \leqslant S^2$$
$$\leqslant (ac + b\sqrt{a^2 + c^2 - b^2})^2$$

所以

$$|ac - b\sqrt{a^2 + c^2 - b^2}| \leqslant S$$
$$\leqslant ac + b\sqrt{a^2 + c^2 - b^2}$$

由此求得矩形面积的最大值和最小值.

196

经计算可知当矩形两边长为

$$\frac{ab + c\sqrt{a^2 + c^2 - b^2}}{\sqrt{a^2 + c^2}}, \frac{bc + a\sqrt{a^2 + c^2 - b^2}}{\sqrt{a^2 + c^2}}$$ 时面积最

大，当矩形两边长为 $\left| \dfrac{ab - c\sqrt{a^2 + c^2 - b^2}}{\sqrt{a^2 + c^2}} \right|$,

$\left| \dfrac{bc - a\sqrt{a^2 + c^2 - b^2}}{\sqrt{a^2 + c^2}} \right|$ 时面积最小.

从上述过程不难看出，其实点 P 可以是矩形所在平面内任意一点.

接着，笔者进一步思考三角形内一点问题：设 P 是锐角 $\triangle ABC$ 内一点，$PA = a$，$PB = b$，$PC = c$. 显然，$\triangle ABC$ 是无法确定的，那么能否确定当点 P 在什么位置，$\triangle ABC$ 面积最大呢？笔者得到的结论是：当点 P 是 $\triangle ABC$ 的垂心时，$\triangle ABC$ 面积最大.

该结论的证明用到多边形的一个熟知结论：边长和边的排列顺序相同的多边形中，圆内接多边形面积最大.

事实上，如图 15，分别以 AB，BC，CA 为对称轴做出点 P 的对称点，依次为点 D，E，F，易得六边形 $ADBECF$ 的面积是 $\triangle ABC$ 面积的两倍，所以当六边形 $ADBECF$ 面积最大时，$\triangle ABC$ 面积也最大，根据熟知结论，当六边形 $ADBECF$ 内接于圆时面积最大，此时由于 $AD = AP = AF$，于是得

$$\angle ABD = \angle ACF$$

而

$$\angle ABD = \angle ABP, \angle ACP = \angle ACF$$

所以

$$\angle ABP = \angle ACP$$

同理

$$\angle BCP = \angle BAP, \angle CAP = CBP$$

利用三角形内角和等于 180° 即得

$$\angle ACP + \angle BCP + \angle CAP = 90°$$

故 $AP \perp BC$.

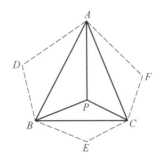

图 15

同理 $BP \perp AC, CP \perp AB$,所以点 P 是 $\triangle ABC$ 的垂心.

由此,我们得到了垂心的又一优美性质:若锐角三角形三个顶点到定点的距离分别为定值,则当这个定点是该三角形垂心时面积最大. 这与著名的法尼亚诺(Fagnano)问题"锐角三角形的所有内接三角形中,垂足三角形的周长最短"似有异曲同工之妙.

遗憾的是,笔者尚未找到可以简洁表示的最大锐角三角形面积公式,即如下问题:设 P 是锐角 $\triangle ABC$ 的垂心,$PA = a, PB = b, PC = c.$ 求 $\triangle ABC$ 的面积. 敬请同行们一起探究.

本书有一定的难度,许多题目的解答要读者付出一定努力才会领会得更好. 其实,数学都是需要理解力和用心去体会的,否则就如李敖喜爱引用的哲学家马丁·布勃的话:"即使我肯花时间说给你听,你也得经过永恒去了解它."

现在随着信息技术的飞速发展,许多资料的获得变得容易起来. 平面几何的题目多如牛毛,形容为题海是再恰当不过了,但好的证法、好的思路却永远是稀缺的,而且还是那句名言:高手在民间. 许多原来并不被大家所知晓的平面几何高手逐渐显现. 比如最近在微信公众号"许康华竞赛优学"中看到的一则湖北襄阳左晓明老师对 2018 年国家集训队考试 6 平面几何问题的解答.

题目6 如图 16,$\triangle ABC$ 中,$\angle BAC > 90°, O$ 是外

心，$\tilde{\omega}$ 是外接圆．$\tilde{\omega}$ 在点 A 处的切线分别与在点 B,C 处的切线相交于 P,Q 两点．过 P,Q 作 BC 的垂线，垂足分别为 D,E．点 F,G 是线段 PQ 上不同于 A 的两点，使得 A,F,B,D 四点共圆，A,G,C,D 四点共圆．设 M 是 DE 的中点，证明：DF,OM,EG 三线共点．

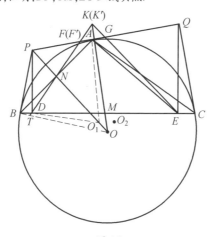

图 16

证明 首先证明 DF 平分 AB．

联结 OP 交 AB 于 N，显然 OP 平分 AB 于 N，只证 DF 过点 N．用同一法．延长 DN 交 PQ 于 F'，只须证明 F' 与 F 重合．由

$$\angle PNB = \angle PDB = 90°$$

$$\Rightarrow P,N,D,B \text{ 四点共圆}$$

$$\Rightarrow \angle F'DC = \angle BPO = \frac{1}{2}(180° - 2\angle C)$$

$$= 90° - \angle C$$

$$\angle PF'D = 180° - \angle FPD - \angle PDF = 90° - \angle B$$

$$BP = \frac{\dfrac{AB}{2}}{\cos C} = \frac{c}{2\cos C}$$

$$QA = \frac{b}{2\cos B}$$

$$BD = BP \cdot \cos(B + C) = -\frac{c \cdot \cos A}{2\cos C}$$

对 $\triangle O_1 FA, \triangle AF'N, \triangle BDN$ 分别应用正弦定理得

$$\frac{AF'}{\sin \angle ANF'} = \frac{AN}{\sin \angle PF'D}$$

$$\frac{BD}{\sin \angle BND} = \frac{BN}{\sin \angle F'DC}$$

显然有 $AN = BN, \angle ANF = \angle BND$, 于是可得到

$$AF' \cdot \sin(90° - B) = BD \cdot \sin(90° - C)$$

$$\Rightarrow AF' = -\frac{c \cdot \cos A}{2\cos B} \tag{①}$$

只须证明 $AF = AF'$. 以下来求 AF:

设 $\triangle ABC$ 外接圆半径为 R, $\triangle ABE$ 外接圆为圆 O_1, 半径为 r.

联结 $O_1 A, O_1 B$. 在等腰 $\triangle O_1 FA$ 中

$$AF = 2O_1 A \cdot \cos \angle O_1 AP = 2r \cdot \cos \angle O_1 BP$$

$$= 2r \cdot \cos(90° - \angle OBO_1) = 2r \cdot \sin \angle OBO_1$$

$$= 2r \cdot \sin(\angle BO_1 P - \angle BOP)$$

$$= 2r \cdot \sin(\angle BEA - \angle C)$$

$$= 2r \cdot \sin \angle EAC$$

在 $\triangle AEC$ 中

$$\frac{CE}{\sin \angle EAC} = \frac{AE}{\sin C}$$

其中

$$CE = QC\cos(B + C) = -\frac{b \cdot \cos A}{2\cos B}$$

代入上式得

$$AF = -\frac{br \cdot \cos A \sin C}{AE \cdot \cos B} \tag{②}$$

由 ①② 得, 只证

$$-\frac{c \cdot \cos A}{2\cos B} = -\frac{br \cdot \cos A \sin C}{AE \cdot \cos B}$$

$$\Leftrightarrow \frac{c}{2\sin C} = \frac{br}{AE} \Leftrightarrow \frac{r}{R} = \frac{AE}{b}$$

200

$$\Leftrightarrow \frac{O_1 B}{OB} = \frac{AE}{AC}$$

所以只须证明 $\triangle BO_1O \backsim \triangle AEC.$

前面已证

$$\angle OBO_1 = \angle EAC$$

$$\angle BOO_1 = \frac{1}{2} \angle BOA = \angle C$$

所以 $\triangle BO_1O \backsim \triangle AEC$，于是我们证明了 $AF = AF'$，从而 F 与 F' 重合，所以 DF, AB, OP 交于点 N.

回到原题，延长 FD 交 OB 于 T，设 DF 交 OM 于 K，EG 交 OM 于 K'.

对 $\triangle BOM$ 及截线 KDT 用 Menalaus 定理得

$$\frac{BD}{DM} \cdot \frac{MK}{KO} \cdot \frac{OT}{TB} = 1 \qquad \text{③}$$

下面来求 ③ 中的比例式：前面已证 $BD = -\dfrac{c \cdot \cos A}{2\cos C}$，

下面来求 OT, TB.

$\triangle BDT$ 中

$$\angle DBT = 90° - \angle B - \angle C$$

$$\angle BDT = 90° - \angle C$$

$$\angle BTD = \angle B + 2\angle C$$

$$\frac{BD}{\sin \angle BTD} = \frac{BT}{\sin \angle BDT}$$

$$\Leftrightarrow \frac{-c \cdot \cos A}{2\cos C \cdot \sin(B + 2C)} = \frac{BT}{\cos C}$$

$$\Rightarrow BT = \frac{-c \cdot \cos A}{2\sin(B + 2C)}$$

$$= \frac{-c}{2\sin C} \cdot \frac{\sin C \cos A}{\sin(B + 2C)}$$

$$= -R \cdot \frac{\sin C \cos A}{\sin(B + 2C)}$$

$$\Rightarrow OT = R - BT$$

$$= R\left(1 + \frac{\sin C \cos A}{\sin(B + 2C)}\right)$$

$$= R \cdot \frac{\sin(B+2C) - \sin C\cos(B+C)}{\sin(B+2C)}$$

$$R \cdot \frac{\sin(B+C)\cos C}{\sin(B+2C)}$$

$$= R \cdot \frac{\sin A\cos C}{\sin(B+2C)}$$

$$\Rightarrow \frac{OT}{TB} = \frac{R\sin A\cos C}{-R\cos A\sin C} = -\frac{\tan A}{\tan C}$$

代入式 ③ 得到

$$\left(-\frac{c \cdot \cos A}{2DM \cdot \cos C}\right)\left(-\frac{\tan A}{\tan C}\right) \cdot \frac{MK}{KO} = 1$$

$$\Leftrightarrow \frac{c}{\sin C} \cdot \frac{\sin A}{DM} \cdot \frac{MK}{KO} = 1$$

$$\Leftrightarrow \frac{MK}{KO} = \frac{DM}{2R} \cdot \frac{1}{\sin A}$$

同理可以得到

$$\frac{MK'}{K'O} = \frac{EM}{2R} \cdot \frac{1}{\sin A}$$

又 $DM = EM$，所以 $\dfrac{MK}{KO} = \dfrac{MK'}{K'O} \Rightarrow K, K'$ 重合.

这就证明了 DF, OM, EG 三线共点.

平面几何与初等数论一样不仅被业内人士所喜爱，还深受广大业余人士的热爱.

有一本法文版的书叫《电影是什么》，其中对电影是这样解读的："电影的发生，是因为人类要用它来对抗时间，人类想在电影里不朽，和埃及人在身上涂防腐香料道理是一样的."

现代人生活好了，生存压力不大了，业余时间多了起来. 于是各种各样的业余爱好都冒了出来，其中一个比较小众的消遣方式就是证明平面几何题目.

比如最近网上很活跃的来自徐州的赵力先生. 他的本职是一位医生，但业余时间证明了许多数学竞赛中的平面几何问题，功力十分了得，摘录几个在微信公众号"许康华竞赛优学"发布的问题及解答供欣赏.

题目7(2018年亚太地区数学奥林匹克竞赛第一题) 如图17,设 H 为 $\triangle ABC$ 的垂心.点 M,N 分别为边 AB,AC 的中点,点 H 位于四边形 $BMNC$ 的内部. $\triangle BMH$ 与 $\triangle CNH$ 的外接圆相外切.过 H 作 BC 的平行线,与 $\triangle BMH$ 与 $\triangle CNH$ 的外接圆分别相交于点 K, L(均不同于点 H).直线 MK 与 NL 相交于点 F.设 $\triangle MNH$ 的内心为 J.证明: $FJ = FA$.

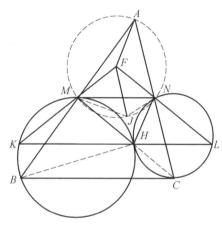

图 17

证明 因 H 为 $\triangle ABC$ 的垂心,且 $\triangle BMH$ 与 $\triangle CNH$ 的外接圆相外切,故

$$\angle MHN = \angle MBH + \angle NCH$$
$$= (90° - \angle BAC) + (90° - \angle BAC)$$
$$= 180° - 2\angle BAC$$

而 J 为 $\triangle MNH$ 的内心,则

$$\angle MJN = 90° + \frac{1}{2}\angle MHN = 180° - \angle BAC$$

因此, A,M,J,N 四点共圆.   ①

又 M,N 分别为边 AB,AC 的中点,有 $MN /\!/ BC$,而由题设 $KL /\!/ BC$,故 $MN /\!/ KL$

$$\angle FMN = \angle FKL = \angle MBH = \angle NCH = \angle NLH$$

$$= \angle FNM = 90° - \angle BAC$$

故 $FM = FN$,且

$$\angle MFN = 2\angle BAC = 2\angle MAN$$

即 F 为 $\triangle AMN$ 的外心. ②

结合 ① 和 ②,有 $FJ = FA$. 证毕.

题目8 如图18,设 D_1,D_2 是等腰 $\triangle ABC$ 底边 BC 上的两点,满足 $BD_1 = CD_2$. 点 P,Q 是边 BC 上相异两点. 点 E,F,S,T 分别是 D_1,D_2 关于直线 AB,AC,AP, AQ 的光学反射点. 证明:E,T,P 三点共线当且仅当 F, S,Q 三点共线.

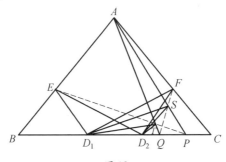

图18

关于此题,已有多位老师给出不同的解答,且被吴伟朝教授称之为"超级超级难"! 但奇怪的是,在有了与之类似一道题的反演证法的基础上,一直没有人发表利用反演变换的证明. 下面就给出利用反演变换的证明.

证明 首先,对于两点关于一条直线的光学反射点,我们应该有如下认识:该反射点在直线上的位置是唯一的. 这不难理解,可以拿点 E 来举例说明. 如果点 E 是 D_1,D_2 关于直线 AB 的光学反射点,作 D_2 关于 AB 的对称点 D_2',则点 E 就是 D_1D_2' 与 AB 的交点,这是唯一的.

下面就以 A 为反演中心,$AD_1^2 = AD_2^2$ 为反演幂,进行反演变换(图19). 在此变换下:

(1)D_1,D_2 均为自反点;

(2)直线 BC 变换为一个个经过 A,D_1,D_2 的圆

（反演圆）.

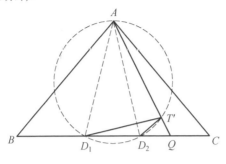

图 19

设 Q 为 BC 上一点, 则 Q 在反演变换下的反点 T' 位于上述的反演圆上.

因 A, D_1, D_2, T' 四点共圆且 $AD_1 = AD_2$, 故

$$\angle D_2 T' Q = \angle D_2 D_1 A = \angle D_1 D_2 A = \angle D_1 T' A$$

结合光学反射点的唯一性, 即知 T' 与 T 为同一点. 所以（图 20）:

（3）B, E 两点互反; C, F 两点互反;

（4）Q, T 两点互反; P, S 两点互反.

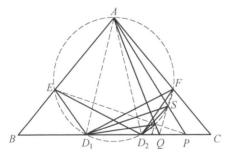

图 20

在此变换下, 原题结论等价为

$$A, S, Q, B \text{ 四点共圆} \Leftrightarrow A, T, P, C \text{ 四点共圆}$$

由反演的定义, 有

$$AS \cdot AP = AT \cdot AQ = AD_1^2$$

205

故
$$\triangle ASQ \backsim \triangle ATP$$
$$\angle ASQ = \angle ATP$$
而由题设知 $\angle B = \angle C$,故
$$\angle B + \angle ASQ = \angle C + \angle ATP$$
因此
$$A,S,Q,B \text{ 四点共圆} \Leftrightarrow A,T,P,C \text{ 四点共圆}$$
证毕.

题目 9(2017—2018 年度波兰数学奥林匹克(第二轮)几何题) 设 $\triangle ABC$ 为非等腰三角形($AB \neq AC$),其外接圆为圆 O. 边 BC 的垂直平分线交圆 O 于点 P,Q,且 P 与 A 位于 BC 的同侧. 自点 P 作 AC 的垂线,垂足为 $R.$ S 为 AQ 的中点. 证明:A,B,R,S 四点共圆.

证明 (1)当 $AB < AC$ 时,如图 21 所示,联结 $BP,BR,BS,BO,BQ,PC,QC,PQ,SO,SR.$

点 O 为 $\triangle ABC$ 外接圆圆心,S 为弦 AQ 的中点,故 $OS \perp AQ$.

由题设,有 $PR \perp AC$,而且
$$\angle PCR = \angle PCA = \angle PQA = \angle OQS$$
因此
$$\triangle PRC \backsim \triangle OSQ$$
$$\frac{RC}{SQ} = \frac{PC}{OQ} \qquad \text{①}$$
而 $PB = PC, OB = OQ$,且
$$\angle BOQ = 2\angle BPQ = \angle BPC$$
因此
$$\triangle OBQ \backsim \triangle PBC$$
$$\frac{BC}{BQ} = \frac{PC}{OQ} \qquad \text{②}$$
结合 ① 与 ②,可知 $\dfrac{BC}{BQ} = \dfrac{RC}{SQ}$,且
$$\angle BCR = \angle BCP - \angle RCP$$
$$= \angle BQO - \angle SQO = \angle BQS$$

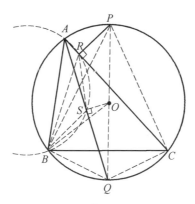

图 21

因此, $\triangle BRC \backsim \triangle BSQ$, 推出 $\angle BRC = \angle BSQ$, 故

$\angle ARB = 180° - \angle BRC = 180° - \angle BSQ = \angle ASB$

因此, A, B, R, S 四点共圆.

（2）当 $AB > AC$ 时, 如图 22 所示, 证明与（1）类

似. 仍有

$$\triangle PRC \backsim \triangle OSQ$$
$$\triangle OBQ \backsim \triangle PBC$$
$$\triangle BRC \backsim \triangle BSQ$$

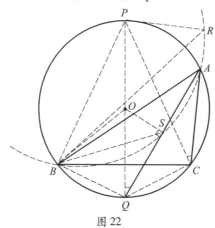

图 22

有
$$\angle BRA = \angle BRC = \angle BSQ$$
因此,A,B,R,S 四点共圆. 证毕.

题目 10 如图 23,梯形 $ABCD$ 中,$AB \parallel CD$. 证明:以 BC 为直径的圆与 AD 相切的充分必要条件是以 AD 为直径的圆与 BC 相切.

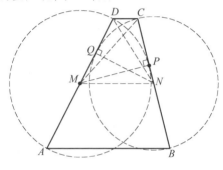

图 23

证明 设 M,N 分别为 AD,BC 的中点. P,Q 分别为 M,N 在 BC,AD 上的投影,用 $[XYZ]$ 表示 $\triangle XYZ$ 的面积.

由题设,有 $MN \parallel CD$,故 $[MND] = [MNC]$,即
$$MD \cdot NQ = NC \cdot MP$$
以 BC 为直径的圆与 AD 相切
$$\Leftrightarrow NQ = NC$$
$$\Leftrightarrow MD \cdot NC = MD \cdot NQ = NC \cdot MP$$
$$\Leftrightarrow MD = MP$$
$$\Leftrightarrow 以 AD 为直径的圆与 BC 相切$$
证毕.

从年龄看,本书作者已届中年,人随着年龄的变化,许多壮志豪情都会慢慢消退,就连胡适这样的大人物也会有些酸楚和幽怨,"偶有几茎白发,心情微近中年,做了过河卒子,只能拼命向前."

平面几何题难做是有共识的,在平面高手中年龄较长的当属

单增教授,但他也明确表示不再以做难题为消遣了,现在还冲在一线的年长者估计要属萧振纲先生了. 他还遵从着波利亚先生的嘱托:教师要保持良好的解题胃口. 以下是他对人称几何大王的叶中豪提出的一道几何题给出的证法. 之前单增教授曾给出一个解析证法,后又由赵力博士给出一个反演证法. 他在微信公众号"许康华竞赛优学"中给出的是一个利用 Simson 定理的证法.

题目11 在 $\triangle ABC$ 中,$AB = AC$,D 是 BC 的中点,P,Q 是 BC 上两点,点 D 在 AB,AC,AP,AQ 上的射影分别为 E,F,M,N. 求证:E,M,Q 三点共线当且仅当 F,N,P 三点共线.

证明 如图 24 所示.

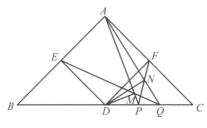

图 24

因 $AB = AC$,D 是 BC 的中点,所以 $AD \perp BC$.

如图 25,设过点 Q 且垂直于 BC 的直线与直线 AB,AP 分别交于 U,V,过点 P 且垂直于 BC 的直线与 AC,AQ,DV 分别交于 X,Y,K,则

$$UV \parallel XY \parallel AD$$

$$\frac{YP}{AD} = \frac{QY}{QA} = \frac{VK}{VD} = \frac{PK}{AD}$$

这说明 $YP = PK$,即 P 是 YK 的中点. 而 $DP \perp YK$,所以 $\angle VDC = \angle CDY$.

另一方面,注意 AD 是 $\angle CAU$ 的外角平分线,$\angle DAC + \angle ACD = \angle CDA$,于是

A,D,V,U 四点共圆 $\Leftrightarrow$ 四边形 $ADVU$ 是等腰梯形

$\Leftrightarrow \angle AUV = \angle UVD \Leftrightarrow DV \parallel AC \Leftrightarrow \angle VDC = \angle ACD$

$\Leftrightarrow \angle CDY = \angle ACD \Leftrightarrow \angle YDA = \angle DAX$

$\Leftrightarrow$ 四边形 $ADYX$ 是等腰梯形

$\Leftrightarrow A, D, Y, X$ 四点共圆

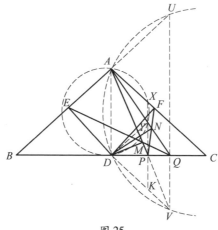

图 25

这样,因 $DE \perp UA, DM \perp AV, DQ \perp VU, DF \perp XA,$
$DN \perp AY, DP \perp YX,$ 故由 Simson 定理及其逆定理得

E, M, Q 三点共线

$\Leftrightarrow A, D, V, U$ 四点共圆

$\Leftrightarrow A, D, Y, X$ 四点共圆

$\Leftrightarrow F, N, P$ 三点共线

证毕.

笔者平面几何水平有限,引用各位高人的文章借以评论本书,纯属借花献佛,向各位被引用者表示感谢. 这也是一次新媒体与传统媒体的融合尝试,如有不妥,敬请批评指正.

刘培杰

2018 年 4 月 13 日

于哈工大

不等式探究

安振平　著

内容简介

　　本书共四编,包括:两数和与积的不等关系,课本条件指数不等式的探究,一个不等式的化简,沟通两个经典问题的联系,三正数的分式不等式等 33 章. 本书详细介绍了不等式的基本知识概念及其相关内容,同时讲述了不等式在不同学科领域的应用.

　　本书可供高中、师范院校数学系的师生和不等式爱好者阅读.

序

原来你一直都在这里

——《不等式探究》出版记言

　　安振平先生的著作《不等式探究》即将付梓,让我为其写几句话,我甚为惶惑. 虽然同为数学人,这么多年的主要精力是编辑出版经营,顶多是数学的"边缘人",对于不等式的研究,实在不敢妄言. 迫不及待地翻阅了全书的内容,还真有些许感触,写出来与大家共勉.

　　我与振平先生相识始于 20 世纪 90 年代初. 那时我刚刚大学毕业, 到中学数学教学参考编辑部从事编辑工作, 满眼新鲜, 满腹好奇, 未见先生面, 先闻其"不等式研究"之盛名. 省教研室的朋友说陕西咸阳的永寿县出了一位数学奇才教师, 发现了以其名字命名的"安振平不等式", 因为教学研究成果突出, 32 岁就是全省最年轻的数学特级教师了. 执教乡村一隅, 却饱含数学情怀, "位卑"不忘教研, 这不由得让我对安振平先生的敬仰之情油然而生, 且期待与其相识相交, 这才有了后面 20 多年两位职业挚友"过从甚密"的深情交往.

　　对于不等式的研究, 振平先生完全出于个人的兴致爱好. 毫不夸张地说, 他把别人打麻将抑或休闲的时间都用来进行教学研究了. 不等式是他教学研究的"核心地带". 他对数学教育研究的勤勉、执着让我敬佩. 这么多年来, 只要有机会见面交流, 他每次都会带来自己手头研读的数学新书或者期刊热文推荐给我. 每次出差、开会期间和安老师同处一室, 彻夜交流切磋, 后半夜我常常不能自持倒头睡去, 他总还要阅读一番才肯睡去. 我一觉醒来, 他又在那里读书了. 今天这些关于不等式系统而深入的研究成果, 对他而言绝不是上帝简单眷顾的幸运, 而是功到垂成的自然产物.

　　本书内容从不等式的基础, 到高考、竞赛, 再到探究, 由浅入深, 层层递进, 非常方便读者朋友阅读学习. 这些成果都是安振平先生对多年来自己在各家期刊正式发表文章进行系统梳理后再加工而成, 既有诸多不等式问题的详尽证明讲解, 还有精心选置的几道思考问题及参考答案, 有很多问题还再现还原了探究的背景, 并提供了多种证明的思路和方法.

　　毫无疑问, 这本薄薄的小册子, 浸润着安振平先生几十年不等式研究的轨迹, 也是他毕生心血的凝聚. 一个问题的一种证明方法也许只有短短几行, 但数学人应该能体会, 那背后也许是作者多少个不眠之夜的苦思冥想, 也许是困扰许久的妙手偶得. 这其中呈现出的绝不仅仅是数学知识本身了, 还应该有研究者专业的诉求、人生的态度、探究的精神.

　　几十年了, 安老师, 原来你一直都在这里.

　　我要对所有购买、阅读此书的读者朋友表达敬意. 因为你们也是和安振平先生一样的中学数学的同道中人,也是数学教学研究的爱好者、践行者,这里是智者的天堂,这里是思者的乐土,预祝你们自由驰骋于数学思维的广袤草原,把采撷到的智慧之化与人家共享,用数学将人类的生活装点得更加精致美丽.谨以此文恭贺安先生著作正式出版.

马小为

2015 年 12 月

于陕西师范大学

前 言

不等式是初等数学的核心内容,在现行的高中必学和选学教材中,不等式仅涉及不等式的性质和一些著名不等式的应用,学习的内容相对基础,然而,在各级各类的考试中,不等式求解、证明和应用却是一个热门的话题.

不等式的图书已有许多名著,适合于不同层次的读者去学习.笔者在多年教学工作之余,思考了一些浅层次的不等式,探究这些不等式证明和演变已成为自己学习的习惯,从这些肤浅的思考文章里选择了一部分,意从高中教材、高考试题、竞赛试题以及初等数学研究里的不等式这四个层次,整理成书,作为不等式学习的入门也许是有意义的.

不等式证明的方法多样,最基本的方法那就是作差、作商的比较方法,当构造了一个恒等式,舍去当中的非负非正量,也许就生成所要证明的不等式.当掌握一些重要不等式,诸如:均值不等式、柯西不等式、排序不等式、切比雪夫不等式、琴生不等式、舒尔不等式等,灵活应用这些不等式及其变形,可以证明许多不等式.构造函数,建立局部不等式,待定系数,变量排序,变量替换,变量调整,反证法,数学归纳法等,均为常用的证明不等式的解题方法与技巧.

本书中的各节次之间既有联系,又相对独立,读者在阅读时,不必依照书的节次顺序,你可以先阅读一些自己感兴趣的话题,也可以先阅读节次前的例题.对于后面的习题,建议你探

213

究自己的简捷解答方法,也许书中的解答繁笨,或许能给你少走弯路的启示.对于一些难度较大的问题,建议你放一放,等你积累了有关知识以后,再反过来去阅读、去探究、去演练.学贵于思,思在于疑.解答数学问题时,既要知道"是什么"(解题知识),还要明白"为什么"(解题方法),更要反思"还有什么"(解题潜能),只要坚持这样的持续训练,必将逐步提升你的发现问题、提出问题、分析问题和解决问题的能力.

本书可供高中、师范院校数学系的师生和不等式爱好者阅读,限于作者水平,书中的疏漏在所难免,敬请读者不吝指正.

本书获咸阳师院重点科研课题(初等不等式研究(08XSYK110))和陕西省高等学校教学改革项目(基于微课程的教师教育课程教学模式创新研究(13BY89))研究经费支持.

安振平

2015 年 11 月 26 日

于咸阳秦都

二十世纪中国数学
史料研究(第一辑)

张友余　编著

内容简介

　　中国现代数学史的研究已是时不我待,在这样的形势下,深入调研、全面搜寻与积累第一手史料,同时从各个视角、各个方面、各种层次开展专题研究,应该是目前中国现代数学史研究的正确方向.本书正是出于这个明确目标编写而成的.

　　全书分为两编:第一编是综合性专题研究,第二编是二十世纪部分中国数学家的传记资料.

　　本书适合数学爱好者参考阅读.

序

　　中国古代数学有着悠久的传统,但明代以后落后于西方.从 20 世纪初开始,在科学与民主的高涨声中,中国数学家踏上了学习、赶超西方数学的历程.这是光荣的历程,中国现代数学从无到有,从学习、移植发展而为立于世界数学之林的欣欣向荣的事业;这是艰难的历程,几代学人追梦、拼搏,充满了可歌可泣的事迹."历史使人明智"(F. 培根言),以史为鉴,回顾总结 20 世纪中国数学发展的历程,对于我们继承发扬老一辈数学家的创业精神,振兴中华数学、实现数学强国之梦有着不言而喻的现实意义.

20 世纪的中国数学,无论是发展速度之快,涉及领域之广,还是研究成果之丰,都是以往任何时代无可比拟的. 现代数学在中国传播、发展的社会背景则可谓风云变幻,错综复杂. 这一切都使得中国现代数学史的研究面临种种困难. 另外,由于整个现代数学仍处在变化发展之中,一些事件、人物和成果的评价尚需假以时日,需要经过历史的冷却. 因此,依笔者所见,目前编写一部系统的中国现代数学通史时机尚不成熟. 然而中国现代数学史的研究又时不我待,在这样的形势下,深入调研、全面搜集与积累第一手史料,同时从各个视角、各个方面、各种层次开展专题研究,应该是目前中国现代数学史研究的正确方向与可行之道.

张友余先生的这部《二十世纪中国数学史料研究》,正是在正确方向指引下,历经 36 年的艰辛而收获的 20 世纪中国数学史研究正果. 全书分为两编:第一编是综合性专题研究,第二编是二十世纪部分中国数学家的传记资料. 看完全书,最深的印象就是史料之翔实. 书中披露的史料有不少过去鲜为人知,为了获得这些史料,作者多年探寻于各地档案馆,或走访相关学者与名家,功夫之深,绝非一朝一夕. 然而本书也绝不是史料的堆砌,正是在可靠的第一手史料基础上,本书澄清或解答了 20 世纪中国数学史的一些疑难问题,例如五四运动时期的数理学会和数理杂志、西南联大数学系的相关史实、抗日战争时期"新中国数学会"的来龙去脉、40 年代的国家学术奖励金中的数学奖项、mathematics 译名的变迁,等等. 即使像迄今所知我国最早留学学习数学的冯祖荀先生的出国年份、中国数学会首任主席胡敦复的生卒年月这样的细节问题,作者也都以认真的态度根据史料考证给出了确定无疑的结论. 与此同时,基于史料的研究,作者对于中国数学发展的一些重要问题如 20 世纪 30 年代华罗庚与陈省身成才环境和因素的思考、中国数学学科率先赶上世界先进水平的可能性分析等,也给出了自己的见解. 因此,本书虽由一些看似分散的专题研究构成,但汇集在一起却将成为人们整体了解中国现代数学发展历史的不可或缺的研究文献.

笔者认识张友余先生是在 20 世纪 90 年代初,当时她正与中国数学会专职副秘书长任南衡合作整理中国数学会的史料.二十多年来,我们见面不多,但时有书信往来或电话交流,知道她一直是在几乎没有经费资助的情况下坚持不懈从事中国现代数学史料的搜集与研究,以瘦弱之驱,奔波劳顿,辛勤编撰.尤其是进入耄耋之年以后,在视力近盲的情况下,仍借助放大镜整理资料,笔耕不辍.这种对中国现代数学史研究事业的执着精神和建设数学强国的追梦情结,使笔者深受感动."一分辛苦一分才",近四十年的岁月,磨炼了一位掌握着极丰富的中国现代数学史料的专家,作为其研究工作结晶的《二十世纪中国数学史料研究》亦将由哈尔滨工业大学出版社出版.遥闻佳音,不胜欣喜,命笔献序,以表敬贺之意.

中国科学院数学与系统科学研究院
李文林
2014 年 4 月
于北京中关村

前 言

《二十世纪中国数学史料研究》是一部专题性的研究作品.虽然零散,却澄清了这段历史中几个难解问题,可为将来编写《二十世纪中国数学史》的学者,搬走几块路障石,扫除一点障碍.

从广收史料到集成本书,经历了 36 年(1978—2013)漫长岁月.最初是在我的导师魏庚人教授指导下,收集中国数学教学期刊,编写《中国中等数学文摘》.20 世纪 80 年代,是搜寻史料的摸索阶段,如何利用众多史料、方便查阅、为我所用? 在集中后再分类,拆拆分分、抄抄写写,几经反复,花了大量精力和时间.1988 年,"21 世纪中国数学展望"学术讨论会征文,我根据征文通知要求,用 1978—1988 年这十年积累的各种资料,集中分析判断,用大量资料说明"21 世纪中国数学率先赶上世界先进水平"是有可能的.(见本书第一编第 21 篇),此文随后受

217

邀参加了这次大会,深受鼓舞.

20 世纪 90 年代以后,我的工作基本上是遵照陈省身先辈的教导,王元院士关于近现代中国数学史研究指引的方向进行. 抓紧时间搜寻史料,搞专题研究. 对于专题,先是无知,史料引导我知之,多种史料让我逐渐认知较多,在归纳对比中发现问题. 有了问题要寻找解决问题的途径,就形成了专题研究.

最早出现的问题是:我国现行数学期刊中,创刊最早的《数学通讯》的创办人是刘正经还是余介石? 新中国成立前后中国数学会是如何恢复活动的? 说法不一,谁准确? 随着史料收集增多,问题也越多,例如:华罗庚的《堆垒素数论》获奖的一则记述就引出了几个疑问:① 新中国成立前是否就授过这一个奖? ② 部聘教授是怎么回事? ③ 华罗庚获奖、何鲁、部聘教授三者有无联系? 我在 1990 年的一篇文章中也引用了这则记述,误导较广. 在收集中国数学会史料的过程中,出现的问题就更多了,最初面对首任主席胡敦复,连生卒年代都不知道;在纪念中国数学会成立 50 周年的报告中,为什么不提新中国数学会,两者关系如何? 促使我很想查清抗日战争期间存在 8 年的新中国数学会的始末. 收集中国数学会史料结束后,又引出需要研究杨武之对我国数学教育、培养人才的杰出贡献 …… 专题的出现,扩展了搜寻史料的思路和线索,两者相辅相成、互相促进. 但是,要最终解答问题,史料是关键,有些史料是在文字中找不到的,就需要健在的当事人、知情者提供. 在此,我怀着诚挚的敬意、衷心感激老一辈数学家,对我从事的这项史料研究工作的支持、帮助和指导. 他们提供的不少史料,在解决问题中起了关键作用. 本书在相关专题中,收进了数封他们给我的回信.

20 世纪研究的多是某一个点或某一方面的专题. 如何从面上或整体上评价新中国成立前(基本上是 20 世纪前半叶) 我国的数学工作,尚缺乏史料. 2001 年李文林教授赠我两份数学论文目录,我以袁同礼编的目录为基础,划定 1950 年以前我国学者在外刊发表的数学论文和数学博士论文收集范围. 对照我已收集的各种论文目录,力争基本准确、基本收全(做不到"绝对"二字), 然后逐篇手写卡片. 按多种顺序编号,如:

218

49510B0112,前两位数表示年份 1949 年,3—5 位数表示期刊类别,"510"是基础数学类,"B"是国别美国,"B01"是该国期刊序号,最后两位数是当年论文序号."49510B0112"的全称便是 1949 年熊全治在美国基础数学期刊第 1 号 Bull. Amer. Math. Soc. 上发表的论文,编入 1949 年外刊论文第 12 号.利用此号可以简单制作各种索引,方便查找.例如:作者索引、期刊索引、国别索引等.这些目录卡片再经过分类、统计归纳,帮助我统观全局,从整体上分析问题起了决定性作用,直接帮助我完成了本书第一编第 2,3,4 三个专题的研究.如果再细查,这些目录还可进行多方面的专题研究.论文目录是一项基础性的史料收集工作,感谢李文林教授的赠予,可惜论文目录并不被当今社会重视,难予出版,流通面太窄.

本书内容主要放在 20 世纪前半叶,原因有二:其一,现代数学系统进入中国是 20 世纪初才开始的,从源头开始,符合历史研究的一般规律.其二,前半个世纪的中国,连绵不断的战乱,动荡搬迁,史料记载较少、遗失较多;加之以后在极"左"路线强行干扰下,对新中国成立前的许多工作,基本持否定态度.到八九十年代我们想搜寻时,健在的当事人已耄耋之年,知情者都年过古稀,有抢收之急.

第二编的中国数学家,分传记年谱和专题两部分.前者是专门研究,从源头开始选择了 7 位具有一定开创性的数学教育家和数学普及工作者.我国要争取成为数学强国,需要数学教育和普及工作先行,培养大批精英人才;再说他们多是在一定范围内有一定贡献而鲜为人知的专家,黄际遇和刘正经在已出版的数学家传记中未出现过.杨武之,我认为他是 20 世纪培养帅才最丰、最杰出的数学教育家,需要深挖研究他的教育思想、组织才能,总结经验,以利 21 世纪数学教育的发展,因此花了很大精力整理他的年谱,在本书中占的篇幅也较多.在这 7 位数学家传记之后,还附了 1—3 篇非本书作者写的"研究文献",供对这些专家感兴趣的读者参考.第二篇的后者"专题",多是为某种纪念而写,仅供参考.同时寄托我对他们的敬仰和怀念!

经过几十年的史料积累,产生的研究专题也较多,不少专题研究半截就搁下了.如今患老年性眼底黄斑变性,视力近盲,又进入耄耋之年,继续研究的可能性极小.学习老一辈数学家给我传承的榜样,愿意将一些专题史料奉献给立志干这项工作的下一代.

历史长河无限,个人的阅历、学识、条件都有限,能力难及.书中所叙,定有不完善、不准确之处,欢迎广大读者、专家随时给予批评指教,共同努力,实事求是,还 20 世纪中国数学发展的本来面目,准确总结经验,以利再战.

我校原汉语系退休的张采薇教授,阅读了本书初成稿,对编排词句等中肯地提出一些修改建议.我国著名数学史专家钱宝琮之孙钱永红,继承祖业,在已有研究的基础上,五年前干脆从外贸工作岗位上辞职,专攻中国近现代科学史,成效显著.他阅读本书初稿,特别注意对外文字词的校订和个别内容的修改补充.他们的帮助为本书增辉,特致以诚挚的感谢! 我的两个孙女,赵蕴清(研究生)先后用了三年的假日,王培华(大学生)参加工作之前用了两个月,将原稿内容陆续输入电脑,反复修改、打印,不厌其烦,做了大量的具体事务工作,青年人这种耐心、细致、认真精神值得赞扬,希望她们健康、顺利成长.

张友余
于西安 陕西师大
2013 年 9 月 16 日

后 记

本书即将付梓、出版在望,历历往事,感慨万千.

我古稀耄耋之年,患上老年性眼底黄斑变性难治的眼病,为了延缓致盲,中断了正在学习的电脑操作.在当今网络大发展时代,不会电脑,等于"科盲".所幸赶上了我国在深化改革中,践行社会主义核心价值观的时代,国家富强民主,社会安定和谐,自由、平等、公正如今成为现实.人的善良本性回归,友善、助人为乐,不再受出身、经历、年龄等限制.我这位年迈的女知识分子,在本书交稿前后,充分享受到了人间关爱的温暖.

前些年,一般平民知识分子,要正式出版一部销量不大的著作,作者必须倒贴数万元买书号、交纳印刷出版费用.此时,哈尔滨工业大学出版社刘培杰数学工作室的刘培杰先生,得知本书的主要内容后,毅然答应免费出书,而且不限交稿时间.我的朋友、邻居和一家三代都为此鼓舞,支持并帮助我首先将多年的主要研究成果汇集成册,公诸社会.知情者阎景翰教授、曹豫菽、袁秀君夫妇等都伸出援助之手,在此,由衷地感激所有帮助过我的人们,谢谢大家!

1966 年"文化大革命"开始后,大学停止招生已经 6 年.1972 年,我任教的陕西师范大学数学系,即将迎来由基层推荐的首批工农兵大学生入学,急需重建遭"文化大革命"破坏殆尽的资料室.我受命担当此一任务.从教学岗位转入资料工作,我对这项新业务,刚开始时一无所知,为了完成好组织分配的新任务,我常到西北地区历史最久的西北京大学学数学系资料室请教.当时主管该室工作的赵根榕教授(1922—1991),学识丰厚,又非常热心帮助年轻人,他成了我做好资料工作和数学史料研究的启蒙老师之一.1991 年 4 月 5 日,赵老师心脏病突发,骤然离世,终年才 69 岁.我永远怀念,感谢扶持我成长的赵根榕教授.

1978 年 3 月,全国科学大会后,我的导师魏庚人(1901—1991)决定在耄耋之年编一部《中国中学数学教育史》,填补国家在这一领域的空白,他建议我配合研究中国中学数学教育教学普及刊物.1979 年落实政策,魏老师恢复了数学系主任的职务,我也归口调回教研室,但此时,我对资料工作已感兴趣,恋恋不舍,他支持我重返资料室,加强该室建设和进行资料研究.1980 年如愿重返后,他就指导我编写《中国中等数学文摘》,发挥师范大学培养师资的特点.后又以他担任首届中国教育学会数学教学研究会理事长的身份,亲自为该书写序.序中说:"希望各方面人士关心它的成长,使它真正成为推动我国中等数学教育改革,提高教学质量的一本得力的工具书."1983 年 3 月,《中国中等数学文摘》第一辑顺利出版.紧接着便邀请了几位有丰富教学经验的中学教师合作编写,又编了三辑,一百余万字.非常遗憾,此时全国出版社改制为自负盈亏,编辑把

221

"清样"都已排好了(当时是铅字排版),经费发生困难,无法付印,始终未能与读者见面.这项工作虽被夭折,却促进了我对我国数学期刊的全面了解与建设.外国数学期刊,因经费限制虽然不多,经过多年摸索积累也基本了解其刊目和简介.1987年,受邀承担了《数学辞海》内的中外数学期刊词条的编写,魏老师也很支持,经常关心、过问.

　　1985年4月,为提高中学数学教育教学普及刊物的质量,由中国数学会下属的普及工作委员会和教育工作委员会主持,在河南洛阳召开首届"全国中学数学普及刊物工作会议".会上,我对我国数学教育教学普及刊物的发展历史和现状分布做了发言,受到与会者的欢迎和几位主持人的重视,由此结识了中国数学会专职副秘书长任南衡先生.此后,经过有关工作的交往,逐渐熟悉.1990年暑假,我们便商议在他1985年完成的《中国数学会五十年》一文的基础上,进一步核定史实,补充史料、完善内容,合作编一部《中国数学会史料》的书.那时我55岁,刚退休,有时间有精力,而任先生的工作却很忙.于是分工决定:他开路、我跑腿.随后又得到数学天元基金的资助,具体的调查访问、核实史实、充实史料,基本上由我做.任先生的工作性质属于对高级知识分子的管理干部,他非常敬业,对待工作任劳任怨,尊重知识分子、平等待人,在老一辈数学家中有良好的口碑.借此增强了受访者对我的信任,支持我们为中国数学会完史提供素材,乐意接受我的采访和信件.有的前辈带着病体迎我;有的是大病初愈就急着回答我提请的问题.有些问题、事件涉及早年已故数学家,是受访者的老师或同事,因年久记忆模糊说不准确,他们便转访其家属和知情人,或亲自到图书馆查资料,到档案馆找当事人档案,或亲自带我到特殊馆藏室查抄,以核准为止.众多前辈爱国敬业的行动,深深教育了我,提高了我对许多问题的认识水平.

　　前辈和专家们及有关先辈的家属提供的原始史料,不仅帮助任南衡和我完成了《中国数学会史料》一书的编写任务.再经过进一步梳理、思考,提高、充实这些史料,便构成本书若干专题研究.

　　在此,特别感激陈省身先辈、王元院士、李文林教授,衷心感谢他们多年来对我搜寻史料,进行专题研究的悉心指导和帮助.

　　我效力一生的单位 —— 陕西师范大学现任副校长赵彬教授、数学与信息.科学学院吉国兴院长、李田会书记,得知本书将要出版的消息,都很关心、支持.西北京大学学数学与科学史研究中心曲安京主任,推荐了两位相关研究方向的博士协助.领导和专家的支持,使我非常欣慰.20 世纪中国数学发展的历史,待研究的史料课题还很多很多,盼望年轻一代往下传承,特在书后添加"第一辑"三个字,意味着它将有"第二辑"等.第一辑交稿后,经过数月酝酿,钱永红先生已经接手编写《近代科教先驱 —— 胡门三杰》专著,第一辑中"20 世纪前半叶中国数学家论文集萃",经过专家审核过的 50 篇优秀学术论文目录,合作者王辉博士就这些论文内容将辑录出版.以后的内容也与曲安京教授推荐的两位博士亢小玉、宋轶文正在积极酝酿准备中,宋轶文博士承担了本辑的最后校对任务.盼望广大读者多加指教、帮助.

张友余

2014 年 12 月 4 日

于陕西师大

高中数学题典——
不等式、推理与证明

甘志国　编著

内容简介

　　本书是《高中数学题典》丛书的第 5 卷——不等式·推理与证明.收录的题目有基础题和高考题,还有全国高中数学联赛和自主招生试题.

　　本书可供高三学生复习备考时使用,也可供参加全国高中数学联赛和自主招生的同学和教练使用.

前　言

　　从一定程度上说,数学教(学)就是数学的解题教(学).对定理的证明、公式的推导是这样,对于概念教(学),还是如此.

　　笔者于 1988 年参加工作,至今从事数学教(学)近 30 年了.这期间,无时无刻不在与数学题打交道:从不会解、模仿着解,到冥思苦想、查阅资料、向前辈请教讨论,再到欣赏解题方法、探寻解题规律、编制试题,……

　　笔者于 2008 年、2009 年在哈尔滨工业大学出版社分别出版了《初等数学研究(Ⅰ)》和《初等数学研究(Ⅱ)(上、下)》;于 2014 年在哈尔滨工业大学出版社出版了《数学解题与研究丛书》,包括《集合、函数与方程》《数列与不等式》《三角与平面向量》《平面解析几何》《立体几何与组合》《极限与导数、数学归纳法》《趣味数学》《教材教法》《自主招生》《高考压轴题(上、下)》11 册;于 2015 年在哈尔滨工业大学出版社出版了《北京市万区文科数学三年高考模拟题详解(2013—2015)》《北京市五区理科数学三年高考模拟题详解(2013—2015)》和《数学高考参考》;于 2014 年在浙江大学出版社出版了《高中数学经典题选·三角函数与平面向量》;于 2014 年在清华大学大学出版社出版了《高考数学真题解密》;于 2016 年在中国科学技术大学出版社出版了《重点大学自主招生数学备考用书》,这些著作也大多是数学解题方面的阐述.

哈尔滨工业大学出版社刘培杰副社长(即刘培杰数学工作室主任)曾在《数学解题与研究丛书》的"编辑手记"中写道:

> "甘志国的作品首先是短小精悍,言之有物.虽不顶天但总是立地.素材皆取自中学数学教学实际,绝无凌波微步.每一篇小文章都是有感而发.每一个例题都是就地取材,没有一点八股痕迹.
>
> "其次,甘志国先生的作品引用的例题非常之多.恰似苏绣之丝线远不止 4 800 种(为什么(苏绣)那么漂亮呢?就是因为丝线的品种很多,听说有 4 800 多种,光红色的就有几十样,颜色的花样很多,所以绣出来的东西好看、逼真.写文章也是一样,词汇好比丝线,掌握词汇越多,就能运用自如,变化无穷,随手拈来就能选出那些浓淡相宜的颜色,'织成'最美好的作品.).而且都是从一些我们熟视无睹的问题中看出问题来.西谚说:'魔鬼藏在细节之中.'对这些教材、教参、试题中大量细节的处理才是最能体现出一位优秀中学教师的功力.从这些小文章中我们也同时看到了一个中学教师对理想的追求."

笔者于 2009—2011 年间任湖北京大学学《中学数学》(高中版)"新题征展"栏目主持人,每月编拟一期"新题征展",深受读者喜爱,也使得杂志社结集出版的《新题征展》成为畅销书.这期间,笔者的解题能力得到了提升,也结识了不少解题专家.

1994 年 2 月,笔者在《数学通讯》上发表了小文章《$\{R(n^m)\}$的周期性》,而后笔耕不辍、殚精竭虑,在期刊上发表了大量的文章.每年高考后的三个月,是笔者写稿的黄金时期,那就是认真钻研各省市的高考题.笔者发表的拙文,大多是数学解题方面的研究.

这次,笔者又把对数学解题方面的阐述或研究整理成《高中数学题典》丛书,这套丛书涵盖了高中数学的主干知识,且兼顾非主干知识.收录的题目有基础题和部分高考题,还有全国高中数学联赛和自主招生部分试题.

丛书可供高三师生复习备考时使用,也可供参加全国高中数学联赛和自主招生的同学和教练员使用.书中的试题还可方便老师在教学和编拟试题时选用.

丛书取名"题典",表达了作者的意愿是"题目及其解法典型、典范"(但限于作者的水平所限,疵病一定不少,敬请读者批评指正)."题典"选题的标准和安排原则是:

(1)基础性 —— 题目及其解法不偏不怪.

(2)典型性 —— 题目及其解法具有代表性.

(3)渐进性 —— 题目安排的顺序是由易到难,同一道题目的多种解法的顺序是由通法到特技;由基础题到高考题、联赛题、自主招生题;由选择题、填空题到解答题.

(4)实践性 —— 题目都是笔者做过或研究过的,其中不少还是笔者在教学中使用过且学生愿意做的.

(5)严谨性 —— 解答严谨,力求典范.

(6)研究性 —— 所选题力求有研究价值.

"题典"中有不少题目的解答并不仅限于"完整解答",而是有不少研究的内容,这正是:鸳鸯绣了从教看,"欲"把金针度与人.

欲参加高考或数学竞赛的同学都要做大量的数学习题.数学题太多了,且不断推陈出新,变化无穷,好比浩瀚的海洋,以至有"题海""题洋"之说.

要学好数学,必须做习题,正因为此,不少人才觉得数学学习的艰辛.可面对浩瀚的题海,一个人往往不可能做完所有的练习,即便你有超人的智能和精力,哪怕你毕生去搜寻、演练.

所以,笔者还要敬告本书的读者 —— 完全没有必要做完本书中所有的题."弱水三千,只取一瓢." 从大洋中舀一瓢水,细细品味,就可以知道大洋的成分.同样地,自己根据情况从本书中选出一部分习题,仔细分析,就可以基本了解高中数学同类题的全貌,进而提高解题能力,在题洋中自由自在地游来游去.

愿本书对读者的数学解题、数学教(学)有所帮助.

甘志国

2016 年 6 月 1 日

三角等式证题法

冯宝琦　丁学登　著

内容简介

本书以统编教学大纲为基础,以三角恒等式证明为例,比较深入细致讨论了解题的正确思路、方法及技巧.本书对三角计算题的解法也进行了深入分析,指出了正确的解题思路.

本书适用中学生、知识青年自学,也可供中学数学教师参阅.

再版前言

学数学,不做数学题,是学不好数学的.解数学题的过程就是学习数学的过程,也是对数学的概念、方法和意义加深理解的过程.

困扰学生的是如何学会解数学题.现在我们能见到的数学书都是"概念的定义、公式的推导、典型的例题示范和让学生模仿的练习题"格式.这样的教授方法和自古以来的师傅向徒弟传授技艺的方法是一样的.师傅做一个样品给徒弟看制作的全过程,让他知道样品是怎么做成的.徒弟就"照葫芦画瓢"一遍又一遍地去做,直到做成为止.徒弟只要不怕苦,勤学,多练,自会慢慢领悟,熟能生巧,成为"行家".自古以来,成百,成千,成万的人才就是这样造就的.

近百年来,考试、竞赛让数学题越来越多样化,复杂化,成为题海.那种古老的师徒间的"手工业式"的传授要求学生做超大量的练习,强记超大量的典型例题以及各种技巧,使学生疲于奔命,但收效甚微.

1982 年和 1984 年,黑龙江教育出版社分别出版了我们为高中生编著的《三角等式证题法》和《代数等式证题法》两本书.它们是不同于上述的数学题解书的.书中我们指出了证明一个等式的一般模式.我们用各种不同的例子详细地解释了一个正确的解题思路是怎样产生的.学生学会并掌握了这种思维方法,他差不多就会做题了.

2001 年 1 月 12 日,在 New Orleans 的美国数学学会联合年会上,我有十分钟的时间发言.我的演讲题目是"如何证明三角等式"(详见本书附录).在那个十分钟中,我讲了"一个正确的证明思路是怎样产生的"和三个例子.当我结束演讲时,一位女数学家站了起来,双手举起两个大拇指,热情鼓掌.当我走出演讲室时,两位印度数学家正等着我.他们问我是否打算写一本书.我的回答是:"是的,我会写的."当我回到 Ohio 打开计算机时,我见到有位教授要我在会议中的发言稿的来信.

我的儿子(Louis Feng)和他的两位同学(那时他们都是十八岁中学生)1998 年参加了一个世界范围内的中学生的网页设计比赛.他们的网页的载体是"三角等式——一个聪明而精巧的证明法".他们的作品最后进入半决赛的等级.1998 年 1 月,在 San Antonio 的美国数学学会联合年会上,著名的数学教育家,威斯康星大学 Richard A. Askey 教授在他关于美国的数学教育长篇演讲中,表扬了"三位青年数学家"的网页上的"聪明而精巧的三角等式证明法",同时批评了有些数学教师使用图像计算器来证明三角等式的错误做法.

读者如有兴趣可以访问下面的网址(由三个中学生设计):http://thinkquest.outofcore.com.

我们非常惊奇的是哈尔滨工业大学出版社刘培杰编辑和他的数学工作室至今还记得我们三十年前的拙作《三角等式证题法》和《代数等式证题法》两本书.他们很欣赏并给予这两本

小书再次出版的机会. 作者在此向刘培杰编辑和他的数学工作室致以由衷的感谢.

冯宝琦

2014 年 10 月 1 日

于 Kent State University

前 言

　　把您关在一间伸手不见五指的屋子里,您能否自己走出屋外? 回答是肯定的. 您为了走出屋子,自然想到必须要找到门,或类似门的窗,而门或窗都是嵌在墙壁里的,所以为了找到门或窗,您就应该首先碰到墙壁,然后顺着墙壁,就能摸到门或窗,这样,您就可以走出这漆黑的屋子了. 根据上述的判断及推论,您为了走出屋子,没有必要考虑首先往哪个方向迈出第一步的问题,事实上,您可以往任何一个方向迈步,并且继续走下去,一直到碰到墙壁为止,然后顺墙摸门,总可以走出屋子. 然而如果要求您在较短的时间里走出这个屋子,那么,您就要考虑迈步的最佳方向的问题了. 很显然,您径直往门那儿走去,就是最佳方向.

　　解数学题犹如关在黑屋里的人要找到门走出屋子的问题一样. 首先要考虑迈步,其次要考虑如何迅速正确地找到"门"——解题思路. 当然,这两个问题也有不一样的地方. 如果这个黑屋对您是陌生的,并且您是在不知不觉的状态中被安置在屋子里的,这样,您要一下子走到门那儿去的可能性是很小的,因此,您只能按任意一个方向迈步,触到墙壁后,才能有所头绪. 但解数学题的情况就比径直走出黑屋的问题容易得多了. 这是因为,对每道数学题来说,题中的条件以及结论的本身,也就暗示了"门"的方向,从而或多或少地给您指出了往哪儿"迈步"的途径;另外,您在解题的过程中,也不是关在伸手不见五指的"黑屋"中,因为在您的手中举着一支微弱的烛光——这支烛光的亮度完全由您的有关的基础知识和解题的经验的多少来决定的.

本书的目的,就是试图从某一个角度,通过数学题本身的内在联系和差异来启发并引导您找到解题的途径,从而较顺利地解决问题. 我们殷切地希望广大读者能按本书的要求仔细阅读例题,并能模仿例题的思路做一些习题,只有这样,才能使本书对您有所裨益.

一般来说,数学问题可区分为两大类:一类是寻求未知者,属于"求解"问题;一类是要求判定某个结论,属于"证明"问题. 例如,有的是寻求一个"答案"(或是数量,或是图形,或是某个结论,……);有的是寻求一个方法(比如要找一个合乎一定条件的计算程序或作图方法等),这些都是属于求解问题. "证明"问题中也可以细分为几种,一种是要求证明某些数量的关系(如等式关系、不等式关系等);还有一种是要证明某些性质或某种属性(如求证 $\sqrt{2}$ 与 π 为无理数,求证三分角问题尺规作图的不可能性等)①. 本书不想,事实上也不可能对上述的所有问题的解决给出一个统一的方法,我们只是想从一类最特殊的问题 —— 等式证明来讨论解题的思想方法,以供中学生学习数学时参考.

哈尔滨师范大学的吕庆祝教授曾阅读了本书的第 1 章至第 6 章并提出了宝贵的意见,在此表示深深的谢意.

后 记

写作本书的目的是想通过对三角等式的证明方法的讨论,探索一下人们解题中的正确思路. 用我们的语言归纳为:找差异,抓联系,促转化,求统一. 本来我们还想将这种指导思想应用于三角不等式以及代数、几何各类问题的证明,读者将会发现,这样的思考方法,对于那些问题同样是有效的. 而这样做,势必要增加这本书的篇幅,同时也将使此书的中心不够突出. 因此,我们将这部分材料省略了,拟在另外的小丛书中加以阐述.

---

① 见徐利治《浅谈数学方法论》.

231

关于本书,还有几点要说明的.

(1)在等式证明中,分析法(即对结论进行变换、化简、达到一个明显的结论,而又如果变换的每一步是可逆的,则即可推知所求证的等式成立)以及由定义出发的直接证明,都是十分重要的.而在本书中,对分析法提到得很少,对由定义出发的证明方法根本没有提到.所以这样做,也完全是为了使我们的书中心突出,这一点请读者务必加以注意.由定义出发的直接证明,在数学中,尤其在高等数学中,是十分重要的.同学们将来如果有机会到更高一级的学校去学习,就会体会到这点.例如,同角三角函数的8个基本公式的证明就是从6个三角函数的定义出发来验证的.

(2)在本书中,除了第3章例1我们给出了多种证法外,一般的题目,我们只给出一种证明方法,这实在也是为了节省篇幅的缘故.正如第3章例1的证明所提供的那样,对每个题目着手解决时的出发点不一样,就会得到不同的解法.这就是我们通常提到的"一题多解"的说法.对于一个初学者来说,如果每个题目经常考虑一下多种解法,这无疑是有益的.所以,对本书中的每个例题,读者在读完书中所提供的证明之后,可试图从另外的出发点出发,考虑一下是否还有其他解法.我们想,这样做,收获一定会更大些.

(3)众所周知,对于数的集合,如果我们在其中引入了相等的关系,并记为"=",则这相等的关系必须具下列诸性质:自反性,$a = a$;对称性,若 $a = b$,则 $b = a$;传递性,若 $a = b, b = c$,则 $a = c$.同时,我们又都知道,两个函数相等的定义是这样叙述的:

定义 若函数 $f(x)$ 与 $g(x)$ 有相同的定义域 D,且对于任何 $x \in D, f(x) = g(x)$ 总成立,则称 $f(x)$ 与 $g(x)$ 相等,并记为 $f = g$.

显然,根据这个定义,函数相等这个关系,同样具有自反性,对称性以及传递性.特别是传递性,这是我们进行函数等式证明的根本依据.

但是在不少的三角等式中,如果认真按照上述函数相等的定义推敲,实际上,有不少等式是不成立的.例如第3章例1所

共证明的等式

$$\frac{1 + \sin x}{\cos x} = \tan\left(\frac{\pi}{4} + \frac{x}{2}\right)$$

令

$$f(x) = \frac{1 + \sin x}{\cos x}$$

$$g(x) = \tan\left(\frac{\pi}{4} + \frac{x}{2}\right)$$

则 $f(x)$ 的定义域

$$D_f = \{x \mid \cos x \neq 0\} = \left\{x \mid x \neq n\pi + \frac{\pi}{2}, n \in \mathbf{Z}\right\}$$

而 $g(x)$ 的定义域为

$$D_g = \left\{x \mid \frac{\pi}{4} + \frac{x}{2} \neq n\pi + \frac{\pi}{2}, n \in \mathbf{Z}\right\}$$

$$= \left\{x \mid x \neq 2n\pi + \frac{\pi}{2}, n \in \mathbf{Z}\right\}$$

显然,$D_f \neq D_g, D_f \subset D_g$. 尽管对于每个 $x \in D_f, f(x) = g(x)$ 已经可以证明是成立的. 但按照函数相等的概念,我们是不能获得函数等式

$$\frac{1 + \sin x}{\cos x} = \tan\left(\frac{\pi}{4} + \frac{x}{2}\right)$$

成立的结论. 不过,本书讨论的对象主要是思想方法,而许多类似于第 3 章例 1 的等式,在中学课本上又屡见不鲜. 所以我们也就"放宽政策"地默认了. 其实上例所提供的等式,只是在 D_f 与 D_g 的交集 $D_f \cap D_g$ 上才成立的. 由于 $D_f \subset D_g$,又在 D_f 上 $f(x) = g(x)$,在函数论中,一般称函数 $g(x)$ 为 $f(x)$ 在 D_g 上的延拓,而称 $f(x)$ 为 $g(x)$ 在 D_f 上的部分或限制. 那么能不能对函数相等的定义进行如下修改呢?

定义 对于函数 $f(x)$ 与 $g(x)$,若对于任何 $x \in D_f \cap D_g (D_f, D_g$ 分别是 $f(x)$ 与 $g(x)$ 的定义域) 总有 $f(x) = g(x)$,则称 $f(x)$ 与 $g(x)$ 相等,并记为 $f = g$.

我们说,这样的修改的定义是不行的,因为按这样的定义,函数相等这个关系虽然还有自反性和对称性,但是传递性就不成立了. 这样,我们的恒等变换就无法进行了. 由此可见,修改

后的函数相等的定义是不恰当的.

由于作者的水平十分有限,错误在所难免,望读者批评指正.

作　者

2015 年 1 月 1 日

编辑手记

对于怀念大学时代的人来说,《东邪西毒》里的一句台词再恰当不过:"当你不能够再拥有,你唯一可以做的,就是令自己不要忘记."

20 世纪 80 年代是所有知识分子心中的黄金时代,笔者与本书作者也恰好相逢于这个美好的岁月,先是师生关系后来又成为同事.冯师讲课极富感染力,使学生深切感受到他对数学的挚爱,也是从冯师那第一次听说了《希尔伯特空间问题集》.1986 年夏笔者与冯师巧遇在新华书店,当冯师知道笔者在一家职工大学任教时力主将笔者调回当时的哈师专,这样我们又成了同事.20 世纪 80 年代正是数学奥林匹克在中国刚刚兴起的时期,冯师当时是哈尔滨市的主力教练,在冯师的力荐下,只有专科学历,且成绩并不拔尖的笔者跟随冯师开始了长达近 30 年的奥数教学生涯,在此过程对冯师的数学思维方法得以近距离观察.

数学教育家傅学顺总结说:数学思维发展有五大阶段:(1) 欧几里得的直观性公理体系和逻辑推理的平面几何;(2) 帕斯卡的形式化公理体系和数学归纳法,笛卡儿的直角坐标系和平面解析;(3) 牛顿、莱布尼兹和柯西的极限运算和微积分;(4) 希尔伯特的命题演算和图灵的计算机理论;(5) 波利亚的似真推理(猜想) 和思维方法.中国闻名世界的"双基"(基本知识和基本技能),其中"基本知识"反映了 (1)(2)(3) 三阶段,"基本技能"则多少反映了阶段(4),而在中国阶段(5) 是需要加强的.

冯师的这部旧作是对阶段(5) 的最好诠释.冯师就三角等式证明的本质给予了清晰的叙述:三角等式的证明过程就是消灭等式两边、条件式与求证式之间的角的差别,函数的差别以及运算的差别的过程、差别的本身就提示了如何选择适当的公式来缩小乃至消灭差别,达到证明过程的完成.冯师用各种例题向读者揭示了一个等式的正确而自然的证明过程,思路是如何产生等,在证明中又是如何一步步地完成的.从缩小不同的差别出发,可以得到多种证明途径.经过比较不同的证明就可以发现简单以及最简单的证明.

21 世纪以来在布尔代数和自动定理证明领域,所谓的"希尔伯特新问题"(也称"希尔伯特第 24 问题")被发现,在英文文献中表述如下:

The 24th problem in my Paris lecture was to be: Criteria of simplicity, or proof of the greatest simplicity of certain proofs. Develop a theory of the method of proof in mathematics in general. Under a given set of conditions there can be but one simplest proof. Quite generally, if there are two proofs for a theorem, you must keep going until you have derived each from the other, or until it becomes quite evident what variant conditions(and aids)have been used in the two proofs. Given two routes, it is not right to take either of these two or to look for a third; it is necessary to investigate the area lying between the two routes.

David Hilbert

新近发现的这一问题可以简单地表述为:什么是一条定理的可能最为简单的证明? 它集中于寻找简单的证明以及测度简单性的标准.

冯师在越洋电话中告诉笔者,他正在思考孪生素数猜想,而且给出了三个初等证明.但愿能像张益唐先生一样再出一次奇迹!

刘培杰
2015 年 5 月 19 日
于哈工大

235

代数等式证题法

冯宝琦　丁学登　著

内容简介

本书以全国统编中学教学大纲为基础,深入细致地讨论了代数等式证明的方法与技巧,归纳出按图索骥、量体裁衣、殊途同归等七种有效的方法,并对每一种方法都做了举例说明.

本书适用于中学生、知识青年自学,也可供中学数学教师参阅.

前　言

笔者在出版的《三角等式证题法》中,曾把三角等式证明的思路归纳为"找差异,抓联系,促转化,求同一"这样一句话.并且指出这种证题的思想方法,不仅对三角等式的证明有效,而且对代数等式的证明也有效. 在这本书中,我们将进一步讲述如何用这种思想方法来证代数等式.

这本书较《三角等式证题法》又有两点不同. 除了讲如何寻求解题思路之外,本书又讲了常见的证题格式及证题方法.如直接证法中的综合法、分析法. 综合法中又讲了从一边推证到另一边,从两边同时推证到某一个代数式等具体推证形式.在间接证法中,讲了反证法. 限于篇幅,数学归纳法没有介绍.

其次,我们还以基础知识为线索,编选了一部分内容.其中既有如何就知识的本身来指导证题的,又有综合运用各种知识去灵活地证明各种问题的.总之,本书除了继承《三角等式证题法》一书的思想方法以外,又在基础知识和基本能力的相互联系方面做了一点探讨.

我们希望本书和《三角等式证题法》一样,能有助于广大中学生更好地学好中学数学;同时也希望通过它们与广大数学教师进行思想上、方法上的交流,以促进我们的数学教学质量的提高.

限于作者水平,本书的缺点及至错误在所难免,欢迎同志们批评指正.

后 记

关于等式证明问题,这在数学中并没有一章做专门的论述,但是等式的证明却渗透于初等数学及高等数学的每一个内容之中,它是数学的内容、方法及意义的一个有机的细胞.它是如此之基本与重要,如果数学中的任何一个分支抛弃了它,则数学的这一部分的内容就会变得残缺不全,乃至毫无生气.因此,学会等式证明的思想方法,实在是学好数学的一把钥匙.无须举许多例子,仅以 1982 年全国理科高考试卷中的第八题为例.

试题 抛物线 $y^2 = 2px$ 的内接三角形有两边与抛物线 $x^2 = 2qy$ 相切,证明:这个三角形的第三边也与 $x^2 = 2qy$ 相切.

关于这个试题的证明方法不下于十种,我们就以最简单的一种证明方法为例.

不失一般性,设 $p > 0, q > 0$;又设 $y^2 = 2px$ 的内接三角形顶点为 $A_1(x_1, y_1), A_2(x_2, y_2), A_3(x_3, y_3)$. 因此 $y_1^2 = 2px_1, y_2^2 = 2px_2, y_3^2 = 2px_3$,其中 $y_1 \neq y_2, y_2 \neq y_3, y_3 \neq y_1$.

依题意,设 A_1A_2 和 A_2A_3 与抛物线 $x^2 = 2qy$ 相切,要证 A_3A_1 也与抛物线 $x^2 = 2qy$ 相切.

因为 $x^2 = 2qy$ 在原点 O 处的切线是 $y^2 = 2px$ 的对称轴,所以原点 O 不能是所设的内接三角形的顶点,即 $(x_1, y_1), (x_2,$

y_2),(x_2,y_3) 都不能是 $(0,0)$.

要证明本试题,首先获得如下命题.

命题 经过 $y^2 = 2px$ 上两点 $A_1(x_1,y_1)$,$A_2(x_2,y_2)$ 的直线 A_1A_2 与抛物线 $x^2 = 2qy$ 相切的充要条件是

$$2p^2q + y_1y_2(y_1 + y_2) = 0$$

关于这个命题的证明在此省略了.

因为 A_1A_2 与 A_2A_3 与 $x^2 = 2qy$ 相切,所以有

$$2p^2q + y_1y_2(y_1 + y_2) = 0 \qquad (1)$$

$$2p^2q + y_2y_3(y_2 + y_3) = 0 \qquad (2)$$

而要证 A_3A_1 与 $x^2 = 2qy$ 也相切,只须证明

$$2p^2q + y_3y_1(y_3 + y_1) = 0 \qquad (3)$$

即可. 由此一个解析几何的证明题就转化为一个代数条件等式的证明题了,也就是在条件式(1)(2)成立时,求证等式(3)也成立. 在评卷中可以发现,不少学生由式(1)(2)不知如何才能推证出式(3)来. 其实这是一个很容易证明的条件等式证明题. "按图索骥",分析条件式与求证式之间的差异,就可以发现条件式(1)(2)中有 y_2,而求证式(3)中没有 y_2,故只须利用(1)(2)消去 y_2,获得一个只含 y_3,y_1 的等式,经过整理即可得到式(3). 从而证明了试题八.

综上所述,我们认为用唯物辩证法去揭示等式证明的本质,不是用题海,而是用规律性的东西去充实中学生,乃是当今中学数学教学的当务之急,但愿这本小书也能使广大中学生得到相当的好处,既学得省力,又学得生动、活泼、主动!

最后,我们声明《三角等式证题法》的"后记"中的最后一点说明,仍然适用于本书.

作者
1982 年 9 月 1 日

编辑手记

本书第一作者冯宝琦是笔者的大学老师,一位卓越的数学教师.

238

著名数理逻辑学家王路先生曾写过一本小册子叫《寂寞求真》,在书的开篇他给出了一个好老师的新判断标准. 他说:

> "老师的本领和能力不是体现在他的'名',而是体现在他的'明':一位真正的好老师主要不在于他出名,而在于他高明,他有渊博的学识和独到的建树,而且能够把他的学问传达给他的学生."

冯师除了具有以上两个优点之外,笔者认为最大的优点在于他爱自己的学生,欣赏自己的学生进步过程中的点点滴滴的闪光点. 而来由于自己所尊敬的师长的欣赏往往是学生成长的最大动力. 当年冯师采取的是欣赏式的教育理念,对每位学生都能找到其闪光点,并深情地加以鼓励. 笔者正是在这种欣赏与鼓励下,今天能为数学的普及做了一点点事情. 笔者和冯师在20世纪80年代共同度过了七八年美好时光.

人民文学出版社编辑部主任付如初在一篇纪念路遥的文章中这样评价20世纪80年代的文学氛围:20世纪80年代,文学正处在从意识形态束缚中解放出来之后和被商品化冲击之前的"黄金时代",启蒙和教育的功能和使命尚未退却,读者的概念也更多的是"精神之音"而非"文化消费者". 换句话说,那时候的文学虽称不上是"经国之大业,不朽之盛事",但正如日中天,有能力用自己的魔力回馈作家,他们相互对待的态度都是郑重而严肃的.

20世纪80年代是值得怀念的,那时我们师生在一起搞数论,教奥数,听冯老师介绍希尔伯特、盖尔方德,虽然觉得他们的理论高不可攀,但十分向往那种学术研究的氛围.

冯师1989年春赴美,通过几次信,后联系中断,同学们多方寻找都未能如愿,去年笔者还托赴美探亲的上海师大冯承天教授帮忙打听,令人惊奇的是没有几天有一位中年人来访,他是冯宝琦老师在哈一中的学生,与冯宝琦老师感情也很深,经过多方努力终于与冯老师联系上了,并赴美见了面. 冯老师叮嘱他回国后与笔者联系,没过几天笔者在长兴岛接到了冯师打来的越洋电话,一聊就是几个小时,于是便有了重版这本书的动机.为了使读者更好地了解作者,笔者恳请冯师介绍一下当年学习数学的经历,这也是笔者十分想知道的.冯师回的信附在后面,关于冯师去美这25年的奋斗历程,简直是一个绝佳的励志故事,容笔者在冯师的下一本书发表时给读者讲述,敬请期待.

刘培杰

2015 年 5 月 18 日

于哈工大

初等数列
研究与欣赏（上）

邓寿才　编著

内容简介

　　本书详细而全面地介绍了初等数列的分类及其研究方法，数列趣题等，并详细介绍了初等数列的各种性质、数列题常用的解题方法及数列题的一题多解．同时介绍了一些形式优美的数列，供读者参考．

　　本书可作为大、中学生及初等数学爱好者学习数列的参考用书．

编辑手记

　　总有一些喜欢操心的读者来问：为什么总给一个农民出书．更有人将其视同"民科"．这类人通常对自己评价过高．正如意大利当代著名小说家翁贝托·埃科所言：通常，在无须担心被喝破行藏之时，人们倾向于狠拍胸脯，声称自己具备与从事职业相关的核心美德．因此，教师总会表达热爱学生之情，企业家总会表白自己的社会责任感，会计师总会夸口自己的诚实，政客总会侈言自己充满民主意识，黑道人物也总会强调自己遵守道上规矩，属于"盗亦有道"那一类．反正，文字一划拉，美德就到账，比电子转账还方便，如此惠而不费，何乐而不为呢？

241

但是他们在高估自己的同时,低估了本书的作者邓寿才.

一个人的成就固然要看绝对值,更要看相对值,即他的生存条件所给予他的成长环境.各位可以设身处地想象一下,一个干过多种苦力的"底层人士"能够自我激励,自我成长,自强不息,这不正应该是现代教育所应该推崇的吗?

中山大学教授童庆生在中山大学开学典礼上希望学生们要做到三点:

> "第一,做一个彻底的 amateur(非专业型、技术型的人才).传统英国学术文化最看重的品质,就是不受专业知识的限制,从自己的兴趣出发,读自己喜爱的书,做自己喜欢做的事.Amateur 翻译成中文是'业余',词义不是很正面,但在英语中,amateur,源于法语,意思是'爱'.做一个 amateur,就是做一个懂得爱的人,就是说,我们对知识的追求始于'爱',终止于'爱'.一个 amateur,可以在不同领域工作,适应不同的挑战.
>
> "第二,努力培养 common sense(常识).Common sense 是传统教育中极为注重培养的能力.Common sense 和天性有关,但也是文化的,可以通过教育,后天培养.Common sense 其实就是强烈的现实感,敏锐的本能,是平衡理想和现实的能力,是能为实现自己的理想而创造最大可能的技巧.意大利思想家维科认为,只有具备了 common sense,才是成熟的人.Common sense 也是教我们为人处世,用现在的话说,就是提醒我们要接地气,行为靠谱.大学教育的重要目的之一,就是培养、完善我们在生活、学业、思想各个层面上的 common sense.
>
> "第三,拒绝 mediocrity(平庸).英文中的 mediocrity,原意是'中等''平均大部分'.就是和大部分人一样,位于中流.拒绝 mediocrity,需要我们不求中庸,不随大流,培养自己的个性和喜爱."

对于大学生,我们期望按此标准来培养.对于一个没进过大学的自学者,我们是否也该更惊奇于他对自己的这种自我培养,自我完善拒绝平庸的行为.

如果我们不以那种横空出世的标准来苛求一个具有数学天分的农民,我们似乎更应当检讨一下我们社会的成才土壤.

鲁迅 1924 年 1 月 17 日在北京师范大学附属中学校友会讲到《未有天才之前》:

> "我想,天才大半是天赋的;独有这培养天才的泥土,似乎大家都可以做.做土的功效,比要求天才还切近;否则,纵有成千成百的天才,也因为没有泥土,不能发达,就像一碟子绿豆芽."

我们的社会是否像我们所希望的那样为"邓寿才们"提供成才的社会环境呢?不能说一点也没有,因为毕竟后来邓寿才凭借媒体的宣传在文化教育机构找到了新的工作,彻底摆脱了靠体力谋生的生活困境.但从后来与邓寿才通话的只言片语中笔者似乎感觉到他又回归到了原来生活的环境.从目前中国社会对人群按经济条件来分类,邓寿才无疑是属于穷人阶层.那么对于人们眼中的穷人,他们缺少的是什么呢?穷人很少或不应该有那些有闲阶层常干的雅事,如写诗、出书、玩艺术,更根本的是缺少尊严.对这个问题清华大学大学社会学专家孙立平教授指出:

> "在一个贫富分化已经是一个既成的事实,当穷人与富人的分野已经是一种无法否认的存在的时候,穷人的尊严问题就不可避免地提出来了.
>
> "穷人的尊严首先是一个现实的而不是一个理论性的问题.穷人也应当有尊严,社会应当维护穷人的尊严,在道理上,这似乎都是毋庸置疑的道理.
>
> "但现在真正的问题是,这些毋庸置疑的道理,在现实中却在不断遭遇问题.这就是穷人尊严问题的现实性.

　　"一位自称也是出身穷人的博客作者写了这样一段话：'我穷，但我也是有尊严的！'这种曾经的自励，现在已经褪色成了一种自慰，一种自嘲，甚至是一种自欺、自卑.

　　"在市场经济飞速发展，人们生活观念不断飞跃的现代社会，'生活不相信眼泪'已全然不是台词，'穷人的尊严'已经大面积贬值，甚至根本没有价值.一个在社会贫困底层心力交瘁挣扎不休的穷人，倘若站出来要高呼'尊严'，是断断不能赢得半点敬重的."

邓寿才曾有很长一段时间在民营培训机构当培训教师.本书中的许多题目都是他讲课时用的例题，从难度上看，他的课不易上.华中师大一位教师写过一篇文章说：

　　"傅斯年曾将文章分成'外发'与'内涵'两种类型，前者'很容易看，很容易忘'；后者'不容易看，也不容易忘'.电影也有商业片、艺术片之分.我想，讲课至少同样可以分成类似的两类，好听、好看的课也可能像爆米花电影，看的过程轻松愉快，而看过了也就只是看过了而已，并不会留下多少思考的余地.然而，现在'重视教学'的倾向中，恰恰多鼓励'容易听''好听'的'外发'型，这让本该探讨高深学问的大学课堂也提前走进了'爆米花'的时代，真不知是适应还是沦陷！

　　"姑且不论复杂的学问能不能以简单明了、轻松愉快的方式传授给学生；即使真能做到，也仍需要斟酌该不该如此，毕竟'很容易看'的常常也'很容易忘'.

　　"宋儒朱熹教门生读《大学》时，特意交代，须要只读正文，先不要看对正文进行解释的'章句'，一定要'俟有疑处，方可去看'.他是有意让学生经历'不容易看'的过程.朱熹曾解释，跟门人讲学，不能讲得

244

太多，因为'他未曾疑到这上，先与说了，所以致得学者看得容易了'，为了让学生不把学问看得过于简单，他有意不说破，须要等到学生苦思'三朝五日''方始与说他，便通透'．不仅如此，等到此时再告诉他，还有额外好处，'更与从前所疑处，也会因此触发，工夫都在许多思虑不透处'．如果所有课程都简单易懂，则学生们很可能将错失最可宝贵的'思虑不透处'．

"朱熹秉持这样的讲学方式受当时盛行的禅宗影响，禅宗有所谓'受业师'和'得法师'．受业师事先将教授的内容都规划好，而得法师则是在你的基础上加点东西，让你自己顿悟．朱熹认为，佛学之所以能代有人才，'盖他一切办得不说，都待别人自去敲磕，自有个通透处'．朱熹和禅宗显然都看到学生在知识传授过程中的能动作用，必须要先'疑'、经过自己一番'敲磕'，教师再加以点拨，方能'通透'．这也正是孔子所说的'不愤不启，不悱不发'．因为'学者至愤悱时，其心已略略通流．但心已喻而未甚信，口欲言而未能达，故圣人于此启发之'．孔子所说的'愤'，就是'心求通而未得之意'；'悱'就是'口欲言而未能之貌'．至少在孔子和朱熹看来，如果学生未经苦思，没有到'求通'和'欲言'的地步，即使告诉其答案，也思虑不透，还不如不说．

"要使学生在听课过程中有'愤悱'之感，讲课大约就不能太直白，不能让学生将求学'看得容易'，着眼点更应促使学生有'疑'，有'愤悱'而能自己'敲磕'．近代史家陈垣曾告诫儿子，让其定期汇报读书情况，说：'近日读何书，并须告我，不愤不启，不悱不发，你有问我然后有答也．最怕浅尝辄止，各得其皮毛，则废物矣'．每寄儿子书籍，则必交代'点读一二卷后，有何意见，再来信说''有疑问随时札记寄来，可以代为解答'．实际上，教师未必需要(也未必能)'代为解答'，而学生则不能不艰辛地'敲磕'．这样的课程未必吸引人，学习过程更不会轻松愉快，但却是大学中

245

应该倡导的教学方式. 否则, 若只讲求课程形式精彩纷呈、教师讲授天花乱坠, 那师生真成了'奏技者与看客之关系'(梅贻琦语), 学生看得兴起而不必自己上下求索, 得其皮毛容易, 但怕终不能'沛然', 更谈何'研究型教学'? "

最后为我们数学工作室做一点广告. 我们长期专注于各类数学书的出版, 为了更专业我们选择了专注. 对此广西师范大学出版社集团董事长何林夏以迪士尼举例:"迪士尼 70 年养一只老鼠, 把这只老鼠从电影上养到电视上, 从电视上养成一个实体的乐园, 让这只老鼠爬满世界各地, 其成功的原因很多, 但 70 年坚持做一件事情, 肯定是最重要的, 也是对我们最有启发意义的. "

刘培杰

2016 年 1 月 1 日

于哈工大

数海拾贝

蒋远辉 编著

内容简介

斐波那契数列、卢卡斯数列是初等数学中历史久远、性质众多、应用广泛的两个奇异数列. 本书使用大量篇幅系统地整理、介绍了二数列的性质和应用, 揭示了三角函数、双曲函数、切比雪夫多项式以及众多数学结论与两个数列的相通性. 内容丰富, 妙趣横生.

本书适用于大学、中学师生阅读.

作者简介

蒋远辉, 男, 1957年1月生, 贵州省黔西县人. 1982年1月毕业于贵州大学数学系, 获理学学士学位.

1982年至2003年先后任黔西师范、黔西一中、黔西二中数学教师, 黔西二中教务主任, 黔西一中、毕节实验二中(黔西师范)校长. 2003年至2014年任黔西县政协副主席.

勤奋教学、工作之余, 作者始终笔耕不辍, 先后在《开封大学学报》《数学通讯》《数学通报》《中国初等数学研究》《湖南理工大学学院学报》等书刊和杂志上发表数篇专题初数论文.

1999年获"毕节地区拔尖人才"称号, 贵州省第11届人大

247

代表,毕节市第一届政协委员、常委.

自 序

　　1977 年恢复高考是中国教育的一次涅槃重生,是中国教育发展史上的一个里程碑,它改变了中国教育的命运,改变了中国几代人的命运,这些人是不幸的,同时又是不幸群体中的幸运者.我有幸参加1977 年高考,成为大学校园中的一分子,也曾书生意气,爱上层楼.一路走来,有理想,思奋斗,释困惑,勤工作.不经意间已是离职返乡,三十八年过去,欲说还休了.

　　一挥之间有教书育人、为人师表的喜悦,有教育管理、教学教研的感悟,有参政议政、献言献策的谏举,更多的是对初等数学始终不渝的挚爱和持之以恒的追求,伴随着难以言表的初数享受.

江城子

拾贝有感

数海奇缘遇宝藏,
偕璞归,为伊狂.
勤雕苦琢,
何处诉衷肠?
昼思夜想心力瘁.
一厢情,痴心郎.
穷心尽智恨无方,
重奋起,再赴汤.
韶华苦短,
惟有追梦长.
衣带窄宽均不悔,
酬勤夜,放华光.

相见欢
寻梦

漏断更深人静,
遇空灵.
茗浓烟香犹伴纸笔声.
惑未解,酒微醒,天已明.
健脑益智一副好心情.

两首小词倾诉了笔者数十年来对初数研究的一厢痴情和执着追求,倾诉了向往大海而无力驭风搏浪,涉近海浅滩偶拾珠贝的喜悦之情,虽步履艰难而不怨不悔,十年磨剑,终圆其梦.

本书共分十章,分别搜录了笔者在平面几何、幻方、绝对伪素数、等差数列、三角函数、斐波那契数列、切比雪夫多项式等方面发表和未发表的众多结论.

承政协领导关心,同志同事相助,家人亲友支持,《数海拾贝》得以付梓,其情难以言述,以书谢之.

蒋远辉
2016 年元月
于黔西

编辑手记

本书的作者蒋先生是一位老者,当然对于何为老者标准不一.政治家70 岁不算老,数学家50 岁尚可称青年,如果是演艺界,30 岁就要称资深美女了.笔者大学时的泛函老师50 岁赴美,从本科开始重修美国学位,历时14 年,在64 岁时终得数学博士学位,至今78 岁仍在执教.所以,学数学的人如果还在从事数学工作就不是真的老.

笔者近日参加了哈尔滨工业大学为企业领导专门举办的所谓EMBA 的培训,其中一位讲互联网转型的37 岁老师用嘲笑口气说:你们这代已经out 了,特点是慢,所以简称"奥特曼".还

249

有一种说法叫:50后是互联网时代的"难民",60后和70后是互联网时代的"移民",而80后和90后是互联网时代的"原住民".想想说的有道理,笔者也反省过自己,一是不用电脑,还停留在纸笔阶段.去年参加武汉大学的一次讲座,结业后校园卡中尚有余额,可在杂货店中买些商品,最后笔者的选择是买了几十支碳素笔,令年轻人不解.更令年轻人不解的是为了记笔记,笔者曾一次性购买了几百本硬皮笔记本,幻想每年记它几十本,这就是代沟.习惯的力量是如此强大.最近有一本很有意思的书叫《史源学实习及清代史学考证法》(商务印书馆,2014),是陈垣给学生授课的笔记,经后人整理成书,保留了讲课的现场感.其中说:"前几年我常说:作文前三行没有错误者极少.王鸣盛《十七史商榷》即是如此.王好骂人,但《十七史商榷》第一卷第四条即有四误,所谓'开口便错'.现在我老了,这话不说了."有人感慨人到老年:知识退化,器官老化,思想僵化,等待火化.但是蒋先生却不然,他充实有事做.在政协副主席的位置退下来后,仍笔耕不辍,佳作不断,而且十分热心于初等数学研究事业,曾促成了一届全国初等数学研究常务理事会在他所在的县举办.据参加的同志讲,办的十分成功,许多老师还专门写文章怀念那次美好的旅程.笔者与蒋先生相知甚早,但阴差阳错,几次会上都未曾谋面,所以这次只好以文会友了.

博尔赫斯曾写下过这样一句玄而又玄的话:"书和沙一样没有开头和结尾."

这本书不是通常意义下的专著,也是无头无尾,可以视为蒋先生的一本自选作品集.用蒋先生自己的话说,是这样的:"全书共分十章,真正满意的三、四两章,讨论了 Fibonacci 数列、Lucas 数列及推广型的若干性质.对数列的诸多经典题型做了推广.

值得欣慰的是第一、二类切比雪夫多项式即是 $(2x,1)$ 型 Fibonacci 数列、Lucas 数列,$(2\cos \theta,1)$ 型数列又产生了数列 $\left\{\dfrac{\sin n\theta}{\sin \theta}\right\}$,$\{2\cos n\theta\}$,故可轻易地将 $(s,1)$ 型数列中现成结论转移至多项式和三角函数之中,得到了很多新的性质及恒等式."

如果从著书立说的角度看,蒋先生的这本书是他的"业余爱好"结出的硕果.

现代文学研究者钱理群称:"丁西林在二十年代,以至整个中国话剧史上,都是一个独特的存在." 这个倍受赞誉的丁西林是何方神圣呢? 原来他的正式身份是:国立中央研究院物理研究所的研究员兼所长.他的专业是物理,而戏剧只是他的"业余爱好".

所以,真正的精品是可以而且较多都是"业余爱好"所为,因为只是热爱,不涉功利.曾有好事者统计了一下:诗人们都在从事什么职业,或者说,是赖以谋生的"副业"? 仅以近现代西方诗人而论,可以列一个长长的单子,豪尔赫·路易斯·博尔赫斯(阿根廷)、菲利普·拉金(英国),图书管理员;巴勃罗·聂鲁达(智利)、奥克塔维奥·帕斯(墨西哥)、保尔·克洛岱尔(法国),外交官;威廉·巴特勒·叶芝(爱尔兰),魔术师;T. S.艾略特(英国),银行职员;费尔南多·佩索阿(葡萄牙),助理会计师;华莱士·史蒂文斯(美国),保险经纪;威廉·C.威廉斯(美国),儿科医生;赫尔曼·梅尔维尔,鱼叉手;杰克·凯鲁亚克(美国),铁路工人;查尔斯·布考斯基(美国),邮递员;玛雅·安杰卢(美国),夜总会低音歌手……

蒋先生的职业生涯是遵从中国古代传统的,即学而优则仕.先是优秀中学数学教师,既而优秀的中学校长,最后成为我党的基层干部.

2005 年启功大师辞世.有不服者总是揪着"中学教师"四个字不放过,其实中学教师最出人才.数学界等级森严,不便发表评论.文学界那些过世的大师有很多都是中学教师出身,如鲁迅、朱自清、汪曾祺、沈从文等.在我国中学教师队伍中,科研最优秀者无疑是内蒙古包头九中的陆家羲.他因证明了组合数学中的大猜想而出名,可惜英年早逝.著名的"混血网红"兰兰的华人丈夫林天长说:"兰兰只是个耍嘴皮子的,底子薄,连广告代言都没人找." 林天长相信,兰兰的"红",过一阵就会褪去."莫言和屠呦呦才是真正的英雄,他们获得诺贝尔奖后天下闻名." 林天长对南方周末记者说,"中国还有很多无名英雄.该出名的人不出名,是不正常的."

随着屠呦呦获诺奖的消息公布,社会各界对她开始关注.值得注意的是,屠呦呦本人接受基础教育的过程,也给我们诸多启示.她是抗战爆发后开始求学的,小学在家乡宁波的"翰香学堂"就读.这所民国小学让我们吃惊的有两点:一是拥有一座古籍丰富的藏书楼;二是蔡元培、马寅初等全国一流的权威学者居然前来讲学.如此重量级的学术大师会给一群小学生讲些什么?笔者认为,思维的激活及境界的提升,对人才培养而言,就如卤水之于豆腐,是培养"核心素养"的点睛之笔.而且这样的教育一定功利不得.

最后再来说一下本文的写作动机.

在2015年10月25日的《出版商务周报》中有一篇题为《图书盗版为何屡禁不止》的文章,最后是这样写的:很多盗版书商都爱买书、看书,这不仅为了学习,也是为了感受.在正版书上你能从纸张或装帧设计方面体会到编辑的用心,发现书是有灵魂的.但在盗版书中感觉不到任何东西,和淘宝上千千万万的义乌小产品一样,苍白而无趣.

一本书如果是编辑真正用心看过的一定会留下一些痕迹,编辑手记便是其中一种.蒋先生在给编辑部的电邮中是这样写的:"近来又重读了培杰老师为几本书所写的编辑手记,思想睿智,看法独特,文理兼修,入木三分,故冒昧请您看完拙作后指正点评几句,非常感谢."

笔者也是学数学出身,出于对书的热爱转而弃教从文.每每编到有感觉的书总是忍不住写上几笔.从2005年为沈文选老师的书写的第一篇到今天已有多达几百篇之多,能得到同行的首肯很意外,有一些数学素养稍差的读者甚至愿意花不菲的价钱将书买回去只为读点编辑手记.其实笔者还有这点自知的,并不是自身的文笔好,而是当今社会,假话、大话、空话、套话……貌似正确的废话太多了,真话便稀缺了,按经济规律稀缺者价必高.

作家郁达夫特别喜爱买书,嗜书成癖.曾手书对联:"绝交流俗因耽懒,出卖文章为买书."某种意义上写文章竟成为我的一种工作,换来报酬,我愿拿出买一本蒋先生的书来读.

刘培杰

2016年1月15日

于哈工大

Schur 凸函数与不等式

石焕南　著

Schur 凸函数是受控理论的核心概念,是比熟知的凸函数更为广泛的一类函数,有着广泛的应用.本书介绍有关 Schur 凸函数的基本理论和推广(包括 Schur 几何凸函数、Schur 调和凸函数、Schur 幂凸函数等),并且介绍了 Schur 凸函数在不等式(包括平均值不等式、积分不等式、序列不等式、对称函数不等式和几何不等式等)方面的应用.本书包含了国内外学者(主要是国内学者)近年来所获得的大量最新的研究成果,提供了六百多篇有关的参考文献.

本书适合大学数学教师、研究生、本科生,中学数学教师及数学爱好者参考阅读.

拙著《受控理论与解析不等式》自 2012 年 4 月由哈尔滨工业大学出版社出版后,受到国内同行的关注.5 年间,书中所涉及的几乎所有问题都有了后续的研究成果.本书《Schur 凸函数与不等式》是《受控理论与解析不等式》的再版,之所以更名为《Schur 凸函数与不等式》,是因为"受控理论"易与浑然不同的"控制理论"混淆,

而 Schur 凸函数是受控理论的核心概念,故以它替代"受控理论".
与《受控理论与解析不等式》相比较,本书的参考文献新增了近
160 余篇,基本上是近 5 年发表的,其中 94 篇是国内作者发表的(包
括笔者及合作者的 27 篇).本书收录了这些新成果,并修补、纠正了
《受控理论与解析不等式》一书中的诸多疏漏和错误,同时本书还
新增了"Schur 凸函数与几何不等式"等章节.

这些年,国内受控理论的研究方兴未艾,硕果累累,愈加受
到国际同行的关注.令人欣慰的是涌现了一些受控理论研究的
新人,例如张静、何灯、许谦、王文、龙波涌、王东生等.

感谢哈尔滨工业大学出版社刘培杰副社长建议我撰写此
书,并得到哈尔滨工业大学出版社的出版资助,感谢刘培杰数
学工作室这个优秀团队的精心编辑.

感谢李明老师等国内同行指出了《受控理论与解析不等
式》中的多处疏漏.

感谢我的母校北京师范大学的王伯英教授和刘绍学教授
对我科研工作的关心和鼓励.感谢胡克教授、王挽澜教授、刘证
教授、匡继昌教授、续铁权教授、祁锋教授热心的指导和帮助.

衷心感谢我的家人对我始终不渝的呵护与照料,使我得以
有足够的体力、精力和时间从事我钟爱的科研与写作.深深地
怀念和感恩不久前去世的父亲石承忠,他含辛茹苦地养育了我
及五个弟妹,教我一辈子老老实实做人,踏踏实实做事.

石焕南

2016 年 7 月 20 日

编辑手记

芝加哥 W. 麦迪逊街 1901 号,联合中心球馆的东向,有一尊
重达 907 公斤、身高 3.5 米的铜像,那正是乔丹持球飞扣的经典
造型.在铜像大理石底座刻着一句话:The best there ever was,
the best there ever will be. 翻译成中文即:前无古人,后无来者.

世界上关于不等式的名著很多,即使除了
Hardy-Littlewood-Pólya 的那本名著之外,我国著名数学家徐利

治先生与王兴华合著的那本《数学分析的方法和例题选讲》也包含了大量的不等式内容. 近年来湖南师范大学数学系匡继昌教授所著的《常用不等式》受到读者的普遍欢迎,已经出到第四版. 但是单就 Schur 不等式的研究及成果汇集来讲,本书应该称得上是"前无古人,后无来者"了.

在数学史上叫 Schur 的著名数学家共有两位,两位都是在 19 世纪下半叶至 20 世纪初活跃在国际数学界的德国数学家.

一位是 F. H. 舒尔(Schur,Friedrich Heinrich,1856—1932),他生于波兰的波兹南(Poznan),卒于布雷斯劳(Breslan)(现波兰的弗罗茨瓦夫(Wroclaw)). 曾在德国莱比锡(Leipzig)、多尔帕特(Dorpat),苏联爱沙尼亚的塔尔图(Tartu)和布雷斯劳(Breslan)任数学教授.

他继承黎曼对空间曲面进行了研究,提出了舒尔定理. 在射影几何方面,他师承皮亚诺,也取得了许多成果. 著作有《解析几何教程》(*Lehrbuch der analytische Geometrie*,1898)《几何基本原理》(*Grundlagen der Geometrie*,1919)等书.

第二位就是我们要介绍的以他的名字命名不等式的德国数学家 I. 舒尔(Schur,Issai,1875—1941),他是一位犹太数学家,生于俄国英吉廖夫(Могилёв),卒于特拉维夫(Tel Aviv). I. 舒尔曾在柏林大学读过书,1911 年执教于波恩(Bonn),1919 年任柏林大学数学教授. 可以说 I. 舒尔 是当时德国最优秀的犹太数学家之一,他除了是柏林科学院院士外还是苏联科学院通讯院士.

I. 舒尔主要研究领域是函数论和数论,但他在其他领域,如线性表示理论、伽罗瓦理论、有限群及矩阵论、正交函数系理论,同样有较大贡献. 他在数学中的贡献首推群的表示理论,以发现"舒尔函数"和证明"舒尔定理"而著称. 他是第一个通过线性函数变换来研究所谓"表示"的人,并首先在代数数域问题上使用"舒尔指数".

对于一部好的科普图书的评判标准中有一条就是一定要"顶天立地".

"顶天"的含义是要反映本学科、本分支最新进展. "立地"的含义是要接地气,让广大读者能读懂并对其有益. 科普书最大的读者群就是大中学生,特别是优秀的中学生,而中学生所能参加的最高级别的考试就是数学竞赛,所以如果所读内容对解数学竞赛题有帮助那就再好不过了.为写此编辑手记,笔者翻出了十多年前写的一篇关于 Schur 不等式在中学数学解题中应用的小文,列于此从而希望本书能引起广大中学师生的兴趣:

在目前的中学数学教学中解题教学越来越受到重视.美国《数学月刊》前任主编 P. Holmos 先生指出:"问题是数学的心脏."美国数学教师协会(NCTM)认为:"数学教学的主要目的是培养和提高学生解决问题的能力."美国南伊利诺斯大学 J. P. Bakev 教授在 1987 年上海国际教育研讨会上以"解题教学 —— 美国当前数学教学的新动向"为题的报告论文提出:"如果说确有一股贯穿 80 年代初期的潮流的话,那就是强调解题(Problem Solving)的潮流."利用数学竞赛试题培养解题能力可以说是我国的一大潮流.下面我们通过对 1983 年的一道瑞士数学竞赛试题解法的分析提出解题的四个阶段.

试题 A a,b,c 都是正数,求证
$$abc \geqslant (a+b-c)(b+c-a)(c+a-b) \quad (*)$$

对于一个陌生的题目,第一阶段当然应该是用最快的方法证明它.

证法 1 如果 $a+b-c,b+c-a,c+a-b$ 中有负数,设 $a+b-c<0$,则 $c>a+b,b+c-a$ 与 $c+a-b$ 均为正数,式($*$)右边为负,结论显然成立.

设 $a+b-c,b+c-a,c+a-b$ 均非负,由平均值不等式
$$\sqrt{(a+b-c)(b+c-a)} \leqslant \frac{(a+b-c)+(b+c-a)}{2} = b \quad (1)$$

同样有(注意轮换性)
$$\sqrt{(b+c-a)(c+a-b)} \leqslant c \quad (2)$$
$$\sqrt{(c+a-b)(a+b-c)} \leqslant a \quad (3)$$

将(1)(2)(3)三式相乘即得式($*$).证毕.

问题是解决了,方法也算简单,但如果我们追求更简洁、更直接的证法,即免去 $a+b-c,b+c-a,c+a-b$ 的正负讨论以及不使用算术几何平均值定理的话,我们可以找到如下第二种

证法:

证法2 因为

$$a^2 - (b-c)^2 \leqslant a^2 \tag{4}$$

$$b^2 - (c-a)^2 \leqslant b^2 \tag{5}$$

$$c^2 - (a-b)^2 \leqslant c^2 \tag{6}$$

并注意到

$$a^2 - (b-c)^2 = (a+b-c)(a-b+c)$$

$$b^2 - (c-a)^2 = (b+c-a)(b-c+a)$$

$$c^2 - (a-b)^2 = (c+a-b)(c-a+b)$$

将(4)(5)(6)三式相乘再开方即得式($*$). 证毕.

证法2固然简洁且具有对称性,但这种方法并不自然. 因为对证明不等式来说最自然的证法莫过于作差法,即欲证 $A \geqslant B$,只须证 $A - B \geqslant 0$. 而对于不等式 $f(a,b,c) \geqslant 0$,如果 a,b,c 是对称的,则可以不妨假设 $a \geqslant b \geqslant c$,进一步可令 $a = c + \delta_1, b = c + \delta_2$,其中 $\delta_1 \geqslant \delta_2 \geqslant 0$ 是增量,现在我们相信一定可以用这种方法证明试题.

证法3 首先不妨设 $a \geqslant b \geqslant c > 0$,令 $a = c + \delta_1, b = c + \delta_2$,则 $\delta_1 \geqslant \delta_2 \geqslant 0$,于是

$$abc - (b+c-a)(c+a-b)(a+b-c)$$

$$= (c+\delta_1)(c+\delta_2)c - (c+\delta_2-\delta_1) \cdot$$

$$(c+\delta_1-\delta_2)(c+\delta_1+\delta_2)$$

$$= (c^2 + \delta_1 c + \delta_2 c + \delta_1\delta_2)c -$$

$$[c^2 - (\delta_1 - \delta_2)^2] \cdot$$

$$[c + (\delta_1 + \delta_2)]$$

$$= c\delta_1\delta_2 + (\delta_1 - \delta_2)^2(c + \delta_1 + \delta_2) \geqslant 0$$

所以不等式($*$)成立. 证毕.

第二阶段要问有无推广的可能? 哪种证法便于推广?

从以上已给的三种证法看都不利于推广,所以为了推广,我们必须另觅妙法. 我们发现在形式上式($*$)与著名的 Schur 不等式相同,不等式两端都是乘积形式.

Schur 不等式 设 n^2 个非负实数 $a_{ij}(1 \leqslant i,j \leqslant n)$ 满足

$$\sum_{i=1}^{n} a_{ij} = 1 \text{ 和 } \sum_{j=1}^{n} a_{ij} = 1, x_k (1 \leqslant k \leqslant n) \text{ 是 } n \text{ 个非负实数}, y_i =$$

$$\sum_{k=1}^{n} a_{ik} x_k (1 \leqslant i \leqslant n), \text{则}$$

$$y_1 y_2 \cdots y_n \geqslant x_1 x_2 \cdots x_n$$

利用 Schur 不等式我们可以将试题推广为:

定理 1 设有 n 个非负实数 $a_1, a_2, \cdots, a_n, a_l = a_l +$
$\dfrac{n-3}{n-1} (\sum\limits_{i=1}^{n} a_i - a_l) (1 \leqslant l \leqslant n, n \in \mathbf{N}, n \geqslant 3)$, 则

$$x_1 x_2 \cdots x_n \geqslant (a_2 + a_3 + \cdots + a_n - a_1) \cdot$$
$$(a_1 + a_3 + \cdots + a_n - a_2) \cdots \cdot \qquad (**)$$
$$(a_1 + a_2 + \cdots + a_{n-1} - a_n)$$

显然, 当 $n = 3$ 时, $x_i = a_i (1 \leqslant i \leqslant 3)$, 不等式 $(**)$ 为

$$a_1 a_2 a_3 \geqslant (a_2 + a_3 - a_1)(a_1 + a_3 - a_2)(a_1 + a_2 - a_3)$$

即为试题的不等式 $(*)$.

现在我们用 Schur 定理证明不等式 $(**)$, 从而也给出了 $(*)$ 的一种新证法.

证法 4 令 $a_{lk} = \dfrac{1}{n-1}(1 - \delta_{lk})$, 这里 δ_{lk} 当 $l = k$ 时是 1, $l \neq k$ 时为 $0, 1 \leqslant l, k \leqslant n$, 则

$$\sum_{k=1}^{n} a_{lk} = \sum_{l=1}^{n} a_{lk} = 1$$

令 $S = \sum\limits_{k=1}^{n} a_k$, 那么

$$a_2 + a_3 + \cdots + a_n - a_1 = S - 2a_1$$
$$a_1 + a_3 + \cdots + a_n - a_2 = S - 2a_2$$
$$\vdots$$
$$a_1 + a_2 + \cdots + a_{n-1} - a_n = S - 2a_n$$

当 $i \neq j$ 时, 由于

$$(S - 2a_i) + (S - 2a_j) = 2S - 2(a_i + a_j) \geqslant 0 \quad (1 \leqslant i, j \leqslant n)$$

所以 n 个数 $S - 2a_1, S - 2a_2, \cdots, S - 2a_n$ 中至多有一个是负实数, 当恰有一个是负实数时, 式 $(**)$ 显然成立. 所以只要考虑全部 $S - 2a_i (1 \leqslant i \leqslant n)$ 为非负实数的情况即可

$$\sum_{k=1}^{n} a_{lk}(S - 2a_k)$$

$$= S - 2\sum_{k=1}^{n} a_{lk}a_k$$

$$= S - \frac{2}{n-1}\sum_{k=1}^{n}(1 - \delta_{lk})a_k$$

$$= S - \frac{2}{n-1}(S - a_l)$$

$$= \frac{2}{n-1}a_l + \frac{n-3}{n-1}S$$

$$= a_l + \frac{n-3}{n-1}(S - a_l)$$

$$= x_l$$

由 Schur 不等式, 立即有

$$x_1 x_2 \cdots x_n \geqslant (S - 2a_1)(S - 2a_2)\cdots(S - 2a_n)$$

证毕.

至此, 我们成功地推广了试题, 用数学家 C. S. Pierce 的话说: "数学思想的另一个特征是当它不能推广时, 它就没有成功."

第三阶段则要考查这一试题与其他试题的联系. 我们说一个好的竞赛试题决不应该是一个孤立的结果, 而应该与许多试题密切关联, 只有这样才能满足人们化归的需要. 单墫教授指出: "化归就是化简, 而最大的化简莫过于将面临的需要解决的问题化为一个已解决的问题."

下面我们将建立试题 A 与若干 IMO 试题的联系.

首先将(∗)改写为

$$3abc \geqslant a^2(b + c - a) + b^2(c + a - b) + c^2(a + b - c) \tag{1}$$

若 a, b, c 为三角形三边时, 式(1)由式(∗)可知成立. 这样就证明了如下的试题.

试题 B 设 a, b, c 是一个三角形的三边长, 求证

$$a^2(b + c - a) + b^2(c + a - b) + c^2(a + b - c) \leqslant 3abc \tag{2}$$

如果我们将试题中的 a, b, c 改进为非负实数, 式(∗)显然仍成立, 这时将(∗)改写为

$$a^3 + b^3 + c^3 + 3abc \geq a^2(b+c) + b^2(c+a) + \qquad (3)$$
$$c^2(a+b)$$

由(3)不难推出当 x, y, z 为非负实数时,有

$$\frac{7}{6}(x^3 + y^3 + z^3) + \frac{5}{2}xyz \qquad (4)$$
$$\geq x^2(y+z) + y^2(z+x) + z^2(x+y)$$

式(4)又可改写为

$$(xy + yz + zx)(x + y + z) - 2xyz$$
$$\leq \frac{7}{27}(x + y + z)^3$$

如果取 $x + y + z = 1$,便得到第 25 届 IMO 第一题:

试题 C 设 x, y, z 是非负实数,且 $x + y + z = 1$,求证

$$0 \leq yz + zx + xy - 2xyz \leq \frac{7}{27}$$

本书中作者给出了一个漂亮的证法.

在推广之后,我们当然要问式(*)是否还可以得到加强,下面我们就给出两个加强的结果.

加强 1 $(a + b - c)^2(b + c - a)^2(c + a - b)^2 + (a - b)^2 \cdot (b - c)^2(c - a)^2 \leq a^2 b^2 c^2$.

加强 2 $(a + b + c)^3(a + b - c)(b + c - a) \cdot (c + a - b) \leq 27a^2 b^2 c^2$.

以上两式均仅当 $a = b = c$ 时取等号.

限于篇幅,以上两式的证明留给读者.

还有人将式(*)加强为:设 a, b, c 为正数,则

$$\frac{27a^2 b^2 c^2}{(a + b + c)^3} \geq (b + c - a)(c + a - b)(a + b - c)$$

证明 (1)不妨设 $a \geq b \geq c > 0$.当 $b + c \leq a$ 时,命题显然成立.

(2)当 $b + c - a > 0$ 时,易知,三个正数 a, b, c 可以作为某三角形的三边的长,设为 $\triangle ABC$,其中 $BC = a$,$CA = b$,$AB = c$.由余弦定理得

$$c^2 = a^2 + b^2 - 2ab\cos C$$

变形得

$$(a + b)^2 - c^2 = 2ab(1 + \cos C)$$

再利用下面两个恒等式

$$(a + b)^2 - c^2 = (a + b - c)(a + b + c)$$

$$1 + \cos C = 2\cos^2 \frac{C}{2}$$

便得

$$a + b - c = \frac{4ab\cos^2 \dfrac{C}{2}}{a + b + c}$$

同理

$$c + a - b = \frac{4ca\cos^2 \dfrac{B}{2}}{a + b + c}$$

$$b + c - a = \frac{4bc\cos^2 \dfrac{A}{2}}{a + b + c}$$

三式相乘可得

$$(b + c - a)(c + a - b)(a + b - c)$$

$$= \frac{64a^2 b^2 c^2 \left(\cos \dfrac{A}{2}\cos \dfrac{B}{2}\cos \dfrac{C}{2}\right)^2}{(a + b + c)^3}$$

注意到

$$0 < \cos \frac{A}{2}\cos \frac{B}{2}\cos \frac{C}{2} \leqslant \frac{3\sqrt{3}}{8}$$

所以

$$\frac{27a^2 b^2 c^2}{(a + b + c)^3} \geqslant (b + c - a)(c + a - b)(a + b - c)$$

注 由 Cauchy 不等式知,$(a + b + c)^3 \geqslant 27abc$,从而

$$\frac{27a^2 b^2 c^2}{(a + b + c)^3} \leqslant \frac{27a^2 b^2 c^2}{27abc} = abc$$

因此它是式(*)的一个加强.

第四阶段,我们要考查一下它的背景,这一阶段是解数学竞赛题所独有的,我们将指出试题的背景是 A. Ostrowski 不等式. 1952 年 A. Ostrowski 在 *Math Purse Appel* 9 月号第 31 期 253—292 页上发表了题为 *Sur quelques application des fonctions*

Convexeset Concaves au sens de I. Schur 的论文. 其中他证明了：

A. Ostrowski 不等式对任意 Schur 函数 F, 不等式

$$F(\boldsymbol{x}) \geqslant F(\boldsymbol{y})$$

当且仅当 $\boldsymbol{x} > \boldsymbol{y}$ 时成立.

我们先介绍一下符号"$>$"的含义:

设 $x_1, \cdots, x_n$ 和 $y_1, \cdots, y_n$ 是实数, 对于向量 $\boldsymbol{x} = (x_1, \cdots, x_n)$ 和 $\boldsymbol{y} = (y_1, \cdots, y_n)$, 如果可能重新排列其分量使得

$$x_1 \geqslant \cdots \geqslant x_n \text{ 和 } y_1 \geqslant \cdots \geqslant y_n$$

我们有

$$\sum_{r=1}^{k} x_r \geqslant \sum_{r=1}^{k} y_r, (k = 1, \cdots, n-1) \text{ 和 } \sum_{r=1}^{n} x_r = \sum_{r=1}^{n} y_r$$

则称向量 $\boldsymbol{y} = (y_1, \cdots, y_n)$ 被向量 $\boldsymbol{x} = (x_1, \cdots, x_n)$ 优超 (majorized), 记为 $\boldsymbol{x} > \boldsymbol{y}$.

我们再介绍一下什么是 Schur 函数:

n 个实变量的实函数 F, 若对所有 $i \neq j$, 有

$$(x_i - x_j)\left(\frac{\partial F}{\partial x_i} - \frac{\partial F}{\partial x_j}\right) \geqslant 0$$

则称 F 为 Schur 函数, 其中 $\dfrac{\partial F}{\partial x_i}$ 是 F 对 x_i 的偏导数.

如果我们令 $x_1 = a, x_2 = b, x_3 = c, y_1 = a + b - c, y_2 = c + a - b, y_3 = b + c - a$, 并且注意到:

如果令 $x_1 \geqslant x_2 \geqslant x_3$, 那么就有 $y_1 \geqslant y_2 \geqslant y_3$, 且

$$\begin{aligned}
x_1 - y_1 &= a - (a + b - c) = c - b \\
&\leqslant 0(x_1 + x_2) - (y_1 + y_2) \\
&= (a + b) - (2a) \\
&= b - a \leqslant 0 \\
(x_1 + x_2 &+ x_3) - (y_1 + y_2 + y_3) \\
&= (a + b + c) - (a + b + c) = 0
\end{aligned}$$

所以向量 (y_1, y_2, y_3) 优化于 (x_1, x_2, x_3), 即 $\boldsymbol{y} > \boldsymbol{x}$.

再令 $F(x_1, x_2, x_3) = -x_1 x_2 x_3$, 则有

$$(x_1 - x_2)\left(\frac{\partial F}{\partial x_1} - \frac{\partial F}{\partial x_2}\right) = x_3(x_1 - x_2)^2 \geqslant 0$$

$$(x_2 - x_3)\left(\frac{\partial F}{\partial x_2} - \frac{\partial F}{\partial x_3}\right) = x_1(x_2 - x_3)^2 \geqslant 0$$

$$(x_3 - x_1)\left(\frac{\partial F}{\partial x_3} - \frac{\partial F}{\partial x_1}\right) = x_2(x_3 - x_1)^2 \geqslant 0$$

故 $F(x_1, x_2, x_3)$ 是 Schur 函数.

由 A. Ostrowski 不等式可知有

$$-(a + b - c)(c + a - b)(b + c - a) \geqslant -abc$$

即 $\qquad abc \geqslant (a + b - c)(c + a - b)(b + c - a)$

1959 年 I. Mirsky 证明了: I. Mirsky 不等式对于任意的对称凸函数, 不等式

$$F(\boldsymbol{x}) \leqslant F(\boldsymbol{y})$$

当且仅当 $\boldsymbol{x} < \boldsymbol{y}$ 时成立.

如果我们取其特例的话, 又可以得到若干竞赛试题.

所以正如单墫教授在其新著《数学竞赛研究教程》(564—568 页) 中所说: "新颖的题目往往来自科研, 这是'题海'的'源头活水'."

Schur 函数出现在对称群的表示论中, 它们对一切分划 $\{\lambda_1, \cdots, \lambda_p\} = \lambda$ 都有定义, 并且包含初等对称多项式 (elementary symmetric polynomials) 作为实例. 例如 $S\{1, 1, \cdots, 1\} = S_k, S_{(k)} = p_k$, 其中

$$S_k(x_1, \cdots, x_n) = \sum_{1 \leqslant i_1 < \cdots < i_k \leqslant n} x_{i_1} \cdots x_{i_k}$$

$$p_k(x_1, \cdots, x_n) = x_1^k + \cdots + x_n^k$$

具体可见 D. E. Littlewood 编写的 *The Theory of Group Characters and Mutrix Representations of Groups* (Clarendon press, 1950).

Schur 不等式在数学竞赛中应用很广, 下面我们再举两个例子, 说明它的应用.

例 1 $a, b, c \in \mathbf{R}^+, \alpha \in \mathbf{R}$, 假设

$$f(\alpha) = abc(a^\alpha + b^\alpha + c^\alpha)$$
$$g(\alpha) = a^{\alpha+2}(b + c - a) + b^{\alpha+2}(a + c - b) +$$
$$c^{\alpha+2}(a + b - c)$$

试确定 $f(\alpha)$ 与 $g(\alpha)$ 的大小关系. (1994 年中国台北数学奥林匹克试题)

解 可得

$$f(\alpha) - g(\alpha) = abc(a^{\alpha} + b^{\alpha} + c^{\alpha}) +$$
$$(a^{\alpha+3} + b^{\alpha+3} + c^{\alpha+3}) -$$
$$a^{\alpha+2}(b + c) - b^{\alpha+2}(a + c) -$$
$$= c^{\alpha+2}(a + b)$$
$$[a^{\alpha+1}bc + a^{\alpha+3} - a^{\alpha+2}(b + c)] +$$
$$[b^{\alpha+1}ac + b^{\alpha+3} - b^{\alpha+2}(a + c)] +$$
$$[c^{\alpha+1}ab + c^{\alpha+3} - c^{\alpha+2}(a + b)]$$
$$= a^{\alpha+1}(a - b)(a - c) + b^{\alpha+1}(b - a)(b - c) +$$
$$c^{\alpha+1}(c - a)(c - b)$$

右边恰是 Schur 不等式,故可知 $f(\alpha) > g(\alpha)$,即 $f(\alpha) > g(\alpha)$.

1992 年 8 月,中国科学院武汉数理所王振和宁波大学陈计提出一个征解问题:

例 2 设半径为 R 的圆内接 n 边形的边长为 $a_1, a_2, \cdots, a_n$,面积为 F,证明或否定

$$\left(\sum_{i=1}^{n} a_i \right)^3 \geqslant 8n^2 RF \sin \frac{\pi}{n} \tan \frac{\pi}{n}$$

等号当且仅当这个 n 边形为正 n 边形时成立.

这个问题发表后,收到全国 11 个省市的 24 位读者的应征解答,但只有王振一人答对. 他就用到了 Schur 优超定理,只须证明:RF 是 $(a_1, a_2, \cdots, a_n)$ 的严格 Schur 凹函数,即对 $1 \leqslant i < j \leqslant n$,有

$$(a_i - a_j) \left[\frac{\partial(RF)}{\partial a_i} - \frac{\partial(RF)}{\partial a_j} \right]$$
$$= (a_i - a_j) \left[R^2(\cos \theta_i - \cos \theta_j) - \right.$$
$$\frac{\cos \theta_i - \cos \theta_j}{2\cos \theta_i \cos \theta_j} F \left(\sum_{k=1}^{n} \tan \theta_n \right)^{-1} \right]$$
$$= - \frac{R(a_i - a_j)^2}{4} \tan \frac{\gamma \theta_i + \theta_j}{2} \cdot$$
$$\left[2 - \frac{F}{R^2 \cos \theta_j \cos \theta_j} \left(\sum_{k=1}^{n} \tan \theta_k \right)^{-1} \right] \leqslant 0 \tag{1}$$

其中 $2\theta_k$ 为 a_k 所对的外接圆的圆心角;等号当且仅当 $a_i = a_j$ 时成立.

不妨设 $\theta_1 \leqslant \theta_2 \leqslant \cdots \leqslant \theta_n$，则 $|\cos \theta_i|$ 是单调减函数，且 $\cos \theta_k \left(\sum\limits_{k=1}^{n} \tan \theta_k \right) > 0$. 从而，要证(1)只须证

$$\sum_{k=1}^{n} \sin 2\theta_k < 4\cos \theta_{n-1} \cos \theta_n \left(\sum_{k=1}^{n} \tan \theta_k \right) \qquad (2)$$

分以下两种情况讨论：

(1) $\theta_n \leqslant \dfrac{\pi}{2}$ 时，有

$$\sum_{k=1}^{n} \sin 2\theta_k < 2 \sum_{k=1}^{n-1} \theta_k + \sin 2\theta_{n-1} + \sin 2\theta_n$$

$$\sum_{k=1}^{n-2} \tan \theta_k > \sum_{k=1}^{n-2} \theta_k = \pi - \theta_{n-1} - \theta_n$$

于是，要证(2)只须证

$$
\begin{aligned}
f(\theta_{n-1}, \theta_n) = & \ 2\pi - 2\theta_{n-1} - 2\theta_n + \\
& \sin 2\gamma \theta_{n-1} + \sin 2\theta_n - \\
& 4\sin(\theta_{n-1} + \theta_n) - \\
& 4\cos \theta_{n-1} \cos \theta_n (\pi - \theta_{n-1} - \theta_n) \\
\leqslant & \ 0
\end{aligned}
\qquad (3)
$$

由于

$$
\begin{aligned}
& \frac{\partial F}{\partial \theta_n} \\
= & -2 + 2\cos 2\theta_n - 4\cos(\theta_{n-1} + \theta_n) + \\
& 4\sin \theta_n \cos \theta_{n-1}(\pi - \theta_{n-1} - \theta_n) + \\
& 4\cos \theta_{n-1} \cos \theta_n \\
= & \ 4\sin \theta_n \big[\sin \theta_{n-1} - \sin \theta_n + \\
& \cos \theta_{n-1}(\pi - \theta_{n-1} - \theta_n) \big] \\
> & \ 4\sin \theta_n \Big[2\sin \frac{\theta_{n-1} - \theta_n}{2} \cos \frac{\theta_{n-1} + \theta_n}{2} + \\
& (2\theta_n - \theta_{n-1} - \theta_n) \cos \frac{\theta_{n-1} + \theta_n}{2} \Big] \\
= & \ 4\sin \theta_n \cos \frac{\theta_n + \theta_{n-1}}{2} \Big(\theta_n - \theta_{n-1} - 2\sin \frac{\theta_n - \theta_{n-1}}{2} \Big) \\
\geqslant & \ 0
\end{aligned}
$$

所以

$$f(\theta_{n-1},\theta_n) \leqslant f\left(\theta_{n-1},\frac{\pi}{2}\right)$$

$$= \pi - 2\theta_{n-1} + \sin 2\theta_{n-1} - 4\cos \theta_{n-1}$$

$$< \pi - 2 \cdot \frac{\pi}{2} + \sin \pi - 4\cos \frac{\pi}{2} = 0$$

$(2)\theta_n > \dfrac{\pi}{2}$ 时,设 $\displaystyle\sum_{k=1}^{n-1} \theta_k = \alpha$,$\displaystyle\sum_{k=1}^{n-2} \theta_k = \beta$,则

$$0 < \beta < \alpha < \frac{\pi}{2}$$

式(2)左边 $= \displaystyle\sum_{k=1}^{n} \sin 2\theta_k$ \hfill (4)

$$< 2\beta + \sin 2(\alpha - \beta) - \sin 2\alpha$$

式(2)右边 $= 4\left(\sin \beta - \cos \alpha \displaystyle\sum_{k=1}^{n-2} \cos \theta_{n-1} \tan \theta_k\right)$

$$> 4\left(\sin \beta - \cos \alpha \sum_{k=1}^{n-2} \sin \theta_k\right) \tag{5}$$

$$> 4\sin \beta - 4\beta\cos \alpha$$

令

$$g(\alpha,\beta) = 2\beta + \sin 2(\alpha - \beta) - \sin 2\alpha - 4\sin \beta + 4\beta\cos \alpha$$

$$\frac{\partial g}{\partial \beta} = 2 - 2\cos 2(\alpha - \beta) - 4\cos \beta + 4\cos \alpha$$

$$= 4\sin^2 \frac{\alpha - \beta}{2} - 8\sin \frac{\alpha - \beta}{2}\sin \frac{\alpha + \beta}{2}$$

$$= 4\sin \frac{\alpha - \beta}{2}\left(\sin \frac{\alpha - \beta}{2} - 2\sin \frac{\alpha + \beta}{2}\right)$$

$$< 0$$

所以

$$g(\alpha,\beta) > g(\alpha,0) = 0 \tag{6}$$

联系(4)与(5),即知不等式(2)成立.

刚刚又看到安徽省寿县第一中学梁昌金老师的一个 Schur 不等式的出色应用(《数学教学》2017 年第 2 期).

2005 年格鲁吉亚国家集训队试题中有一道不等式题:设 a,b,c 是正实数,且 $abc = 1$. 求证

$$a^3 + b^3 + c^3 \geqslant ab + bc + ca \qquad (1)$$

引理(Schur 不等式) 对于任意的非负实数 a, b, c, 有:

(1) $a^3 + b^3 + c^3 + 3abc \geqslant ab(a + b) + bc(b + c) + ca(c + a)$;

(2) $(a + b + c)^3 + 9abc \geqslant 4(a + b + c)(ab + bc + ca)$.

加强 1 设 a, b, c 是正实数, 且 $abc = 1$, 则

$$a^3 + b^3 + c^3 \geqslant 3(ab + bc + ca) - 6 \qquad (2)$$

证明 由 Schur 不等式, 得

$$
\begin{aligned}
a^3 + b^3 + c^3 + 6 &= a^3 + b^3 + c^3 + 3abc + 3abc \\
&\geqslant ab(a + b) + bc(b + c) + \\
&\quad ca(c + a) + 3abc \\
&= (a + b + c)(ab + bc + ca)
\end{aligned}
$$

由 $abc = 1$, 知 $a + b + c \geqslant 3$, 所以

$$a^3 + b^3 + c^3 + 6 \geqslant 3(ab + bc + ca)$$

从而 $a^3 + b^3 + c^3 \geqslant 3(ab + bc + ca) - 6$.

注意到, 当 $ab + bc + ca \geqslant 3$ 时, $(a + b + c)^2 - 6 \geqslant a^2 + b^2 + c^2$. 我们有:

加强 2 设 a, b, c 是正实数, 且 $abc = 1$, 则

$$a^3 + b^3 + c^3 \geqslant (a + b + c)^2 - 6 \qquad (3)$$

证明 由 Schur 不等式有

$$a^3 + b^3 + c^3 + \frac{15}{4}abc \geqslant \frac{1}{4}(a + b + c)^3$$

所以

$$
\begin{aligned}
a^3 + b^3 + c^3 + 6 &= a^3 + b^3 + c^3 + \frac{15}{4}abc + \frac{9}{4} \\
&\geqslant \frac{1}{4}(a + b + c)^3 + \frac{9}{4}
\end{aligned}
$$

令 $a + b + c = p$, 则 $p \geqslant 3$, 只须证 $\frac{1}{4}p^3 + \frac{9}{4} \geqslant p^2$, 即

$$(p - 3)(p^2 - p - 3) \geqslant 0$$

后一不等式显然成立, 从而原不等式成立.

说明: 由 $a^2 + b^2 + c^2 \geqslant ab + bc + ca$, 知 $(a + b + c)^2 - 6 \geqslant 3(ab + bc + ca) - 6$, 则式 (3) 强于式 (2).

加强 3 设 a, b, c 是正实数, 且 $abc = 1$, 则

$$a^3 + b^3 + c^3 \geqslant \frac{9}{8}(a + b + c)^2 - \frac{57}{8} \qquad (4)$$

证明　记 $p = a + b + c, q = ab + bc + ca$, 则 $p \geqslant 3, q \geqslant 3$. 由
$(a + b + c)^3 = a^3 + b^3 + c^3 + 3(a + b + c)(ab + bc + ca) - 3abc$
知 $a^3 + b^3 + c^3 = p^3 - 3pq + 3$, 于是原不等式等价于

$$p^3 - 3pq + 3 \geqslant \frac{9}{8}p^2 - \frac{57}{8}$$

由 Schur 不等式有 $p^3 + 9 \geqslant 4pq$, 则 $q \leqslant \dfrac{9 + p^3}{4p}$.

故只须证

$$p^3 - 3p \cdot \frac{9 + p^3}{4p} + 3 \geqslant \frac{9}{8}p^2 - \frac{57}{8}$$

即

$$2p^3 - 9p^2 + 27 \geqslant 0$$

故

$$(p - 3)^2(2p + 3) \geqslant 0$$

后一不等式显然成立, 从而原不等式成立.

说明: 由 $a + b + c \geqslant 3$, 知

$$\frac{9}{8}(a + b + c)^2 - \frac{57}{8} \geqslant (a + b + c)^2 - 6$$

故式(4)强于式(3).

由上述探究过程, 得到下述两个不等式链:

设 a, b, c 是正实数, 且 $abc = 1$, 则

$$\begin{aligned}
a^3 + b^3 + c^3 &\geqslant \frac{9}{8}(a + b + c)^2 - \frac{57}{8} \\
&\geqslant (a + b + c)^2 - 6 \\
&\geqslant a^2 + b^2 + c^2 \\
&\geqslant ab + bc + ca
\end{aligned}$$

$$\begin{aligned}
a^3 + b^3 + c^3 &\geqslant \frac{9}{8}(a + b + c)^2 - \frac{57}{8} \\
&\geqslant (a + b + c)^2 - 6 \\
&\geqslant 3(ab + bc + ca) - 6 \\
&\geqslant ab + bc + ca
\end{aligned}$$

2011 年 12 月 14 日, 刚刚过完 98 岁生日, 全世界最有名的

书店 —— 莎士比亚书店的老板乔治·惠特曼在巴黎左岸拉丁区的书店三楼的卧室里去世. 他曾说过：

> "我需要一家书店, 对我来说经营图书就是在经营我的人生".

这是一种境界, 一种人生境界. 读罢石焕南教授的大作, 使笔者强烈地感觉到, 研究受控理论与解析不等式对于石教授来说也是一种宿命, 也是在经营自己的人生.

曾经到过中国的好莱坞编剧大师麦基说过这样一段话：

> "我们都热切地想要理解我们的生存处境, 梦想着超脱于生活的苦难, 并尽可能深刻地去生活."

石教授是一位刻苦异常的人. 由于用脑过度, 在血压、血脂均不高的壮年不幸患上脑溢血, 这对于一个以研究数学为生的人来说是一场人生磨难, 可喜的是石先生在研究不等式的过程中超越了它, 并得到了一系列令人敬佩的成果. 从字里行间笔者可以感受得到作者的自信.

在 1940 年的一次普林斯顿大学的 Fine 大厅的例行茶话会上, Merston Mores 宣称：

> "一个成功的数学家总是相信他现在的定理是世上已有的数学中最重要的".

由于工作的关系笔者与全国不等式研究会的成员多有接触, 他们那种对不等式研究的执着与痴迷着实令人感动, 这是一个十分小众但优秀的群体.

本书的部分内容曾在石先生的另一本几年前出版的专著《受控理论与解析不等式》(当然也是由我们工作室出版的) 中出现过. 那本是平装的, 定价还算亲民, 但这本书改为精装的了, 更何况内容也大大丰富了, 所以定价会略高.

当红作家慕容雪村在微博中说：

269

"有人抱怨书价太贵,看跟什么比了.现在中国图书的均价也就是 30 元左右,相当于一包中档烟、一杯咖啡、一个套餐、一次出租车、1/2 张电影票、1/3 个比萨饼,有人抽得起烟,喝得起咖啡,看得起电影,却说自己看不起书,其实这只能说明此人不爱读书."

虽然说本书在同类图书中属高定价,不过笔者相信您读了之后一定会感到物有所值.特别要指出的是许多国际奥赛题在本书中都能找到别出心裁的、深刻的、意想不到的新证法以及推广和加强.

一个叫彭伦空间的人发微博说:

"微博上活跃着许多的文字出版的同行,我始终觉得,出版人、编辑或译者本是幕后工作,应尽量保持低调,即便是为营销推广而跑到前台,也不要忘了所做的一切是让读者看到作者的光芒,而不是把自己变成明星.不要让自己可笑的言行玷污作者的清誉.最可悲是读者因为你的恶劣形象而拒绝你翻译、出版的作品."

这话说得不错.尽管我们也找到反例,如电影《天才捕手》中的那位编辑.数学编辑也有,《纽约数学期刊》和《亚洲数学期刊》编辑,香港中文大学数学系教授梁乃聪就与复旦大学数学科学学院教授暨数学研究所所长洪家兴及台湾理论科学研究中心主任兼数学组主任李文卿共获了陈省身奖.

虽然有例外,但大多数情形下是正确的.所以我们要以此为鉴,就此打住是明智的,最后借此向全国不等式研究会全体成员致敬!

刘培杰

2017 年 3 月 1 日

于哈工大

Jacobi 定理

刘培杰数学工作室　　编著

内容简介

本书通过一道日本数学奥林匹克试题研究讨论雅可比定理及其相关知识.

本书可供从事这一数学分支或相关学科的数学工作者、大学生以及数学爱好者研读.

编辑手记

在过去的三十多年,相关领域的数学家一致期望Langlands纲领中的一个基本引理会被证明是精确的. 在法国巴黎大学工作的Sud和美国普林斯顿高等研究所(IAS)工作的越南数学家Ngo Bao chau(1972年出生于越南河内)证明了这一引理,2009年相关领域的数学家验证了他的证明,这一结果被《时代》杂志列为2009年度十大科学发现的第7项. 足见代数数论在当代数学中的主流地位. 而椭圆函数与模函数又是代数数论与代数几何发展的源头,尽管它古典且在当代中国与解析数论相比之下是小众的.

陈丹青说:

　　"生命就是跑题跑不停才有趣,生命就是追求自身的小格局、小趣味、小怪癖,生命就是不断发现偏好,培养偏好,发展偏好……"

　　数学工作室有三个基本的小偏好,一个是平面几何,一个是数学奥林匹克,最重要的一个便是数论.从初等数论、解析数论、超越数论、几何数论、组合数论直到代数数论,代数数论中基础教程已出版并拟出版高木贞治(日)、冯克勤教授、潘承洞、潘承彪教授的讲义,专著方面已出版了陆洪文先生的著作.

　　作家王蒙说:"到处都是垃圾,也是文坛小康繁荣的表现,作品多了,垃圾自然会多.十七年文学中,我们总共才出了二百多部小说,现在每年都有七百到一千部小说亮相,如果按照百分之六十来算垃圾当然会很多."文坛上的垃圾与精品纠缠在一起分辨起来很费劲.而数学类图书中的垃圾大多出现在应试类图书中.因为造垃圾背后的动机是利益,非应试类数学书因其无用所以自然也没利益.所以没人愿意造,充其量也就到二流作品为止了.

　　有人说,钱钟书当年访问意大利,出口背诵的是意大利二流诗人的作品,令东道主大惊,心想:"二流诗人的作品他都能背,一流诗人的肯定不在话下."岂知,钱只会背这几首而已.（王佩语）

　　但二流作品与垃圾相比至少它是开卷有益的.它的弊端在于不能像大师作品那样深入浅出.略显高深,而且由于非大师作品所以印量小.价格自然会高一些,对读者来讲性价比不太高,但在大师缺位的今天只能退而求其次.

　　欧美传媒业有一个罕见现象,出版晦涩难懂的学术期刊堪比开动印钞机.《科学学科学刊》的全年订阅费就要花掉一家大学图书馆的 20 269 美元.

　　2006 年,由于担心价格过高会影响内容获取,爱思唯尔旗下的数学杂志《拓扑学》的编委会集体辞职.德国斯普林格出版集团旗下的数学杂志《K‐理论》的编委会也于2007年离职.

　　希望本书不至于读者因其高定价望而却步.因为它是对当前千篇一律的图书市场的一种反动,是对统一出版模式的破坏.

1978 年,德裔美国学者路易·斯奈德在其《德国民族主义根源》一书中,用了整整一章的篇幅阐述了格林兄弟所写的《格林童话》对德国民族性格形成的负面作用. 这种对同一模式的追求,就是最危险的.

多样性在今天的中国十分重要也十分稀缺. 内忧外患,但它却是中国社会最多样化的时期,包括教科书都风格各异. 中年后才开始文学写作的画家木心说:

> "有的书,读了便成文盲.
> 凡倡言雅俗共赏者,结果都落得俗不可耐."

其他学科的书雅俗可能做到. 但数学书难,难就难在它有自己的一套符号系统. Jacobi 虽然由于天花只活了 47 岁,但他创造出来的这套庞大的理论体系绝不是我们这些凡夫俗子可以轻而易举读懂的,所以它就是雅的东西. 在今天出版这些 19世纪的精致理论,一是表示对数学传统的尊重,二是对数学爱好者进行阅读安慰.

在中国协和医科大学学了 8 年获临床医学博士学位的作家冯唐说:"医学从来就不是纯粹的科学,医学从来就应该是:To cure sometimes,to all eviate more often,to comfort always.(偶尔治愈,常常缓解,总能安慰.)"

数学虽是纯粹的科学,但作用也不过如此吧!

刘培杰

2017 年 5 月 10 日

于哈工大

273

Cauchy 不等式(上)

南秀全　编著

内容简介

本书详细介绍了柯西－许瓦兹不等式、柯西不等式的应用技巧、证明恒等式、解方程(组)或解不等式、证明不等式、证明条件不等式、求函数的极值、解几何问题、切比雪夫不等式及其应用等内容,而且在重要章节后面都有相应的习题解答或提示.

本书通俗易懂,内容紧凑,收录了大量的数学竞赛试题及其解答,适合广大数学爱好者阅读.

前　言

柯西(Cauchy,1789—1857),出生于巴黎,他的父亲路易·弗朗索瓦·柯西是法国波旁王朝的官员,在法国动荡的政治漩涡中一直担任公职.由于家庭的原因,柯西本人属于拥护波旁王朝的正统派,是一位虔诚的天主教徒.并且在数学领域,有很高的建树和造诣.

柯西的创造力惊人,在柯西的一生中,发表论文789篇,出版专著7本,全集共有十四开本24卷.从他23岁写出第一篇论文到68岁逝世的45年中,平均每月发表一至两篇论文.

1849 年,仅在法国科学院 8 月至 12 月的 9 次会上,他就提交了 24 篇短文和 15 篇研究报告. 他的文章朴实无华、充满新意. 柯西 27 岁即当选为法国科学院院士,还是英国皇家学会会员和许多国家的科学院院士.

柯西对数学的最大贡献是在微积分中引进了清晰和严格的表述与证明方法. 正如著名数学家冯·诺伊曼所说:"严密性的统治地位基本上是由柯西重新建立起来的." 在这方面他写下了三部专著:《分析教程》(1821)、《无穷小计算教程》(1823)、《微分计算教程》(1826—1828). 他的这些著作,摆脱了微积分单纯的对几何、运动的直观理解和物理解释,引入了严格的分析上的叙述和论证,从而形成了微积分的现代体系. 在数学分析中,可以说柯西比任何人的贡献都大,微积分的现代概念就是柯西建立起来的. 因此,人们通常将柯西看作是近代微积分学的奠基者.

柯西的另一个重要贡献,是发展了复变函数的理论,取得了一系列重大成果. 特别是他在1814年关于复数极限的定积分的论文,开始了他作为单复变量函数理论的创立者和发展者的伟大业绩. 他还给出了复变函数的几何概念,证明了在复数范围内幂级数具有收敛圆,还给出了含有复积分限的积分概念以及残数理论等.

柯西还是探讨微分方程解的存在性问题的第一个数学家,他证明了微分方程在不包含奇点的区域内存在着满足给定条件的解,从而使微分方程的理论深化了. 在研究微分方程的解法时,他成功地提出了特征带方法并发展了强函数方法.

柯西在代数学、几何学、数论等各个数学领域也都有建树. 例如,他是置换群理论的一位杰出先驱者,他对置换理论做了系统的研究,并由此产生了有限群的表示理论. 他还深入研究了行列式的理论,并得到了有名的宾内特 – 柯西公式. 他总结了多面体的理论,证明了费马关于多角数的定理等.

柯西对物理学、力学和天文学都做过深入的研究. 特别在固体力学方面,奠定了弹性理论的基础,在这门学科中以他的姓氏命名的定理和定律就有 16 个之多,仅凭这项成就,就足以使他跻身于杰出的科学家之列.

柯西的一生对科学事业做出了卓越的贡献,但也出现过失误,特别是他作为科学院的院士、数学权威,在对待两位当时尚未成名的数学新秀阿贝尔、伽罗瓦都未给予应有的热情与关注,对阿贝尔关于椭圆函数论的一篇开创性论文,对伽罗瓦关于群论的一篇开创性论文,不仅未及时做出评论,而且还将他们送审的论文遗失了,这两件事常受到后世评论者的批评.

很多的数学定理和公式也都以他的名字来命名,以他的姓名命名的有:柯西积分、柯西公式、柯西不等式、柯西定理、柯西函数、柯西矩阵、柯西分布、柯西变换、柯西准则、柯西算子、柯西序列、柯西系统、柯西主值、柯西条件、柯西形式、柯西问题、柯西数据 …… 而其中以他的姓名命名的定理、公式、方程、准则等有多种.

在本套书中,我们重点来研究柯西不等式. 我们知道,不等式是数学中的重要内容之一,也是解决数学问题的一种重要的思想方法. 而柯西不等式又是不等式的理论基础和基石,它的应用十分广泛,特别是国内外各级各类的数学竞赛试题中,许多有关不等式的问题,若能适当地利用柯西不等式来求解,可以使问题获得相当简便的解法.

在本套书中,我们通过大量经典的各级各类数学问题,介绍了应用柯西不等式解题的一些常用方法与技巧,以及利用柯西不等式及其重要的变形解等式、方程、不等式、极值、几何问题等方面的应用,并对部分试题做了一般性的推广. 通过书中问题的解答,可以发现在一个问题的众多解法中,利用柯西不等式来解,其方法往往是比较简捷的. 因此,正确地理解和掌握柯西不等式的结构特征和一些巧妙的变形及它的一些应用技巧,是应用柯西不等式解题的关键.

排序不等式是许多重要不等式的来源,如算术 – 几何平均不等式、算术 – 调和平均不等式、柯西不等式、切比雪夫不等式等著名不等式都是它的直接推论,可以说排序不等式是一个"母不等式",而且它本身也是解很多数学问题,特别是一些难度较大、技巧性较强的数学竞赛问题的一个有力工具. 因此,在本套书的第 14—16 章中,详细介绍了排序不等式及其变形、排序思想的应用.

276

在本套书的第 17 章中, 还介绍了另一个著名的不等式 —— 切比雪夫不等式在解数学问题中的应用.

本书内容全面, 知识点丰富, 是在柯西不等式研究领域一大重要突破, 本套书的出版必会成为广大数学爱好者的心仪之作, 同时可作为参考书使用.

由于本人水平有限, 书中一定会存在许多不足之处, 诚请广大读者批评指正.

南秀全

Artin 定理——
古典数学难题
与伽罗瓦理论

徐诚浩 著

内容简介

本书应用伽罗瓦理论清晰透彻地论述了两个古典难题的解决方法,即寻找代数方程的求根公式和限用圆规直尺作图(如三等分任意角、把立方体体积加倍、化圆为正方形,以及作正多边形等),并借此由浅入深地向读者介绍了一些抽象代数的基本知识和研究方法.

本书可作为理工科学生和其他数学爱好者学习抽象代数的普及读物,也可供大中学校数学教师阅读参考.

序 言

说编辑是个好职业,不仅是因为他(她)能第一时间读到最优秀的作品,还因为他(她)能与各行各业最优秀的人士建立起某种联系.

本书作者徐老先生是上海复旦大学数学系资深教师.按照正常的人生轨迹,笔者只可能当其著作的一名普通读者,但由于职业的关系竟被老先生邀请写序真是诚惶诚恐,但恭敬不如从命.

徐老先生嘱我在序言中简单介绍一下阿廷定理及阿廷其人.因为据作者回忆,大约在 1963 年他根据阿廷定理的内容和思路写下了学习笔记,后来又据此笔记写了书.但时隔久远,许多资料和记忆都不见了,所以请笔者代为查找.

关于阿廷,由于他是 20 世纪的重要数学家,所以资料很多,简介如下:

> 阿廷(Emil Artin,1898—1962. 还有一位数学家也叫 Artin,不过是 M. Artin. 他是我国代数学家杨劲根的导师.他是 E. Artin 的儿子),德国人.1898 年 3 月 3 日生于维也纳. 曾在哥廷根大学工作,1926 年至 1937 年在汉堡大学任教授.1937 年迁居美国,先后在圣母大学、印第安纳大学和普林斯顿高等研究院工作.1958 年又返回汉堡大学.1962 年 12 月 20 日逝世.
>
> 阿廷研究的领域很广,主要有仿射几何、类域论、伽罗瓦理论、Γ – 函数、同调代数、模论、环论,以及纽结理论等.尤其在任意数域中的一般互反律方面,做出了重要贡献.1927 年他解决了希尔伯特第 17 问题. 1944 年他发现了关于右理想的极小条件的环,即阿廷环.他的著作很多,但不轻易发表. 其中《代数数与代数函数》(1950—1951)、《类域论》(1951)、《几何代数》(1957) 等较为著名.他的大部分论文后来被收入《阿廷全集》(1965).

从其简介可以看出他涉猎广泛,对数学的许多领域都有重大贡献.本书仅涉及其在伽罗瓦理论中的贡献.

本书的主题为伽罗瓦理论,它是用群论的方法来研究代数方程的解的理论. 在 19 世纪末以前,解方程一直是代数学的中心问题. 早在古巴比伦时代,人们就会解二次方程. 在许多情况下,求解的方法就相当于给出解的公式.但是自觉地、系统地研究二次方程的一般解法并得到解的公式,是在 9 世纪的事. 三、四次方程的解法直到 16 世纪上半叶才得到. 从此以后,数学家们转向求解五次以上的方程. 经过两个多世纪,一些著名的数学家,如欧拉、范德蒙德、拉格朗日、鲁菲尼等,都做了很多工作,但都未取得重大的进展.19 世纪上半叶,阿贝尔受高斯处理二项方程 $x^p - 1 = 0$(p 为素数)的方法的启示,研究五次以上代数方程的求解问题,终于证明了五次以上的方程不能用根式求解.他还发现一类能用根式求解的特殊方程.这类方程现在称为阿贝尔方程.阿贝尔还试图研究出能用根式求解的方程的特性,由于他的早逝而未能完成这项工作.伽罗瓦从 1828 年开始研究代数方程理论(当时他并不了解阿贝尔的工作),到 1832年,他完全解决了高次方程的求解问题,建立了用根式构造代数方程的根的一般原理,这原理是用方程的根的某种置换群的结构来描述的,后人称之为"伽罗瓦理论".

伽罗瓦理论的建立,不仅完成了由拉格朗日、鲁菲尼、阿贝尔等人开始的研究,而且为开辟抽象代数学的道路创建了不朽的业绩.伽罗瓦理论在后来施泰尼茨建立的交换域理论中起到了重要作用.

戴德金曾把伽罗瓦的结果解释为关于域的自同构群的对偶定理.随着 20 世纪 20 年代拓扑代数概念的形成,德国数学家克鲁尔推广了戴德金的思想,建立了无限代数扩张的伽罗瓦理论.伽罗瓦理论发展的另一条路线,也是由戴德金开创的,即建立非交换环的伽罗瓦理论.1940 年前后,美国数学家雅各布森开始研究非交换环的伽罗瓦理论,并成功地建立了交换域的一般伽罗瓦理论.

有人说求解多项式方程形成了方程论,经伽罗瓦之手产生群与域的概念,经阿廷之手创造出漂亮的伽罗瓦理论.

诺特、阿廷、范·德·瓦尔登被誉为近世代数的三大巨人.在三巨头时代,抽象代数的对象简单说就是群、环、域,研究它们的分支,也自然称为群论、环论与域论.

从抽象代数这三大核心分支来看,埃米·诺特的主要工作是在环论(代数理论)方面深入地挖掘,得出若干十分深刻的定理,显示出群、环、域不可分的统一性.而阿廷有所不同,他在群论、环论和域论都开辟了全新的方向,而且在原来的数学对象中发掘出不明显的代数结构.

在抽象代数中以阿廷命名的定理很多,本书虽然只介绍了一个却十分重要.它也被称为阿廷引理:

设 E 是任一域,G 是 Aut E 的任一有限子群,$F = $ Inv G,则
$$[E : F] \leq |G|$$

　　说到数学中的引理,其实它的重要性一点不比定理逊色. 有两个著名例子,一个例子是阿廷在德国培养的一名博士生佐恩. 佐恩在数学界名气很大. 而他的名气主要来自现在在代数学中无所不在的佐恩引理. 因为它和选择公理等价. 另外一个例子是越南著名数学家吴宝珠. 他因为证明了代数几何中的一个引理而获得了菲尔兹奖.

　　其他若干冠以阿廷的定理由于过于专门化本书没有一一涉及,如 Wedderburn-Artin 定理等. 对于中学师生来说,要了解阿廷的工作是不易的. 最近,北京大学的博士生韩京俊先生提供了一个很好的例子:

　　已知对于任意实数 x, y, z,三元实系数多项式

$$f(x, y, z) = f_2(x, y)z^2 + 2f_3(x, y)z + f_4(x, y) \geq 0$$

其中,$f_k(x, y)$ 是 k 次齐次多项式($k = 2, 3, 4$). 若存在实系数多项式 $r(x, y)$ 满足

$$f_2(x, y)f_4(x, y) - f_3^2(x, y) = (r(x, y))^2$$

证明:存在两个实系数多项式 $g(x, y, z)$ 和 $h(x, y, z)$,满足

$$f(x, y, z) = g^2(x, y, z) + h^2(x, y, z)$$

　　这是韩京俊博士提供给 2017 年中国国家队选拔考试的一道试题.

　　证　若 $0 \neq f_2 = l^2$ 是一个一次多项式的平方,则由 $l^2 f_4 \geq f_3^2$,得 $l | f_3, l | r$. 设 $f_3 = lt, r = ls$,则

$$f_4^2 - t^2 = s^2$$

此时 $f = (lz + t)^2 + s^2$ 满足题意.

　　若 f_2 是严格正的,则 f_2 不可约,且能写成两个一次多项式的平方和,设为 $f_2 = l_1^2 + l_2^2$. 注意到

$$l_1^2 + l_2^2 | (f_3^2 + r^2)l_1^2 - f_3^2(l_1^2 + l_2^2)$$

即

$$l_1^2 + l_2^2 | (l_1 r + l_2 f_3)(l_1 r - l_2 f_3)$$

f_2 为不可约多项式,因此必有 $f_2 | l_1 r + l_2 f_3$ 或 $f_2 | l_1 r - l_2 f_3$,即式($*$)中必有一组使得 h_2 为多项式

$$\begin{cases} h_1 = \dfrac{f_3 l_1 - r l_2}{f_2} \\ h_2 = \dfrac{r l_1 + f_3 l_2}{f_2} \end{cases} 或 \begin{cases} h_1 = \dfrac{f_3 l_1 + r l_2}{f_2} \\ h_2 = \dfrac{-r l_1 + f_3 l_2}{f_2} \end{cases} \quad (\ast)$$

在这两种情形下均有

$$h_1^2 + h_2^2 = \frac{(l_1^2 + l_2^2)(f_3^2 + r^2)}{f_2^2} = \frac{f_3^2 + r^2}{f_2} = f_4$$

为多项式,故 h_1 也为多项式. 在这两种情形下我们还有

$$l_1 h_1 + l_2 h_2 = f_3$$

故存在多项式 h_1, h_2 使得

$$f = (l_1 z + h_1)^2 + (l_2 z + h_2)^2$$

综上,结论得证.

韩博士对此解答做了一个评注. 从证明中可以看出,本题的方法是构造性的. 1888 年,希尔伯特证明了三元四次齐次非负多项式 f 能写为三个实系数多项式的平方和(D. Hilbert. Über die darstellung definiter formen als summe von formenquadraten. *Mathematische Annalen*, 1888, 32(3):342 – 350.), 这一结论至今还没有构造性的证明, 事实上, 希尔伯特证明了当且仅当 $n \leqslant 2$ 且 d 为偶数, 或 $d = 2$, 或 $(n, d) = (3, 4)$ 时, 实系数 n 元 d 次非负齐次多项式都能表示成多项式的平方和. 本题与希尔伯特定理密切相关, 用本题的思路可以给出希尔伯特定理的一个特殊情形的初等构造性证明: 三元四次齐次非负多项式 f, 若 f 有实零点, 则 f 能写为三个实系数多项式的平方和. 1900 年, 希尔伯特在巴黎召开的第二届世界数学家大会上, 做了 "Mathematical Problems"(希尔伯特问题) 的著名演讲, 提出了 23 个数学问题, 其中第 17 个问题是关于平方和的, 即实系数半正定多项式能否表示为若干个实系数有理函数的平方和? 1927 年, 阿廷在建立了实域论的基础上解决了希尔伯特第 17 问题, 他证明了实系数半正定多项式一定可以表示为若干个实系数有理函数的平方和. 然而阿廷的证明不是构造性的, 至今人们也没有得到希尔伯特第 17 问题完全构造性的证明.

最后有三点读后感与读者交流.

第一点, 尽管本书是一本普及读物, 但对大多数读者来说

还是很难读懂的.但开卷有益,用梁文道的话说:

> "我们每个人读书的时候几乎都有这样的经历,你会发现,有些书是读不懂的,很难接近、很难进入.我觉得这是真正意义上、严格意义上的阅读.
>
> "如果一个人一辈子只看他看得懂的书,那表示他其实没看过书.
>
> "你想想看,我们从小学习认字的时候,看第一本书的时候都是困难的,我们都是一步一步爬过来的.为什么十几岁之后,我们突然之间就不需要困难了,就只看一些我们能看得懂的东西.
>
> "看一些你能看懂的东西,等于是重温一遍你已经知道的东西,这种做法很傻的."

第二点,本书包含了若干世界数学难题的介绍.这对青少年读者是十分必要的.

在一篇介绍刚刚去世的伊朗女数学家米尔扎哈尼的文章中这样写道:年仅 40 岁的玛丽亚姆·米尔扎哈尼(Maryam Mirzakhani)逝世时,新闻报道说她是一个天才.她是具有"数学诺贝尔"之称的菲尔兹奖的唯一女性获得者,也是从 31 岁就开始在斯坦福大学任教的年轻教授.这个出生在伊朗的学者自从少年时期在奥林匹克数学竞赛中崭露头角之后,在数学界里便好运不停.

我们很容易会觉得像米尔扎哈尼这样特别的人,一定从小就天资过人.这样的人五岁就开始阅读哈利波特并不久后成为门萨会员(门萨是一个以智商为入会标准的智力俱乐部),还不到十岁就参加了数学 GCSE 考试,甚至像鲁斯·苏伦斯(Uth Lawrence)一样在同龄人还在上小学的时候就被牛津大学录取.

然而,当我们更深入地去了解时,就会发现事实和我们想的并不一样.米尔扎哈尼出身于德黑兰的一个中产家庭,父亲是一位工程师,家里有三个小孩.她童年生活中唯一不寻常的事情就是遭遇了两伊战争.在她年幼时这场战争使家里的生活变得举步维艰,而两伊战争也让她的童年生活变得十分艰难.不过幸运的是这场战争在她上中学的时候终于结束了.

米尔扎哈尼确实读了一所不错的女子中学,但数学并不是她的兴趣所在,她更喜欢阅读.她爱看小说,所有她接触得到的书籍,她都会试着读一读.她经常在放学路上和朋友一起去书店闲逛,购买自己心仪的作品.

然而她的数学成绩在中学前两年却很糟糕,直到某天她的哥哥在跟她讨论学过的知识的时候,跟她分享了杂志上著名的数学难题,她才因而迷上了数学,从此开启了数学史上的个人篇章.

第三点,对于中老年读者来说,读本书也是有益的,既然徐老先生都能写,为什么我们不能读呢? 除了功利目的,读书还有一个更重要的功能.正如梁文道先生所说:

> "有人说读书防老,我觉得说得很对.读书真的可以防老.什么意思呢? 老人最可怕的就是他没有什么机会改变自己.如果一个人上了年纪依然很开放,而且是以严肃的态度去阅读、容纳一个作品,挑战自己、改变自己的话,他就还有变化的可能.
>
> "每天睡眠之前的最后一刻,是一本书在陪伴我,今天的最后一刻和我对话的就是这本书,它在不断地改变我,直到临睡前我都在被改变.于是第二天早上起来的时候,我是一个新的人,和昨天不一样,就因为昨天晚上的阅读.
>
> "有一个很有名的意大利作家,患了癌症,很痛苦.在临死前,他要求护士念书给他听,直到他咽气.他抱着这样的想法:我可能会死、会咽气,但是在这一刻我仍然不放弃."

刘培杰

2017.7.25

于哈工大

Tartaglia 公式 ——
转化与化归

杨世明　编著

内容简介

　　本书是一本既有较深厚的理论基础,又富有文采和启发性、可读性的关于数学思维的参考书.本书共分 3 章,分别为数学与转化、化归、转化的技艺,通过对理论基础的讲解和举例子来形象、深刻地说明转化与化归在数学解题中的重要性.

　　本书适合初高中师生,以及高等师范类院校数学教育专业的学生和数学爱好者参考阅读.

编辑手记

　　本书是杨世明先生的一本有关数学史与数学方法的著作.有人说诗是世界的早晨,历史是一个被遗忘的失眠之夜.中国人向来重视历史,对于真正的史学家都给予了极大的尊重,如陈寅恪被誉为"教授的教授",学科史也不同程度地受到知识界的重视,如研究天文学史的江晓源先生被上海交通大学委以重任,研究物理学史的钱临照先生一直被尊为科学史的一代宗师,当然老一辈的科学史专家从美国的李约瑟先生在国人心目中的崇高地位,到李俨、钱宝琮先生所开创的中国古代数学史的研究范式被奉为典范,吴文俊先生借古代数学思想创立数学机械化证明被传为美谈. 但是外国数学史的研究则不乐观. 许多大家的研究成果并没有在更大的社会层面得到广泛传播. 如梁宗巨先生、李文林先生、胡作玄先生、张奠宙先生、李迪先生、李兆华先生、曲安京先生, 等等, 他们的知名度大多局限于数学界甚至是数学史界的小圈子中. 究其原因之一是数学的门槛过高, 阻碍了在大众层面的传播. 比如本书的书名 Tartaglia 公式知道的人就很少(见本书20—24 页). Tartaglia 中文译为塔塔利亚, 意大利文是"口吃者". 他原来名叫丰坦那, 幼时法国军队入侵意大利, 被一个士兵砍伤, 伤及舌头, 变成了一个结巴. 他留名青史是因为他第一次给出了一元三次方程的求根公式, 后被卡尔丹盗取. 在数学手册上被称为卡尔丹公式.

约翰·伯格说:想要在别人指定的地方寻找到生命的意义是徒劳的. 唯有在秘密中, 才能寻找到意义. 塔塔利亚没能守住自己的秘密. 卡尔丹盗取了别人的秘密, 但卡尔丹也算是个忠实于自己职业的人, 他还是一位占卜家, 他曾对外宣布了自己的死期, 结果不灵, 为了保住自己的名声, 自杀身亡.

英国 SUCK UK 出品了一本记录个人成长的自传体日记本, 用 1 080 页讲述 *My life story*. 设计师将笔记本内容一分为三, 第一部分简要概括自己的一生, 第二部分则对每一年的故事进行重点回顾, 第三部分认真写下墓志铭. 最后还留有 4 页"悼念词", 可以让你像电影《非诚勿扰2》中那样痛快回忆你的人生.

像他这么言行一致, 知行合一的数学家还有毕达哥拉斯. 他自己订立了八不准, 其中之一是绝不践踏黄豆地. 在一次被仇家追逐中跑到了一块黄豆地前, 为了践守誓言, 宁可被仇家杀死, 也绝不向前一步践踏黄豆苗. 多么可爱的数学家.

本书的另一大特点是宣扬美国著名数学教育家乔治·波利亚的解题理念, 即转化与化归. 他曾悲观的断言, 解题像钓鱼术一样永远不会学会.

山西大学欧阳绛先生曾发过一个邮件过来, 是介绍波利亚的, 正好与本书相关, 放置书后恰到好处, 遂附于后, 聊做手记. (以下为欧阳绛先生的一封信)

给中学数学教师的一封信

一

请允许我在这里摘录
Mathematicians are people, Too. （注）中的
一段，对 G. Pólya 作简单介绍：

第二十九回　　问题求解的引路人

波利亚，G.（Pólya, George），

1887 年 12 月 13 日生于匈牙利布达佩斯；

1985 年 8 月 7 日卒于美国加利福尼亚州帕洛阿尔托

（Palo Alto）．

数学、数学教育与数学方法论．

上大学后，波利亚在维也纳学了一年．为了支付上大学的花费，他还给一个贵族小孩 —— 格雷戈尔担任家庭教师，每周给他讲两次课，帮助他理解数学．

"我很生气，"波利亚在咖啡馆向一个朋友诉说，"不知道什么原因，教格雷戈尔他没什么进步．无论我怎么努力，他总是不明白：'解题，要做什么？'"

波利亚动脑筋寻找一种方法帮助格雷戈尔，他试用新的方式向格雷戈尔解释几何问题．他竭力反思：自己解题时，是怎样利用模式的，又是怎样把题和主要概念相联系的．最后，他对解题的方法作了简单的概述．对于波利亚来说，这是振奋人心的发现，自那以后，他对问题求解的兴趣终生不衰．

他开始讲述如何解题，不只是为了格雷戈尔，也是为了所有像格雷戈尔一样的学生．波利亚的大多数老师强调记忆，认为：某些程序应该用于特殊种类的问题；如果不能记住所用的程序，失败是必然的．波利亚则认为：这不是最好的方法．

—— 这正是《数学的发现》一书写作思想的源头．

287

二

他不是拿出题来,告诉你怎么解;而是帮助你找到解题思路.

在 G. 波利亚心目中:学习 —— 帮助你打开心灵的窗户,发现窗外的景色!

告诉你:找到解题思路的方法,就是他说的"数学的发现".

正如古代学者所说:"授之以渔,而非授之以鱼!"有了钓鱼竿,还愁没鱼吃吗?! 不过,G. 波利亚做得妙处在于:他不是给你钓鱼竿,而是教给你制造钓鱼竿的方法.掌握了方法,还愁没钓鱼竿吗?!

三

江泽涵先生 1979 年对我说:"在美国,G. 波利亚的著作是家喻户晓的了,美国人见到自己上中学的孩子面对数学题,皱眉头,不知如何下手时,就给他一个夸特(硬币,两角五分钱),让他到巷子口小摊上买一本波利亚的著作.和北京的模范数学教师一块旅游时,问道:'知道 G. 波利亚吗?'竟然一个个瞪着大眼睛,不知怎么回答.北京的数学教师竟然闭耳塞听到如此的地步,唉!"

欧阳绛,在中国推广波利亚的数学教育思想,是你的责任!

欧阳绛

2012 年 5 月 22 日,时年八十有七

脚注:江泽涵先生:北京大学数学系主任,在拓扑学方面有重要贡献,享年 92 岁,顺带说一声:数学是一门严谨的学科,如果你的生活能像数学那样严谨,还能长寿呢! 你看:G. 波利亚就享年 98 岁.

［注］此书有中译本《数学我爱你》
［美］吕塔·顿默尔

维尔贝特·顿默尔著

欧阳绛译
哈尔滨工业大学出版社,2008 年.

刘培杰
2017 年 9 月 13 日
于哈工大

Alexandrov 定理——平面凸图形与凸多面体

杨世明　编译

内容简介

本书深入浅出地介绍了凸图形及凸多面体的理论,注重基本概念和基本方法的阐述,全部论证限制在初等数学范围之内.阅读本书,不仅可使读者在中学阶段学习的几何知识大为充实和丰富起来,而且对读者以后学习高等数学,如多元函数微积分、微分几何、线性代数、拓扑学等,奠定空间想象能力和逻辑思维能力的坚实基础.

编译者的话

几何学是数学的主要分支之一,平面几何和立体几何(包括平面及空间解析几何)是几何学的基本组成部分.凸图形和凸体的理论在现代数学中起着越来越重要的作用.

若干年来,国内外中学数学教育教学改革的经验教训,使越来越多的人认识到几何学的重大教育价值和实用价值,认识到几何学在初等数学教育中的不可或缺的地位.我国现行的中学数学教材中,平面图形中介绍了三角形、平行四边形、梯形、圆、椭圆和正多边形的一些知识;立体几何中介绍了柱、锥、台、球的概念和简单性质.至于凸图形、凸多边形、凸多面体、凸体及其表面的一般理论几乎没有涉及，这就使学生升入高等学校以后，在学习多元函数微积分、微分几何、线性代数、拓扑学等基础数学和运筹学、计算方法等应用数学课程时，缺乏几何直观的能力和背景知识，对有关内容的理解也存在着障碍. 因此，需要一些关于凸图形和凸体方面的课外读物，以填补这个空缺.

苏联著名几何学家柳斯杰尔尼克（Л. Люстерник）在著名数学家亚历山大洛夫的支持下编写的《凸图形与凸多面体》一书，正好适合了这方面的需要. 浏览一下目录就会发现，该书是多么丰富有趣. 它不仅深入浅出地介绍了凸图形及凸多面体理论的各个方面，而且十分注意这个领域的基本概念和基本方法的阐述，并把全部论证限制在初等数学的范围之内，以便使高中二、三年级的学生及大学低年级的学生可以领会全部内容.

但该书是为苏联青年数学爱好者编写的. 为了尽可能同我国现行数学教学大纲和教材衔接，同我国学生的实际知识和能力相适应，我们采取了"编译"的方式，既保持原文生动、深入浅出的风格，又尽量使用我国教材的习惯用语和符号，以减少阅读时的困难. 同时，对原书做了适当增删，在每章后面还配备了一定数量的习题，供读者练习之用.

最后还应指出，为了使读者了解费马问题研究的历史和现状，我们补写了"维维安尼定理与费马问题"（§38）一节，这是非常生动有趣的篇章，而且和中学教材联系得非常密切.

由于笔者的水平和资料来源等的限制，本书中疏误在所难免，请读者批评指正.

杨世明

2017 年 10 月

于天津

编辑手记

本书的编译者是一位年近八旬的老者，一生痴迷于初等数学研究. 这样的人生选择，不禁让人想起美国诗人弗罗斯特的

那首著名的诗歌《未选择的路》,在诗中,弗罗斯特这样写道:

> 黄色的树林里分出两条路,
> 可惜我不能同时去涉足,
> 我在那路口久久伫立,
> 我向着一条路极目望去,
> 直到它消失在丛林深处.
> 但我却选了另外一条路,
> 它荒草萋萋,十分幽寂,
> 显得更诱人,更美丽;
> 虽然在这条小路上,
> 很少留下旅人的足迹.
> 那天清晨落叶满地,
> 两条路都未经脚印污染.
> 啊,留下一条路等改日再见!
> 但我知道路径延绵无尽头,
> 恐怕我难以再回返.
> 也许多少年后在某个地方,
> 我将轻声叹息将往事回顾:
> 一片树林里分出两条路——
> 而我选择了人迹更少的一条,
> 从此决定了我一生的道路.

是的,人生只有一次,究竟应该怎样渡过这看似漫长实则短暂的一生,本质上是一个选择的问题.是选择钟鸣鼎食,飞黄腾达,还是选择青灯黄卷,潜心学术,这是一种人生智慧.智德在评介叶辉《香港文学评论精选——新诗地图私绘本》时曾这样说:"香港新诗不论在任何时代,都拥有最多最无名的诗人,或者说在香港写诗,就几乎自动成为无名诗人."

在内地搞初等数学研究的人命运与香港诗人一样,只要一动笔便自动成为无名作者,被除自己之外的所有人遗忘.中国初等数学研究会号称有2万多名会员,但在全国名气很小,杨老先生作为前会长也少被圈外人知晓.从经济学的角度看,这里面有一个机会成本问题. 如果你选择了初等数学研究就注定与升官发财、出人头地无缘了,所以这一行中大多是"淡定叔"与"淡定哥". 人生的定位其实与企业的定位一样,十分困难却十分重要. 而且选择的是否正确要多年之后才见分晓,不过那时一切已成定局. 以大家都感兴趣的企业为例,定位问题也是一个企业的关键问题. 最早由美国人杰克·特劳特(Jack Trout)在 40 多年前提出,定位准确这是一个成功企业的必要条件,有之未必行,无之必不行. 一个案例是在 2008 年金融风暴中险些破产的美国国际集团(AIG)就是没有听从特劳特的建议将自己定位成"美国劳合社"(劳合社(Lloyd's)是英国最大的保险组织,也是世界最大的保险交易市场),而是试图为所有客户提供所有产品 —— 这是定位理论的大忌,从此埋下祸根.

除了目标笃定,内心淡定之外,杨老的另一个品质是"认真".

中国第一个拿到哈佛大学经济学博士学位的张培刚先生曾写过一副对联,展示了自己微妙的处世哲学,"认真,但不能太认真,应适时而止;看透,岂可以全看透,须有所作为". 但对杨老来说,优点是认真,"缺点"是太认真. 本书的校样寄给杨老后,杨老不顾年老体弱逐字逐句进行了修改,从这件事上体现了杨老一丝不苟、认真细致的治学态度,并且我们可以从中感受到身处其中的杨老的幸福感.

德国古典哲学家费尔巴哈说:"一切健全的追求都是对于幸福的追求."

当今社会物质丰富,精神匮乏,在一心追逐财富的道路上全力飞奔的人们终于在筋疲力尽之后猛然发现美感的丢失和幸福感的下降. 灯红酒绿、纸醉金迷之中人们恍惚还记得曾经有过的恬淡之美、研究之美、专注之美、抽象之美,一个健全的社会,一个洋溢着幸福的社会,一定是一个充满着多样性的社会.

马尔库塞在《单向度的人》中说,发达工业社会成功地压制了人们内心的否定性、批判性、超越性的向度,使社会成为单向度的社会,而生活于其中的人成了单向度的人,这种人丧失了自由和创造力,不再想象或追求与现实生活不同的另一种

293

生活.

　　杨老既是一位高尚的、纯粹的、脱离了低级趣味的人,同时又是充满了人生乐趣,找到了一生挚爱的人.

　　2006 年,前美联储理事,哥伦比亚大学教授米什金收了冰岛商务部 17 万美元,替其撰写了一篇《论冰岛金融的稳定性》,然而不出几年,冰岛政府宣布破产.于是,他便在自己简历里将这一著作改成了《论冰岛金融的不稳定性》.

　　一切社会科学包括貌似严谨的经济学、金融学都逃脱不了朝秦暮楚式的变来变去,这个时候以超稳定著称的数学便可流芳千古了,但这部书绝不会成为畅销书.

　　旅居美国 60 年的文学评论家董鼎山曾发现了一个有趣的现象:连畅销书也不一定有读者,他举例芝加哥大学的哲学教授艾伦·布鲁姆在1987年写的《美国精神的封闭》,布鲁姆凭借此书扬名世界,但此书虽畅销国际,但真正读完者却不多.

　　董鼎山把这种现象归于知识分子读者群(有异于一般读者)对自我形象的抬举.他们购了书在书架上炫耀,却没有时间或耐心通读一本深奥的名著.

　　这部书也绝不是迎合读者的"媚俗之作".

　　台湾著名舞台剧导演赖声川认为,如何准确猜测市场其实是最大的陷阱,创作者内心的那个东西反而是最重要的,"你来看我的戏,并没事先说你要看什么,而是我给你看什么,两者的关系是反过来的."

　　这部书就像一座初等数学研究的山峰,不论你读与不读,它都在那里!

刘培杰
2017 年 9 月 20 日
于哈工大

Hölder 定理

刘培杰数学工作室　编著

内容简介

本书对凸函数展开了详尽的叙述. 本书共分三编:凸函数、再论凸函数、凸集与凸区域. 6 个附录主要介绍了凸函数的新性质和一些相关猜想、公开问题. 通过介绍凸函数的定理、性质,引出凸函数与其他相关定理之间的关系和凸函数的众多应用.

本书适合高等院校师生和数学爱好者阅读参考.

编辑手记

本书的许多内容都相当的老,但还很有价值. 笔者曾经看过一篇小说,里面的主人公说:"回忆和泡菜、腐乳之类的产生原理一样,都是借助了腐烂的力量,才产生些许与众不同的味道."

有人说在中国目前这个凡事讲实用,要有用的环境下出版这样一本书是奢侈的. 它不是指钱而是指做一本书的态度和心力. 做一件事,不计成本投入自己的时间与气力,除了基本的职业操守外,你的内心还必须是骄傲的. 只有骄傲,才感觉值得,才会赋予自己和所做选题更强盛的力量. 本工作室做过几本关于赫尔德的书,因为他很重要,研究范围也很广.

赫尔德(Hölder,1859—1937),德国人.1859 年 12 月 22 日生于斯图特加.大部分时间在莱比锡大学任教授.1937 年 8 月 29 日逝世.

赫尔德在代数学、分析学、位势论、函数论、级数论、数论和数学基础等方面都有贡献.在代数学方面,他对置换群进行了深入的研究.1889 年证明了约当 – 赫尔德定理,同时引进了因子群的抽象概念;1892 年论述了单群;1895 年又论述了复合群.这些工作构成了抽象群理论的发展方向之一.在无穷级数方面,他于 1882 年推广了弗罗比尼提出的发散级数的一种可和性定义,得到了所谓 (H,r) 求和法.在差分方程与微分方程方面,他证明了赫尔德定理,即差分方程

$$y(x+1) - y(x) = x^{-1}$$

的解不满足任何代数微分方程.在调和函数理论中,有著名的赫尔德条件.此外,他提出的赫尔德不等式、赫尔德积分不等式,都是数学分析和泛函分析中的重要不等式.

其中在中学数学奥林匹克中常用的是如下题中所用的不等式.

由 T. Andreescu 提供给 2004 年美国数学奥林匹克的一个试题为证明:对所有的 $a,b,c \geq 0$,有

$$(a^5 - a^2 + 3)(b^5 - b^2 + 3)(c^5 - c^2 + 3) \geq (a+b+c)^3$$

成立.

证法如下:

对所有的 $x > 0$,有

$$x^5 - x^2 + 3 \geq x^3 + 2$$

因为这等价于

$$(x^3 - 1)(x^2 - 1) \geq 0$$

因此

$$(a^5 - a^2 + 3)(b^5 - b^2 + 3)(c^5 - c^2 + 3)$$
$$\geq (a^3 + 1 + 1)(1 + b^3 + 1)(1 + 1 + c^3)$$

回忆赫尔德不等式,它的最一般形式说明,对 $r_1, r_2, \cdots, r_k > 0$,

$\dfrac{1}{r_1} + \dfrac{1}{r_2} + \cdots + \dfrac{1}{r_k} = 1$,且对正实数 $a_{ij}, i = 1, 2, \cdots, k, j = 1, 2, \cdots, n$,有

$$\sum_{i=1}^{n} a_{1i}a_{2i}\cdots a_{ki} \leqslant \left(\sum_{i=1}^{n} a_{1i}^{r_1}\right)^{\frac{1}{r_1}} \left(\sum_{i=1}^{n} a_{2i}^{r_2}\right)^{\frac{1}{r_2}} \cdots \left(\sum_{i=1}^{n} a_{ki}^{r_k}\right)^{\frac{1}{r_k}}$$

对 $k = n = 3, r_1 = r_2 = r_3 = 3$ 与数 $a_{11} = a, a_{12} = 1, a_{13} = 1,$
$a_{21} = 1, a_{22} = b, a_{23} = 1, a_{31} = 1, a_{32} = 1, a_{33} = c$ 应用以上不等
式,得

$$(a + b + c) \leqslant (a^3 + 1 + 1)^{\frac{1}{3}} (1 + b^3 + 1)^{\frac{1}{3}} (1 + 1 + c^3)^{\frac{1}{3}}$$

因此有

$$(a^3 + 1 + 1)(1 + b^3 + 1)(1 + 1 + c^3) \geqslant (a + b + c)^3$$

证明了不等式.

本书中除了一些经典的节选外还有若干近期的论文汇编,
要完全读懂本书是不容易的.

数学总是言简意赅,惜墨如金,而读者必须置身于其中,每
时每刻,他都应该自省是否读懂了文章的观点. 问问自己这些
问题:

为什么这个结论是正确的?

你确定?

我能向另一个人证明这个结论的正确性么?

为什么作者不用另一种方式证明它?

我有更好的方法来说明这个结论么?

为什么作者和我的思路不一样?

我的方法是正确的么?

我真的理解了这个结论么?

我是不是忽视了一些细节?

作者是否忽视了一些细节?

如果我没法理解这个结论,我是否能够理解一个类似但稍
微简单一些的结论?

这个简单一些的结论是什么?

需要完全理解这个结论么?

我能不能去理会这个结论的证明细节呢?

忽略这个结论的证明会使我对整篇文章的理解产生偏
差么?

不去考虑这些问题就好像心不在焉地看小说. 发呆了一会

儿之后你会突然发现虽然你已经翻了很多页,但却完全想不起你看了什么.

笔者的建议是对每一个抽象的结论,最好都能找到一个适合自己的具体例子. 既不能太难,又不过于平凡,还要有余味.

如下例:

令 $x_1, x_2, \cdots, x_n$ 是实数. 求实数 a 使下式取最小值

$$| a - x_1 | + | a - x_2 | + \cdots + | a - x_n |$$

用本书中的结论很好解,把 x_i 按递增顺序排列

$$x_1 \leqslant x_2 \leqslant \cdots \leqslant x_n$$

函数

$$f(a) = | a - x_1 | + | a - x_2 | + \cdots + | a - x_n |$$

是凸函数,即凸函数之和. 它是分段线性函数. 若在点 a 邻域中 f 是线性的,则在点 a 上的导数等于 $x_i < a$ 的个数与 $x_i > a$ 的个数之差. 全局最小值在导数变号之处达到. 对奇数 n,这恰好在 $x_{\lfloor n/2 \rfloor + 1}$ 上发生,若 n 是偶数,则最小值在区间 $[x_{\lfloor n/2 \rfloor}, x_{\lfloor n/2 \rfloor + 1}]$ 的任一点上达到,在这个点上一阶导数为 0,且函数是常数.

从而本题答案是:当 n 是奇数时,$a = x_{\lfloor n/2 \rfloor + 1}$,当 n 是偶数时,a 是区间 $[x_{\lfloor n/2 \rfloor}, x_{\lfloor n/2 \rfloor + 1}]$ 中任一数.

我们还注意到有如下推广. 要求的数 x 称为 $x_1, x_2, \cdots, x_n$ 的中位数. 一般的,若 $x \in \mathbf{R}$ 以概率分布 $\mathrm{d}\mu(x)$ 出现,则它们的中位数 a 使

$$E(| x - a |) = \int_{-\infty}^{+\infty} | x - a | \, \mathrm{d}\mu(x)$$

最小. 中位数是任一数使

$$\int_{-\infty}^{+\infty} \mathrm{d}\mu(x) = P(x \leqslant a) \geqslant \frac{1}{2}$$

与

$$\int_{a}^{+\infty} \mathrm{d}\mu(x) = P(x \geqslant a) \geqslant \frac{1}{2}$$

在本题的特殊情形下,数 $x_1, x_2, \cdots, x_n$ 以相等概率出现,因此中位数在中心位置.

至于为什么要读本书或更广泛一点的问:为什么要学习数学. 在微信朋友圈中找到了一个恰当的回答."知识就是力量"项目创办于 1994 年,今天在美国最落后的社区里运营着 183 家

公立特许学校. 这些学校重视纪律, 每天教学时间也比较长, 非常重视数学、阅读和写作的教学, 并且强调布置作业. "知识就是力量"项目的前任首席执行官斯科特·汉密尔顿说:"有一次, 在学校里, 有一个女孩就问他,'我想要成为一名服装设计师, 我为什么要学代数呢?' 汉密尔顿当场被问住了."

后来, 他就打电话给研究教育的一个认知科学家丹·威林厄姆, 问这个科学家,"很多高中生离开学校之后, 其实很少会在生活中用到代数, 为什么他们还要学习代数呢?"威林厄姆回答说:"代数是大脑的体操. 代数教大脑如何把抽象的理论应用于实际."也就是说, 代数是座桥梁, 连接着理念世界和现实世界. 汉密尔顿得到了答案. 代数本身其实并不重要, 重要的是代数教给人的抽象思维能力. 而抽象思维能力就像是人思考时的指南针.

同理, 为什么要学习写作和编程这些基础技能也是一样的. 让孩子们学习写作, 不是因为所有孩子未来都可以成为作家或记者, 而是因为学习写作可以帮助人更好地表达自己的想法和更好地思考. 编程则是计算机时代的写作.

但是在对这些基础学科的教学上, 也出现了分歧和不平等. 穷人社区的学校往往漠视它们的重要性, 富人学校却相反. 教育学家詹姆斯·吉说:"到最后, 我们会有两套教学系统, 一套属于富人, 一套属于穷人."穷人的教学系统教学生如何应试, 保证获得基本知识, 进而胜任服务工作. 而富人的教学系统强调解决问题、创新和探索新知的能力. 因此, 争取平等的新的战场, 已经不再是就业机会的平等,"而是代数."

关于书中人名均采用英文的原因是译成中文后由于译法不同会产生许多歧义. 中国的名人录中有一本名为《外国尚友录》, 其中有"牛顿"这个条目. 但在书中却有两条. 一条就叫"牛顿". 这一条很正确, 很完整地记述了他的生平情况, 他的出生, 他的学术贡献, 他如何发明了微积分, 发现了万有引力等. 另外一条叫"牛董", 其实也是牛顿, 但是讲的事情和那一条完全不相干. 它也会说明他是英国人, 物理学家等, 但是它主要讲的是什么呢? 它说牛董终身没有娶妻. 为什么没有娶妻呢? 说他小的时候就很好学, 每天除了吃饭、睡觉, 就是在读书, 没有时间去谈恋爱,一辈子就没有婚配. 这就是它的主要内容,就是介绍牛董的故事,这对我们理解牛顿好像没有什么特别的帮助.

选择英文原名虽然增加了初学者的负担,但从长远看是有好处的,而非"假洋鬼子"所为!

刘培杰

2017. 10. 18

于哈工大

Sperner 引理

刘培杰数学工作室　编著

内容简介

本书从一道加拿大数学奥林匹克试题谈起,详细介绍了斯潘纳尔引理的内容及证明,并介绍了与之相关的 IMY 不等式、Boolea 矩阵、图论、Dilworth 定理、极集理论、高斯数等问题.

本书适合高等数学研究人员及高等院校数学专业教师及学生参考阅读.

后 记

这是一本涉及组合数学专题的小册子.

卢梭说一切科学的起源都是卑鄙的:

> "天文学出于占星术迷信;雄辩术出于野心;几何学出于贪婪;物理学出于无聊的好奇;连伦理学也发源于人类的自尊."

组合数学的起源倒是个例外,它有一些神秘色彩.传说是在大禹治水时挖运河挖出的玄龟背负一张图即今天人们说的九宫图.这可视为最早的组合数学对象.

斯潘纳尔是一位德国著名数学家,来过中国,以此引理而著名,值得关注.

陈省身先生在为《阿蒂亚论文全集》大陆发行本所做的前言中写道:

> "在我年轻的时候,我听从建议去读庞加莱、希尔伯特、克莱因以及胡尔维茨等的著作,并从中获益.而我自己对布拉须凯、嘉当和霍普夫的著作更为熟悉,其实这也是中国的传统:在中国我们被教导要读孔夫子、韩愈的散文以及杜甫的诗歌,我真诚地希望这套全集不要成为书架上的摆设,而是在年轻数学家的手里被翻烂掉."

大师自有被称为大师的道理,读其有益.微博上活跃着众多吐槽爱好者,但大多乏善可陈.真正有品位的吐槽,来自大师的毒舌.比如苏联物理学家朗道曾贡献了一个生物学的经典吐槽.

当时苏联的官方生物学盛行的是李森科的获得性遗传理论.例如把鹿的耳朵剪个小缺口,然后交配生小鹿,再在小鹿的耳朵上剪个小缺口,一代一代这么干下去,最终会培育出一生下来耳朵就有个小缺口的鹿.于是,朗道问李森科,他如何解释"处女"的存在.

本书的主题是组合集合论的一个基本定理,是斯潘纳尔 1928 年首先证明的,所以被称为斯潘纳尔引理:设 $\mathscr{P}(X)$ 是 n 元素 X 的所有子集的集合.在子集间的包含关系下 $\mathscr{P}(X)$ 是一个偏序集.证明:偏序集 $\mathscr{P}(X)$ 中反链的最大规模为 $C_n^{\left[\frac{n}{2}\right]}$.引理证明的关键是,构造以偏序集 $\mathscr{P}(X)$ 的反链 $A=\{X_1,X_2,\cdots,X_m\}$ 和 n 元集 X 中 n 个元素的所有排列集合 B 为二部分划的二部图 G,然后应用 Fubini 原理对图 G 的边数 $e(G)$ 进行计数.这一证明是 Lubell 在 1966 年给出的,极为出色.Lubell 发表其证明的文章只有一页长,被著名组合数学家 Rota 收入到其编纂的名著《组合论中经典论文集》(*Classic Papers in Coubinatorics*,Quinn-Wood-bine 出版社 1987 年版),足见证明之精彩.现简述如下:

设 $A = \{X_1, X_2, \cdots, X_m\}$ 是偏序集 $\mathcal{P}(X)$ 中的一个反链. B 是 n 元素 X 的 n 个元素的所有排列之集合. 对于任意 $X_i \in A$, 任意 $b \in B$, 当且仅当排列 b 的前 $|X_i|$ 个元素构成的集合即为 X_i 时, 令 X_i 与 b 相邻, 得到一个二部图 G, G 的顶点集合的一部分划即是 A 和 B. 现在用两种方式来计算图 G 的边数 $e(G)$. 一方面, 对任意 $X_i \in A$, 将 X_i 中 $|X_i|$ 个元素的一个排列和 $\overline{X_i}$ 中 $n - |X_i|$ 元素的一个排列并在一起, 即得 B 中一个排列 b, 而且在图 G 中顶点 X_i 和顶点 b 相邻. 由于 X_i 和 $\overline{X_i}$ 各有 $|X_i|$ 和 $n - |X_i|$ 个元素, 因此如此的顶点 b 有 $|X_i|! \, (n - |X_i|)!$ 个. 所以顶点 X_i 的度为

$$d(X_i) = |X_i|! \, (n - |X_i|)!$$

于是

$$e(G) = \sum_{i=1}^{m} d(X_i) = \sum_{i=1}^{m} |X_i|! \, (n - |X_i|)!$$

另一方面, 对于任意 $b \in B$, 如果 A 中 X_i 与 X_j 和 b 相邻, $X_i \neq X_j$, 则由相邻的定义, X_i 和 X_j 分别是排列 b 的前 $|X_i|$ 和前 $|X_j|$ 个元素构成的集合. 如果

$$|X_i| = |X_j|$$

那么

$$X_i = X_j$$

矛盾; 如果

$$|X_i| \neq |X_j|$$

不妨设

$$|X_i| < |X_j|$$

那么 $X_i \subset X_j$, 与 A 是 $\mathcal{P}(X)$ 的反链相矛盾. 这说明, 在图 G 中顶点 b 至多和 A 中一个顶点 X_i 相邻, 即顶点 b 的度 $d(b) \leq 1$. 于是

$$\sum_{i=1}^{m} |X_i|! \, (n - |X_i|)! = e(G) = \sum_{b \in B} d(b) \leq |B|$$

而 B 是 X 中 n 个元素的所有排列的集合, 所以 $|B| = n!$. 因此

$$\sum_{i=1}^{m} |X_i|! \, (n - |X_i|)! \leq n!$$

即

$$\sum_{i=1}^{m} \frac{1}{\dfrac{n!}{|X_i|! \, (n - |X_i|)!}} \leq 1$$

也即

$$\sum_{i=1}^{m} \frac{1}{C_n^{|X_i|}} \leqslant 1$$

由二项系数 $C_n^0, C_n^1, \cdots, C_n^n$ 的单峰性可知, $C_n^{|X_i|} \leqslant C_n^{\left[\frac{n}{2}\right]}$. 于是

$$\frac{m}{C_n^{\left[\frac{n}{2}\right]}} \leqslant \sum_{i=1}^{m} \frac{1}{C_n^{|X_i|}} \leqslant 1$$

从而得到

$$m \leqslant C_n^{\left[\frac{n}{2}\right]}$$

设 A 是 n 元集 X 中所有 $\left[\frac{n}{2}\right]$ 元子集的集合. 易知 A 是偏序集 $\mathscr{P}(X)$ 的一个反链, 且 $|A| = C_n^{\left[\frac{n}{2}\right]}$. 因此上界 $C_n^{\left[\frac{n}{2}\right]}$ 是可以达到的.

这个定理有许多应用. 比如数论中的如下问题:

设 $p_1, p_2, \cdots, p_n$ 是 n 个互异的素数, $N = p_1 p_2 \cdots p_n$. 证明: N 的一组两两互不整除的因数的最大规模是 $C_n^{\left[\frac{n}{2}\right]}$.

证 设 $d = p_{i_1} p_{i_2} \cdots p_{i_k}$ 是 N 的一个因数, $1 \leqslant i_1 \leqslant i_2 < \cdots < i_k \leqslant n$. 记

$$X = \{1, 2, \cdots, n\}$$
$$A = \{i_1, i_2, \cdots, i_k\}$$

这说明, N 的所有因数集合 D_N 与 n 元集 X 的所有子集集合 $\mathscr{P}(X)$ 之间存在一个双射. 易知 N 的一组两两互不整除的因数对应于 $\mathscr{P}(X)$ 中一个反链. 由斯潘纳尔引理即得.

再比如下列组合问题:

设 $x_1, x_2, \cdots, x_n$ 是 n 个大于 1 的实数. 设 $N = \{1, 2, \cdots, n\}$. 对任意给定的 $A \subseteq N$, 记

$$x_A = \sum_{i \in A} x_i$$

由于 N 共有 2^n 个子集 A, 所以共有 2^n 个和数 x_A. 设 I 是一个单位长的闭区间. 证明: I 至多含有 $C_n^{\left[\frac{n}{2}\right]}$ 个 x_A.

证 设 $A_1, A_2, \cdots, A_m$ 是 N 的子集, 使得 $x_{A_1}, x_{A_2}, \cdots, x_{A_m} \in I$. 记 $S = \{A_1, A_2, \cdots, A_m\}$. 如果对 $A_i, A_j \in S$, 有 $A_i \neq A_j, A_i \subseteq A_j$, 那么

$$x_{A_j} - x_{A_i} = \sum_{k \in A_j - A_i} x_k > 1$$

与 $x_{A_i}, x_{A_j} \in I$ 矛盾. 这表明, $S = \{A_1, A_2, \cdots, A_m\}$ 是偏序集 $\mathscr{P}(N)$ 的一个反链. 由斯潘纳尔引理

$$m \leqslant C_n^{\left[\frac{n}{2}\right]}$$

1945 年 Erdös 首先对绝对值大于 1 的实数 $x_1, x_2, \cdots, x_n$ 证明上述结论成立. 1965 年 Kleitman 和 1966 年 Katona 分别独立地证明 1943 年 Littlewood 和 Offord 提出的下述猜想成立: 设 z_1, $z_2, \cdots, z_n$ 是 n 个绝对值大于 1 的复数, D 是复平面 Z 上单位闭圆盘, 则 D 中至多含有 $C_n^{\left[\frac{n}{2}\right]}$ 个形如 $z_A = \sum_{i \in A} z_i, A \subseteq N$ 的和.

当然本书的起点是奥数, 但终点一定不局限于奥数.

2012 年国际中学生数学竞赛的第一名被韩国从中国手中夺走. 这里原因很多, 按人才均匀分布的模型, 中国的数学天才应数十倍于韩国. 如今在举国体制之下居然屈居第二, 一个原因是韩国的应试教育其惨烈程度胜于中国. 第二个原因是中国一流数学家(当然在世界范围内是第几流自有公论)已全部撤离了这一领域. 二流大师自然会以二流的眼界, 二流的方式, 二流的理念来处理一切, 得到的结果, 自然是"取法乎中, 仅得其下"了.

据《南方周末》2012 年 9 月 18 日报道, 教师节前夕, 学者钱理群公开表达"告别"教育的意图, 他说: "应试已成为学校教育的全部目的和内容, 一切不能为应试教育服务的教育根本无立足之地."

本书是貌似有益应试, 实则是远离应试的提高数学修养的读物. 数学竞赛的目的就是想让那些数学的准天才们通过这一活动发现数学之美. 从而走进数学的殿堂. 所以很可能是中学时对数学产生的兴趣到了大学才开始发芽, 进而通过自己的努力走进学术精英的团体中. 尽管现在社会上"拼爹"现象严重, 但大学如果不再是人们通过努力和勤奋来进入社会上升序列并借以发挥才华的通道, 底层的人们便几乎再也没有其他的希望. 一群失去希望的人, 除了颓废就是盲目和放任了.

最后像所有被引用资料的原作者致谢. 这些或许是本书的最有价值的构成.

刘培杰

2017. 10. 22

于哈工大

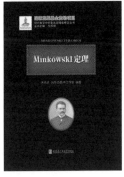

Minkowski 定理

朱尧辰　　刘培杰数学工作室　　编著

内容简介

本书从一道华约自主招生试题谈起,详细地介绍了 Minkowski 定理的概念、证明以及 Minkowski 定理与其他定理的联系和在其他学科中的应用.

本书适合高等学校数学及相关专业师生使用,也适合于数学爱好者参考阅读.

编辑手记

杜威的学生,美国教育家克伯屈(W. H. Kilpatrick)原是一位数学教师,后来投入杜威门下. 他在 20 世纪 20 年代曾说过这样的两段话:有许多科目,例如代数、几何、伦理学学科. 若不是为了升学起见,完全无用,宜选用适合中国国情的课程(见《克伯屈在沪讲演录》《克伯屈在京演讲录》,胡叔异,张鸣新等整理.《教育杂志》第 19 卷 5,6 期,1927).

本书内容与升学有点关系,但不像克伯屈说的那样完全无用,而是大有用途.

Minkowski 是一个神童,他的姐姐凡妮(Funny)说在小学时他的数学才能就非常出众,每当老师因难题挂到黑板上时,同学们就齐声叫喊:"Minkowski,帮忙啊!"

Minkowski 18 岁时,和 57 岁的爱尔兰数学家史密斯(Henry John Stephen Smith)一道因为将数表示为平方和的成果获得了令人羡慕的巴黎科学院的数学大奖. 按竞赛规则,文章应该翻译成法文的,而他没来得及翻译就获奖了. 而史密斯则不幸在获奖前两天去世了.

Minkowski 在数学界享有崇高的地位,这可由希尔伯特对其的重视程度就可看出.

希尔伯特在哥廷根建立起强大的哥廷根数学学派,其他大学很羡慕,便想将希尔伯特挖走. 1902 年,福克斯(Lazarus Fuchs,1833—1902)去世,柏林大学便邀请希尔伯特去接替他的职位,而哥廷根大学极力挽留他. 最后希尔伯特提出一个条件,作为他留下的条件,那就是他可以在哥廷根.

本书仅是从 Minkowski 在数的几何中的一个基本定理谈起,不涉及其他更广阔的领域.

比如格的 Minkowski 第一定理. 格上的最短向量问题是指求格中一个最短的非零向量的问题(shortest vector problem, SVP). 这一问题已被证明在随机约化下是 NP- 困难问题. 关于最短向量的存在性定理即 Minkowski 第一定理,给出格中最短向量长度的一个上界.

在一个给定的特殊区域里是否存在某个事先给定的格的非零向量问题,即 Minkowski 定理.

定理 设 L 是 $\mathbf{R}^m$ 中的格,S 是 $\mathbf{R}^m$ 中一个可测的关于原点对称(即 $a \in S \Rightarrow -a \in S$)的凸集(即 $\alpha,\beta \in S \Rightarrow \frac{1}{2}(\alpha+\beta) \in S$),若 S 的体积 $\mu(S) \geqslant 2^n \det(L)$,则 $S \cap L$ 中有非零向量.

利用这一定理可证明下面的 Minkowski 第一定理.

定理 设 L 是 $\mathbf{R}^m$ 中秩为 n 的格,格 L 中最短向量的长度为 λ_1,那么 $\lambda_1 < \sqrt{n} \det(L)^{\frac{1}{n}}$.

证明 设格 L 的一组基为
$$b_1,b_2,\cdots,b_n,B = [b_1,b_2,\cdots,b_n] \in \mathbf{R}^{m \times n}$$
记向量 $b_1,b_2,\cdots,b_n$ 生成的线性空间为 $\text{span}(b_1,b_2,\cdots,b_n)$,即
$$\text{span}(b_1,b_2,\cdots,b_n) = \{Bx,x \in \mathbf{R}^n\}$$

设 $S = B(O, \sqrt{n}\det(L)^{\frac{1}{n}}) \cap \mathrm{span}(\boldsymbol{b}_1, \boldsymbol{b}_2, \cdots, \boldsymbol{b}_n)$ 是 $\mathrm{span}(\boldsymbol{b}_1, \boldsymbol{b}_2, \cdots, \boldsymbol{b}_n)$ 中以原点为中心,以 $\sqrt{n}\det(L)^{\frac{1}{n}}$ 为半径的开球,注意到 S 的体积严格大于 $2^n\det(L)$. 因为 S 中包含一个 n 维的边长为 $2\det(L)^{\frac{1}{n}}$ 的超立方体,故存在一个非零向量 $v \in S \cap L$,使得

$$\| v \| < \sqrt{n}\det(L)^{\frac{1}{n}}$$

因此,格 L 中最短向量的长度 λ_1 满足

$$\lambda_1 \leqslant \| v \| < \sqrt{n}\det(L)^{\frac{1}{n}}$$

定理得证.

上述定理给出了格中最短向量长度的一个上界,尽管这只是一个存在性定理,但这个上界在实际应用中有着重要的意义.

Minkowski 的工作有几个特点,一个是最基础工作的拓广,如欧氏平面曲线的一个基本不等式是等周不等式,即:在具有定长的一切平面单纯闭曲线 C 中,圆是具有最大面积的曲线. 换句话说,设 A 是一条长为 L 的单纯闭曲线围成的面积,那么

$$L^2 - 4\pi A \geqslant 0$$

式中等号当且仅当 C 是圆时成立.

1902 年胡尔维兹用傅里叶级数方法给出了一个证明. 1939 年斯密特(E. Schmidt) 又给出了一个证明,而 Minkowski 将其推广成了关于混合面积的 Minkowski 不等式,这是和斯坦纳(Steiner)、波内(Brunn) 和 Minkowski 的名字联系着的.

设 $p_0(\varphi)$ 和 $p_1(\varphi)$ 是两卵形线的支持函数. 那么,对于定 $c_0 \geqslant 0, c_1 \geqslant 0$,作

$$p(\varphi) = c_0 p_0(\varphi) + c_1 p_1(\varphi) \tag{1}$$

它如前所指出的那样,是一条卵形线 $\mathfrak{R}$ 的支持函数,而且我们写出

$$\mathfrak{R} = c_0 \mathfrak{R}_0 + c_1 \mathfrak{R}_1 \tag{2}$$

这最好是这样分析:设 $\mathfrak{X}_0$ 是 $\mathfrak{R}_0$ 的任一点,$\mathfrak{X}_1$ 是 $\mathfrak{R}_1$ 的任一点,那么当 $\mathfrak{X}_0$ 和 $\mathfrak{X}_1$ 独立地画出 $\mathfrak{R}_0$ 和 $\mathfrak{R}_1$ 时,点 $c_0 \mathfrak{X} + c_1 \mathfrak{X}_1$ 必画成领域 $\mathfrak{R}$. 可是这领域是凸的,因为取其任何两点 $\mathfrak{X}, \mathfrak{X}'$ 而作连线段时它也属于这领域

$$(1 - t)\,\mathfrak{X} + t\,\mathfrak{X}' = c_0\{(1 - t)\,\mathfrak{X}_0 + t\,\mathfrak{X}'_0\} +$$
$$c_1\{(1 - t)\,\mathfrak{X}_1 + t\,\mathfrak{X}'_1\} \quad (0 \le t \le 1)$$

这个凸域的正线性组合曾是由思想丰富的瑞士几何学家 Jakob Steiner(大概 1840 年) 和生活在慕尼黑的多方面专家:图书馆学者、几何学家和罗马法学家 Hermann Brunn(大概 1887 年) 导进和研究的. Minkowski 这位杰出的数论和几何学家(1864—1909) 接着大概在 1900 年导入了"混合面积"的重要概念,这就是这里所要介绍的.

对此人们可从公式

$$F = \frac{1}{2}\int_{-\pi}^{+\pi} (p^2 - p'^2)\,\dot{\varphi}$$

算出 $\mathfrak{R}$ 的面积 F. 这样,从式(1) 得出

$$F = c_0^2 F_{00} + 2c_0 c_1 F_{01} + c_1^2 F_{11} \tag{3}$$

式中

$$F_{ik} = \frac{1}{2}\int_{-\pi}^{+\pi} (p_i p_k - p'_i p'_k)\,\dot{\varphi} \tag{4}$$

按式(4) 特别是 $F_{00} = F_0, F_{11} = F_1$. 我们在这 Minkowski 的混合面积 F_{ik} 中接触到了普通面积 F 的一种极映象.

如果令 $c_0 = 1, c_1 = r$,并取原点周围的单位圆为 $\mathfrak{R}_1$,那么 $\mathfrak{R}_0 + r\,\mathfrak{R}_1$ 是 $\mathfrak{R}_0$ 的外距 r 的等距领域. 把式(3) 与 Steiner 公式比较一下,此时便有

$$2F_{01} = U_0 \tag{5}$$

这也可从 $p_i = p_0, p_k = 1$ 时的式(4) 和 Cauchy 公式推出.

经过分部积分,式(4) 便给出

$$F_{ik} = \frac{1}{2}\int p_i(p_k + p''_k)\,\dot{\varphi} = \frac{1}{2}\int p_k(p_i + p''_i)\,\dot{\varphi}$$

或考查到 $(p_i + p''_i)\dot{\varphi} = \dot{s}_i$ 是弧素,便有

$$F_{ik} = \frac{1}{2}\int p_i \dot{s}_k = \frac{1}{2}\int p_k \dot{s}_i \tag{6}$$

现在,下列的 Minkowski 不等式成立

$$F_{01}^2 - F_{00} F_{11} \ge 0 \tag{7}$$

如果取单位圆作为 $\mathfrak{R}_1$,那么式(7) 按式(5) 变为古典的等周不等式 $U_0^2 - 4\pi F_0 \ge 0$.

第二个特点是跟随者众多. 大家都以研究 Minkowski 研究过的问题为荣.

Minkowski 问题唯一性定理

定理 设 S 和 S^* 是分别具有边界 C 和 C^* 和正 Gauss 曲率的级 C^2 的 E^3 中两个定向的凸曲面. 假定有一个将 S 映到 S^* 上的可微映象 f, 使在 S 和 S^* 的每对对应点都有相同的单位内法向量和相等的 Gauss 曲率. 如果那个被限制在边界 C 的可微映象 f 是把边界 C 带到边界 C^* 上去的平移, 那么这个可微映象 f 是把整个曲面 S 带到整个曲面 S^* 的.

当曲面 S 和 S^* 为闭曲面时, 这个定理最初是由 Minkowski 获得的; 关于解析曲面 S 和 S^* 的定理则是由 H. Lewy 重新证明的; J. J. Stoker 和 S. S. Chern (陈省身) 分别对于级 C^5 和级 C^2 的曲面 S,S^* 进行了新的证明. 这些数学家采用的方法都不相同. Minkowski 主要利用了那个比较深奥的凸体混合体积有关的 Brunn-Minkowski 理论, Lewy 应用了他自己的 Monge-Ampère 型的椭圆和解析微分方程研究成果, Stoker 则是把定理归纳到希尔伯特关于球面上解的唯一性定理, 而且最后陈省身用了某些积分公式来证明, 这些公式的推导则是通过 G. Herglotz 为了证明关于等距凸曲面的 Cohn-Vossen 定理时所用的同一方法进行的.

这个定理以现在的形式出现, 要归功于熊全治 (C. C. Hsiung) 的工作.

(以上关于微分几何方面的介绍源自苏步青先生的《微分几何五讲》. 原书 1979 年由上海科学技术出版社出版. 但排版印刷有许多错误. 感谢田廷彦先生将上海科技社的校正底本寄来.)

第三个特点是其开创性. 如欧几里得几何中的毕达哥拉斯定理把由 $s^2 = x^2 + y^2$ 算得的 s 看作矢量 (x,y) 的长度. 在曲面理论和广义相对论中长度有更复杂的公式, 那里 ds^2 是用二次微分表示式给定的. 很引人注意的是, 似乎总是与平方打交道, 不是 s^2 就是 ds^2. 学生可能会怀疑, 受制于平方是不是束缚了我们的思想? 几何为什么一定要以平方为基础? 我们能不能有一种几何, 在那种几何里 $s^p = x^p + y^p$, 或对多维情况来说

311

$$s^p = \sum_1^n x_r^p$$

其中 p 为某个不等于 2 的数.

Minkowski 在 1896 年出版的一本书《数的几何学》(*Geometrie der Zahlen*) 中就提出了这种想法. 在那本书里以及更早的论文中,他用简单的几何论证得到了数论上很有意思的结果. 他用下式定义矢量 $(x_1, x_2, \cdots, x_n)$ 的长度 s

$$s^p = \sum_{r=1}^n |x_r|^p$$

必须用绝对值,以免矢量有零长度或负长度. 例如,$p = 3$,$s^3 = x^3 + y^3$ 会使 $(1, -1)$ 的长度为 0,使 $(0, -1)$ 的长度为 -1,这是与距离概念相矛盾的.

系统研究度量空间是从 1906 年费希特(Fréchet)的论文开始的. 在一般度量空间概念被认识以前,Minkowski 的距离定义提供了一个赋范矢量空间的例子. 范数定义为

$$\| (x_1, \cdots, x_n) \| = \left[\sum_1^n |x_r|^p \right]^{\frac{1}{p}}$$

的空间现在称为 l_p 空间. 有类似范数的无穷维空间用同样的符号 l_p —— 其实 l_p 一般是指这种无穷维空间.

德国数学从辉煌走向衰微是以第二次世界大战为转折点的.

1943 年苏联斯大林格勒战役重创德军,戈培尔下令禁止播放玛琳·黛德丽演唱的歌《莉莉·玛莲》,因为它扰乱军心,黛德丽喜欢唱的歌还有一首叫《花儿都到哪里去了》:"花儿都到哪里去了? 年轻的女孩摘走了. 年轻的女孩哪里去了? 她们给男人娶去了. 男人们都到哪儿去了? 他们当兵打仗去了. 士兵们都到哪儿去了? 他们埋在坟墓里了. 坟墓都到哪里去了? 都被花儿覆盖了. 花儿都到哪里去了? ……" 除了纳粹上台后被迫害致死和流放到西方的犹太数学家,年青的雅利安数学家则大多参军战死. 所以第二次世界大战之后,世界数学中心转到了美国.

英国大作家毛姆曾经在《月亮与六便士》里借主人公之口说过:"如果评论者没有对(绘画)技术的实际了解,他将很难

就论题说出任何有价值的东西."本来笔者作为一个数学编辑的职责应该是评介、挖掘、引进优秀数学读物才对,亲自操刀上阵似乎有违社会分工原则,但真正的评论者如果自己不懂怕是难以鉴赏到真正的精品.之前闵嗣鹤先生的《格点与面积》其实就已经涉及这一定理.

当代最著名的小提琴家 Joshua Bell,曾做过一个试验,用价值 350 万美元的一把琴,早八点在华盛顿地铁站里演奏了巴赫等人难度最高的 4 首曲目,长达 45 分钟,只有 7 个人停下来听,结束时没人鼓掌.而两天前他在波士顿歌剧院的专场演奏,门票 100 美元,且一票难求.这说明许多人(大众)并不怎么在意内容是什么,而在意的是谁写的,哪家出版社出版的,所以我们只能给小众提供读物了,幸好社会上和学校里这样的读者还有一些.尽管有很多人毕业后并不以数学为职业,但数学对其仍有用.

被《罗博报告》连续数年列为世界最佳衬衫品牌之一的"诗阁"衬衫定制第二代掌门人的张宗琪曾于 1973—1977 年在加拿大读大学,所学专业即是数学和计算机专业.而当年苏步青老先生的得意弟子刘鼎元在掌握了微分几何精髓之后也到新加坡从事服装行业.数学无处不在,许多数学定理看上去什么用也没有,但在人们最意想不到的时刻它却会以出人意料的方式给人以帮助.所以现在科学界对那些研究稀奇古怪小问题的人也开始重视了.

中国科技大学工程科学学院梁海戈教授 2011 年 3 月在《美国科学院院刊》上发表了一篇揭示百合花开放之谜的学术论文,引起了广泛关注.最近他又开始研究公鸡走路的特殊之处,这绝不是无聊之举.因为公鸡走路会在自动定位、机器人视觉等领域给我们带来惊喜,所以中国科技大学将其列为学校重点方向性项目.本套丛书就是秉承这一理念以示为美、以稀为贵、以专为本,我们要集中微薄力量于一点以寻求突破,就像哈尔滨工业大学擅长的激光技术一样.曾经有一个女孩,一位年轻画师专做一种画,只画恐龙,后成我国唯一一位以古生物画为职业的专职画家.21 岁时作品就登上了英国《自然》杂志封面.

我们坚信 —— 假以时日,数学工作室也会登上更大的舞台!

刘培杰

2017 年 9 月 26 日

于哈工大

⊙

编辑手记

英国著名诗人莎士比亚说：

　　"书籍是全世界的营养品. 生活里没有书籍,就好像没有阳光;智慧里没有书籍,就好像鸟儿没有翅膀."

　　按莎翁的说法书籍应该是种生活必需品. 读书应该是所有人的一种刚需,但现实并非如此. 提倡"全民阅读""世界读书日"等积极的措施也无法挽救书籍在中国的颓式. 甚至有的图书编辑也对自己的职业意义产生了怀疑. 有人在网上竟然宣称:我是编辑我可耻,我为祖国霍霍纸.

　　本文既是一篇为编辑手记图书而写的编辑手记,也是对当前这种社会思潮的一种"反动". 我们先来解释一下书名.

　　姚洋是北京大学国家发展研究院院长,教育部长江学者特聘教授,国务院特殊津贴专家.

　　在一次毕业典礼上,姚洋鼓励毕业生"去做一个唐吉诃德吧",他说"当今的中国,充斥着无脑的快乐和人云亦云的所谓'醒世危言',独独缺少的,是'敢于直面惨淡人生'的勇士."

"中国总是要有一两个这样的学校,它的任务不是培养'人材'(善于完成工作任务的人)","这个世界得有一些人,他出来之后天马行空,北大当之无愧,必须是一个".

姚洋常提起大学时对他影响很大的一本书《六人》,这本书借助6个文学著作中的人物,讲述了六种人生态度,理性的浮士德、享乐的唐·璜、犹豫的哈姆雷特、果敢的唐吉诃德、悲天悯人的梅达尔都斯与自我陶醉的阿夫尔丁根.

他鼓励学生,如果想让这个世界变得更好,那就做个唐吉诃德吧.因为"他乐观,像孩子一样天真无邪;他坚韧,像勇士一样勇往直前;他敢于和大风车交锋,哪怕下场是头破血流!"

在《藏书报》记者采访著名书商——布衣书局的老板时有这样一番对话:

问:您有一些和大多数古旧书商不一样的地方,像一个唐吉诃德式的人物,大家有时候批评您不是一个很会赚钱的书商,比如很少参加拍卖会.但从受读者的欢迎程度来讲,您绝对是出众的.您怎样看待这一点?

答:我大概就是个唐吉诃德,他的画像也曾经贴在创立之初的布衣书局墙壁上.我也尝试过参与文物级藏品的交易,但是我受隆福寺中国书店王玉川先生的影响太深,对于学术图书的兴趣更大,这在金钱和时间两方面都影响了我对于古旧书的投入,所以,不能在这个领域有一席之地,是正常的.我不是个"很会赚钱"的书商,知名度并不等于钱,这中间无法完全转换.由于关注点的局限,普通古旧书的绝对利润很低,很多旧书的售价才几十块甚至于几块,利润可想而知,且旧书无大量复本,所以消耗的单品人工远高于新书,这是制约发展的一个原因.我的理想是尝试更多的可能,把古旧书很体面地卖出去,给予它们尊严,这点目前我已经做到了,不足的就是赚钱不多,维持现状可以,发展很难.

这两段文字笔者认为已经诠释了唐吉诃德在今日之中国的意义:虽不合时宜,但果敢向前,做自己认为正确的事情.

再说说加号后面的西西弗斯.笔者曾在一本加缪的著作中读到以下这段:

> 诸神判罚西西弗,令他把一块岩石不断推上山顶,而石头因自身重量一次又一次滚落.诸神的想法多少有些道理,因为没有比无用又无望的劳动更为可怕的惩罚了.
>
> 大家已经明白,西西弗是荒诞英雄.既出于他的激情,也出于他的困苦.他对诸神的蔑视,对死亡的憎恨,对生命的热爱,使他吃尽苦头,苦得无法形容,因此竭尽全身解数却落个一事无成.这是热恋此岸乡土必须付出的代价.有关西西弗在地狱的情况,我们一无所获.神话编出来是让我们发挥想象力的,这才有声有色.至于西西弗,只见他凭紧绷的身躯竭尽全力举起巨石,推滚巨石,支撑巨石沿坡向上滚,一次又一次重复攀登;又见他脸部绷紧,面颊贴紧石头,一肩顶住,承受着布满黏土的庞然大物;一腿蹲稳,在石下垫撑;双臂把巨石抱得满满当当的,沾满泥土的两手呈现出十足的人性稳健.这种努力,在空间上没有顶,在时间上没有底,久而久之,目的终于达到了.但西西弗眼睁睁望着石头在瞬间滚到山下,又得重新推上山巅.于是他再次下到平原.
>
> ——(摘自《西西弗神话》,阿尔贝·加缪著,沈志明译,上海译文出版社,2013)[①]

丘吉尔也有一句很有名的话:"Never! Never! Never Give Up!"永不放弃!套用一句老话:保持一次激情是容易的,保持一辈子的激情就不容易,所以,英雄是活到老、激情到老!顺境要有

---

① 这里及封面为尊重原书,西西弗斯称为西西弗.——编校注

317

激情,逆境更要有激情. 出版业潮起潮落,多少当时的"大师"级人物被淘汰出局,关键也在于是否具有逆境中的坚持!

其实西西弗斯从结果上看他是个悲剧人物. 永远努力,永远奋进,注定失败! 从精神上他又是个人生赢家,永不放弃的精神永在,就像曾国藩所言:屡战屡败,屡败屡战. 如果光有前者就是个草包,但有了后者,一定会是个英雄. 以上就是我们书名中选唐吉诃德和西西弗斯两位虚构人物的缘由. 至于用"+"号将其联结,是考虑到我们终究是有关数学的书籍.

现在由于数理思维的普及,连纯文人也不可免俗地沾染上一些. 举个例子:

文人聚会时,可能会做一做牛津大学出版社网站上关于哲学家生平的测试题. 比如关于加缪的测试,问:加缪少年时期得了什么病导致他没能成为职业足球运动员? 四个选项分别为肺结核、癌症、哮喘和耳聋. 这明显可以排除癌症,答案是肺结核. 关于叔本华的测试中,有一道题问:叔本华提出如何减轻人生的苦难? 是表现同情、审美沉思、了解苦难并弃绝欲望,还是以上三者都对? 正确答案是最后一个选项.

这不就是数学考试中的选择题模式吗?

本套丛书在当今的图书市场绝对是另类. 数学书作为门槛颇高的小众图书本来就少有人青睐,那么有关数学书的前言、后记、编辑手记的汇集还会有人感兴趣吗? 但市场是吊诡的,谁也猜不透只能试. 说不定否定之否定会是肯定. 有一个例子:实体书店受到网络书店的冲击和持续的挤压,但特色书店不失为一种应对之策.

去年岁末,在日本东京六本木青山书店原址,出现了一家名为文喫(Bunkitsu)的新形态书店. 该店破天荒地采用了入场收费制,顾客支付 1 500 日元(约合人民币 100 元)门票,即可依自己的心情和喜好,选择适合自己的阅读空间.

免费都少有人光顾,它偏偏还要收费,这是种反向思维.

日本著名设计杂志《轴》(Axis)主编上條昌宏认为,眼下许多地方没有书店,人们只能去便利店买书,这也会对孩子们培养读书习惯造成不利的影响. 讲究个性、有情怀的书店,在世间还是具有存在的意义,希望能涌现更多像文喫这样的书店.

318

因一周只卖一本书而大获成功的森冈书店店主森冈督行称文喫是世界上绝无仅有的书店,在东京市中心的六本木这片土地上,该店的理念有可能会传播到世界各地. 他说,"让在书店头书成为一种非日常的消费行为,几十年后,如果人们觉得去书店就像去电影院一样,这家书店可以说就是个开端."

本书的内容大多都是有关编辑与作者互动的过程以及编辑对书稿的认识与处理.

关于编辑如何处理自来稿,又如何在自来稿中发现优质选题? 这不禁让人想起了美国童书优秀的出版人厄苏拉·诺德斯特姆,在她与作家们的书信集《亲爱的天才》中,我们看到了她和多名优秀儿童文学作家和图画书作家是如何进行沟通的.这位将美国儿童文学推入"黄金时代"的出版人并不看重一个作家的名气和资历,在接管哈珀·柯林斯的童书部门后,她甚至立下了一个规矩:任何画家或作家愿意展示其作品,无论是否有预约,一律不得拒绝. 厄苏拉对童书有着清晰的判断和理解,她相信作者,不让作者按要求写命题作文,而是"请你告诉我你想要讲什么故事",这份倾听多么难得. 厄苏拉让作家们保持了"自我",正是这份编辑的价值观让她所发现的作家和作品具有了独特性. 编辑从自来稿中发现选题是编辑与作家双向选择高度契合的合作,要互相欣赏和互相信任,要有想象力,而不仅仅从现有的图书品种中来判断稿件. 在数学专业类图书出版领域中,编辑要具有一定的现代数学基础和出版行业的专业能力,学会倾听,才能像厄苏拉一样发现她的桑达克.

在巨大的市场中,作为目前图书市场中活跃度最低、增幅最小的数学类图书板块亟待品种多元化,图书需要更多的独特性,而这需要编辑作为一个发现者,不做市场的跟风者,更多去架起桥梁,将优质的作品从纷繁的稿件中遴选出来,送至读者手中.

我们数学工作室现已出版数学类专门图书近两千种,目前还在以每年 200 多种的速度出版. 但科技的日新月异以及学科内部各个领域的高精尖趋势,都使得前沿的学术信息更加分散、无序,而且处于不断变化中,时不时还会受到肤浅或虚假、不实学术成果的干扰. 可以毫不夸张地说,在互联网时代学术动态也已经日益海量化. 然而,选题策划却要求编辑能够把握

319

学科发展走势、热点领域、交叉和新兴领域以及存在的亟须解决的难点问题. 面对互联网时代的巨量信息,编辑必须通过查询、搜索、积累原始选题,并在积累的过程中形成独特的视角. 在海量化的知识信息中进行查询、搜索、积累选题,依靠人力作用非常有限. 通过互联网或人工智能技术,积累得越多,挖掘得越深,就越有利于提取出正确的信息,找到合理的选题角度.

复旦大学出版社社长贺圣遂认为中国市场上缺乏精品,出版物质量普遍不尽如人意的背后主要是编辑因素:一方面是"编辑人员学养方面的欠缺",一方面是"在经济大潮的刺激作用下,某些编辑的敬业精神不够". 在此情形下,一位优秀编辑的意义就显得特别突出和重要了. 在贺圣遂看来,优秀编辑的内涵至少包括三个部分. 第一,要有编辑信仰,这是做好编辑工作的前提,"从传播文化、普及知识的信仰出发,矢志不渝地执着于出版业,是一切成功的编辑出版家所必备的首要素养",有了编辑信仰,才能坚定出版信念,明确出版方向,充满工作热情和动力,才能催生出精品图书. 第二,要有杰出的编辑能力和极佳的编辑素养,即贺圣遂总结归纳的"慧根、慧眼、慧才",具体而言是"对文化有敬仰,有悟性,对书有超然的洞见和感觉""对文化产品要有鉴别能力,要懂得判断什么是好的,优秀的,独特的,杰出的,不要附庸风雅,也不要被市场愚弄""对文字加工、知识准确性,对版式处理、美术设计、载体材料的选择,都要有足够熟练的技能". 第三,要有良好的服务精神,"编辑依赖作者、仰仗作者,因为作者的配合,编辑才能体现个人成就,因此,编辑要将作者作为'上帝'来敬奉,关键时刻要不惜牺牲自我利益". 编辑和作者之间不仅仅是工作上的搭档,还应该努力扩大和延伸编辑服务范围,成为作者的生活上的朋友和创作上的知音.

笔者已经老了,接力棒即将交到年轻人的手中. 人虽然换了,但唐吉诃德 + 西西弗斯的精神不能换,以数学为核心以数理为硬核的出版方向不能换. 一个日益壮大的数学图书出版中心在中国北方顽强生存大有希望.

出版社业是构建、创造和传播国家形象的重要方式之一. 国际社会常常通过认识一个国家的出版物,特别是通过认识关于这个国家内容的重点出版物,建立起对一个国家的印象和认识. 莎士比亚作品的出版对英国国家形象,歌德作品的出版对德国国家形象,

320

卢梭、伏尔泰作品的出版对法国国家形象,安徒生作品的出版对丹麦国家形象,《丁丁历险记》的出版对比利时国家形象,《摩柯波罗多》的出版对印度国家形象,都具有很重要的帮助.

中国优秀的数学出版物如何走出去,我们虽然一直在努力,也有过小小的成功,但终究由于自身实力的原因没能大有作为.所以我们目前是以大量引进国外优秀数学著作为主,这也就是读者在本书中所见的大量有关国外优秀数学著作的评介的缘由.正所谓:他山之石,可以攻玉!

在写作本文时,笔者详读了湖南教育出版社曾经出版过的一本朱正编的《鲁迅书话》,其中发现了一篇很有意思的文章,附在后面.

青　年 必读书	从来没有留心过, 所以现在说不出.
附　注	但我要趁这机会,略说自己的经验,以供若干读者的参考—— 　我看中国书时,总觉得就沉静下去,与实人生离开;读外国书——但除了印度——时,往往就与人生接触,想做点事. 　中国书虽有劝人入世的话,也多是僵尸的乐观;外国书即使是颓唐和厌世的,但却是活人的颓唐和厌世. 　我以为要少——或者竟不——看中国书,多看外国书. 　少看中国书,其结果不过不能作文而已.但现在的青年最要紧的是"行",不是"言".只要是活人,不能作文算什么大不了的事. （二月十日）

少看中国书这话从古至今只有鲁迅敢说,而且说了没事,

笔者万万不敢. 但在限制条件下, 比如说在有关近现代数学经典这个狭小的范围内, 窃以为这个断言还是成立的, 您说呢?

刘培杰
2019 年 10 月 15 日
于哈工大